SCIENCE & VIE

200 Questions de la vie
200
Réponses de la science

SCIENCE & VIE

200 Questions de la vie 200 Réponses de la science

SOLAR EDITIONS

Sommaire

L'étonnement fait science

Une source inépuisable d'étonnements : tel s'offre à nous le monde dès que l'on se met à le regarder de près. Que ce soit dans ses plus petites manifestations comme dans ses plus étonnants spectacles, il ne cesse à chaque instant d'émerveiller, d'intriguer, de surprendre. Partant, il nous met au défi de comprendre pourquoi les choses sont telles, et pas autrement. Pourquoi, par exemple, le ciel est-il bleu ? Pourquoi le léopard arbore-t-il des motifs aussi réguliers ? Et comment une plante arrive-t-elle à se tourner vers le soleil ? Quand le vent se met-il à souffler ? Et les trous noirs, comment se forment-ils ? Et la lessive, comment ôte-t-elle les taches ?...

A toutes ces questions, comme à tant d'autres, certaines en apparence anodines, d'autres immédiatement vertigineuses, la science ne cesse inlassablement de tenter d'apporter des réponses. Des réponses qui, loin d'épuiser les merveilles de la nature en livrant ses secrets, révèlent au contraire à quel point elle est tissée de prodiges. Depuis des années, le mensuel Science & Vie rend compte chaque mois, dans sa rubrique « Questions & Réponses », de cet étonnement et des efforts de la science pour ne pas rester sans voix devant lui. Il était temps que les meilleures d'entre elles soient réunies dans un livre. Pour découvrir le quand, le pourquoi et le comment des choses. Pour dire — et même le dire deux cents fois — que rien ne saurait échapper à la science ! La preuve, en images, dans les pages qui suivent. Bonne lecture.

Science & Vie

QUA

ND ?

QUAND ?

Quand...

QUAND ?

Quand…

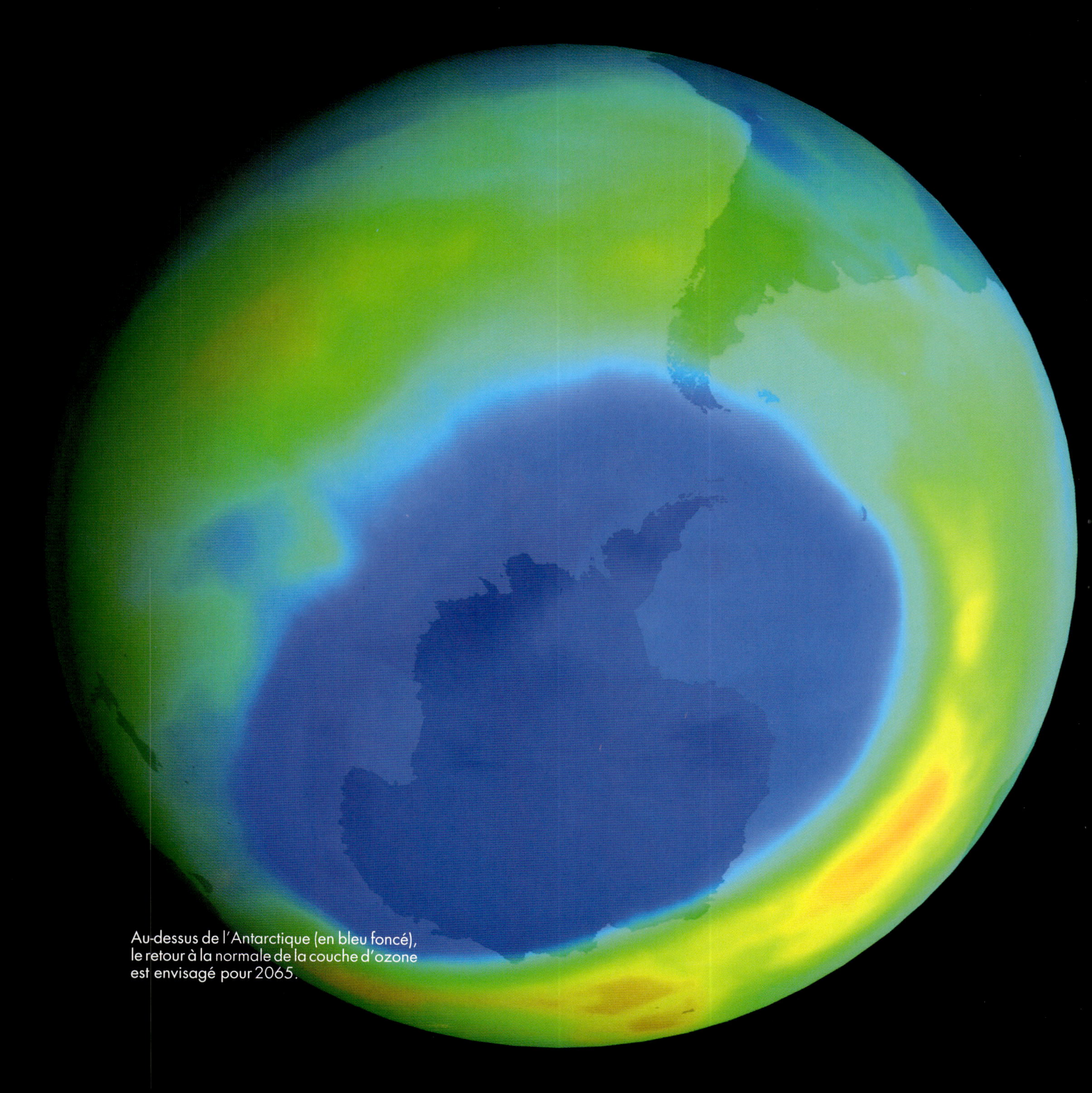

Au-dessus de l'Antarctique (en bleu foncé), le retour à la normale de la couche d'ozone est envisagé pour 2065.

1 QUAND le **trou** de la **couche d'ozone** sera-t-il comblé ?

Au plus tôt en 2050 ! Souvenez-vous : en 1985, l'ozone, un gaz jusqu'alors peu connu du grand public, devenait l'objet de toutes les attentions. Les scientifiques venaient de découvrir un imposant « trou » au-dessus de l'Antarctique. En scrutant les données de la base antarctique de Halley Bay, les chercheurs ont découvert que la concentration en ozone baissait anormalement, jusqu'à 50 % au printemps, depuis la fin des années 1970. Un constat dramatique, car l'ozone présent dans la troposphère (entre 3 et 15 km d'altitude) et, surtout, la stratosphère (entre 15 et 35 km d'altitude) filtre les rayons UV-B incriminés dans les cancers de la peau ou de la cataracte chez l'homme. En cause : les chlorofluorocarbures (CFC), une famille de composés chimiques contenant du chlore, abondamment employés après 1945 comme gaz propulseurs dans les bombes aérosol ou comme fluides réfrigérants. En fait, ces substances se sont révélées être, à haute altitude, de puissants destructeurs d'ozone, surtout au-dessus des pôles, où leur action est favorisée par des nuages stratosphériques polaires. En 1987, la communauté internationale, alertée du danger, se réunit à Montréal et élabore en urgence un protocole de sauvegarde. Objectif : réglementer la production de ces substances et encourager leur remplacement par des substituts moins nocifs. Le protocole impose ainsi un calendrier d'arrêt progressif de la production et de l'utilisation d'une centaine de molécules. Son bilan ? Plutôt positif selon le rapport du Programme des Nations unies pour l'environnement (PNUE), publié fin 2006, qui note des « signes probants d'une diminution de la quantité de substances détruisant la couche d'ozone, et des signes avant-coureurs d'une récupération de l'ozone stratosphérique ».

Faut-il crier victoire ? Pas encore. Car la durée de vie de certains CFC dans la stratosphère leur assure une présence pendant des dizaines d'années encore. Et certains substituts transitoires, comme les hydrochlorofluorocarbures (ou HCFC), bien que moins destructeurs, sont en phase d'accumulation. De plus, les millions de réfrigérateurs et autres climatiseurs fonctionnant avec des CFC constituent une réserve non négligeable qui, faute de recyclage suffisant, sera éventuellement émise dans l'atmosphère, retardant le retour à la normale. Ce dernier est envisagé pour les années 2050 aux basses et moyennes latitudes, et 2065 au-dessus de l'Antarctique. « Les impacts du changement climatique sur les températures dans l'atmosphère, l'eau contenue par celle-ci ou la circulation des vents — trois paramètres qui influencent la destruction de l'ozone — sont encore mal compris, et peu prévisibles. Il faut donc rester très prudent », prévient Jean-Pierre Pommereau, directeur de recherche au service d'aéronomie du CNRS.

2 Quand le nucléaire civil peut-il être transformé en nucléaire militaire ?

Derrière cette question se cache la problématique des pays qui, n'étant pas autorisés par la communauté internationale à se doter de l'arme nucléaire, accèdent néanmoins au nucléaire civil. La réponse est simple : en matière d'industrie nucléaire, le passage du civil (production d'électricité) au militaire (bombe A) ne présente pas d'obstacle technique majeur, si ce n'est la difficulté d'obtenir suffisamment de matière fissible (atomes dont le noyau peut facilement être scindé) pour déclencher l'explosion, soit à partir de quelques kilos pour une bombe au plutonium 239 et d'une centaine de kilos pour une bombe à l'uranium 235. Or le nucléaire civil permet d'obtenir ces deux éléments. Prenons le cas du plutonium 239. Ces déchets sont issus de toute centrale nucléaire ; un pays ayant développé la filière civile peut en produire assez pour fabriquer des bombes. Une fois ce plutonium 239 isolé des autres déchets, on fabrique la bombe « à implosion » : une sphère creuse de plutonium est soudainement comprimée, et l'augmentation de densité du plutonium amorce la réaction en chaîne qui engendre une explosion nucléaire.

Pour une bombe à l'uranium, rien, là non plus, d'inaccessible, dès lors que le pays dispose de la quantité nécessaire de matière fissible. Car il faut savoir que seul l'uranium 235 est facilement fissible et qu'à l'état naturel le minerai n'en contient que 0,7 %, le reste étant de l'uranium238. Pour en obtenir en quantité suffisante, il faut augmenter artificiellement sa teneur en uranium 235. Deux méthodes sont à l'œuvre : la diffusion gazeuse ou l'ultracentrifugation. La première consiste à faire diffuser un gaz d'hexafluorure d'uranium à travers une série de membranes poreuses. L'uranium 238 les traversant plus difficilement, on augmente la teneur du gaz en uranium 235 en répétant l'opération suffisamment longtemps. Mais la diffusion gazeuse reste très coûteuse en énergie, d'où son remplacement par l'ultracentrifugation, qui consiste à placer l'hexafluorure d'uranium dans des centrifugeuses tournant à grande vitesse. Les atomes les plus lourds sont repoussés vers la périphérie, et le gaz le plus au centre se charge de matière plus légère, l'uranium 235. Là encore, il faut répéter l'opération une multitude de fois avant d'obtenir le niveau d'enrichissement désiré. Cette étape de l'enrichissement est aussi nécessaire pour faire fonctionner

la plupart des centrales nucléaires. Seule différence : un réacteur de centrale a besoin d'une centaine de tonnes d'uranium enrichi à 5 %, et une bombe, d'une centaine de kilogrammes, enrichis à 90 % ! Vu les quantités, il est plus facile — quoique plus long — de produire l'uranium nécessaire à une arme nucléaire que celui nécessaire à un réacteur. La fabrication de la bombe utilise la technique dite du « canon » : deux blocs d'uranium sont placés aux extrémités d'un cylindre et un puissant explosif les projette l'un contre l'autre afin d'obtenir la masse critique déclenchant la réaction en chaîne et l'explosion nucléaire. Ainsi, qui possède la maîtrise du nucléaire civil peut lui donner un usage militaire, d'autant plus discrètement que les installations nécessaires peuvent tenir dans un local en sous-sol…

La filière civile peut être détournée à deux étapes.

En détournant l'infrastructure permettant d'enrichir le combustible nucléaire ou en exploitant les déchets en sortie de centrale, deux étapes normales du nucléaire civil, il est possible de fabriquer deux types de bombes : la bombe à l'uranium et la bombe au plutonium.

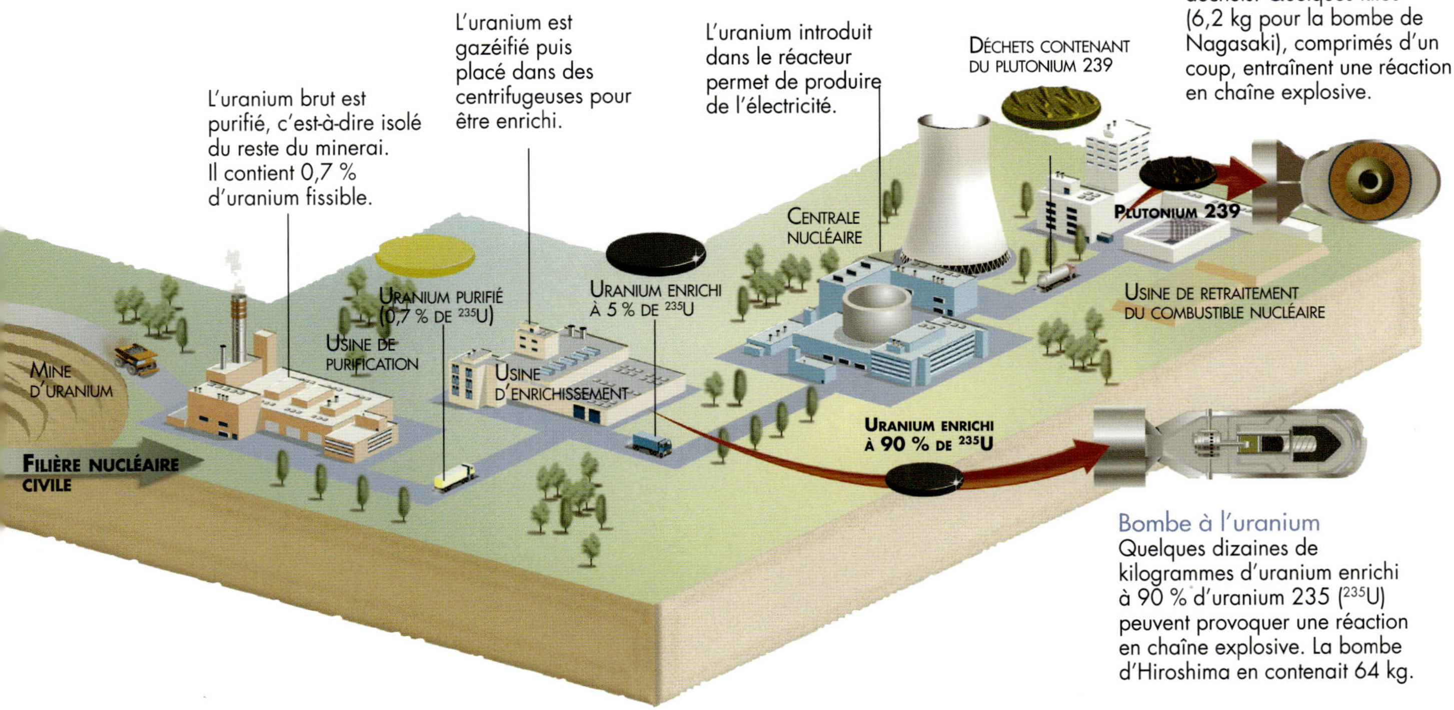

3 QUAND peut-on dire qu'une espèce est menacée ?

On dit qu'espèce est menacée dès qu'elle est inscrite sur la liste rouge de l'Union internationale pour la conservation de la nature (UICN). Celle-ci regroupe 83 Etats, 110 organismes publics et quelque 800 ONG. Un réseau de 7000 experts la tient à jour, surveillant l'état de conservation de plus de 41 400 espèces animales et végétales connues. En 2007, sur la dernière liste publiée, 16 306 d'entre elles étaient menacées. L'évaluation de la conservation d'une espèce se fait sur décision des spécialistes de l'UICN, qui constituent un dossier regroupant les connaissances disponibles. Lorsqu'ils aboutissent à un consensus, l'espèce est classée dans l'une des 9 catégories de la liste, de « préoccupation mineure » à « en danger critique d'extinction », en passant par « vulnérable », « en danger », voire « éteinte ». Le classement dépend de nombreux critères : la taille de la population, son taux de déclin, son aire d'occupation ou encore la fragmentation, voire la disparition, de son habitat naturel. Ces critères sont quantitatifs et combinatoires. Ainsi, le gavial du Gange, une espèce de crocodile à la mâchoire étroite et allongée, est passé

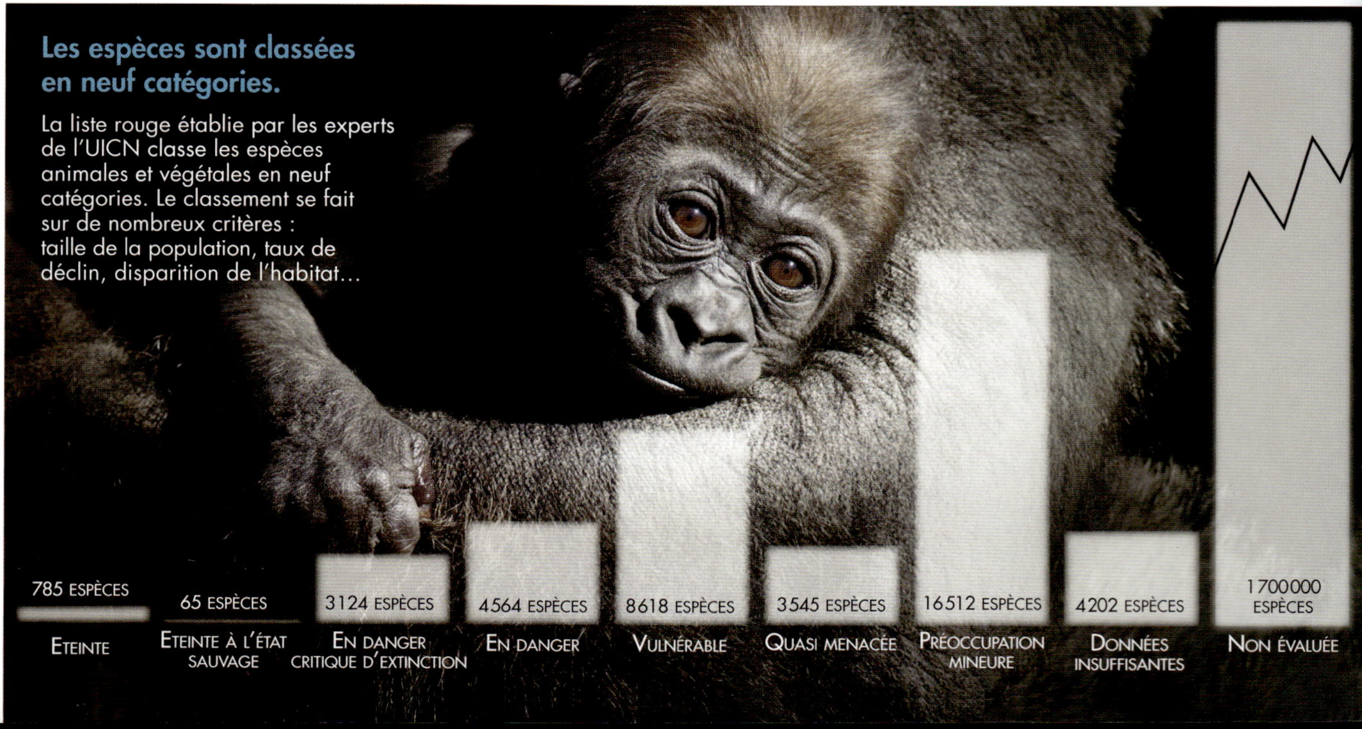

de la catégorie « en danger » à « en danger critique d'extinction ». Les motifs : perte d'une partie de son habitat fluvial, population réduite de 58 % durant les dix dernières années. Seuls 182 individus ont été recensés en 2007, en Inde et au Népal, exposés à la consanguinité, aux épidémies ou aux catastrophes naturelles. Quand les données manquent, l'espèce est classée dans la catégorie « données insuffisantes » : « Le but de l'inventaire est d'être le plus objectif possible, explique Florian Kirchner, chargé de mission à l'UICN. Près de 44 % des mammifères marins européens sont classés dans cette catégorie, mais nous suspectons que beaucoup d'entre eux sont menacés, sans pouvoir en apporter la preuve. Ils ne figurent donc pas dans la liste rouge. » Cet inventaire est loin d'être exhaustif. On estime à 1,8 million le nombre d'espèces animales et végétales dans le monde, or seuls 4 116 invertébrés sur 1,2 million ont pu être évalués ! Quant aux plantes, seules 12 043 sont évaluées sur les 300 000 décrites.

4 Quand la peau se ride-t-elle ?

Elle se ride lorsque, dans le derme, le collagène et l'élastine perdent leurs qualités intrinsèques. Les principaux responsables du vieillissement de la peau sont les rayons lumineux. En heurtant les molécules d'eau présentes dans le derme, ils les dissocient en radicaux libres. Pour retrouver leur stabilité, ces derniers captent un électron sur d'autres molécules, notamment le collagène et l'élastine, protéines constituant plus de 80 % du poids du derme. Ce processus rompt les liaisons atomiques au sein de ces fibres protéiques, qui s'oxydent et sont alors dégradées par les enzymes chargées d'éliminer les protéines imparfaites. Or l'élastine confère sa souplesse au tissu cutané, et le collagène en assure la cohésion et la résistance. Il permet aussi l'adhérence entre le derme et l'épiderme. Résultat, l'épiderme « glisse » par rapport au derme et forme replis et sillons profonds, les rides de vieillissement, différentes des rides d'expression, formées sous l'effet des muscles du visage et de l'âge.

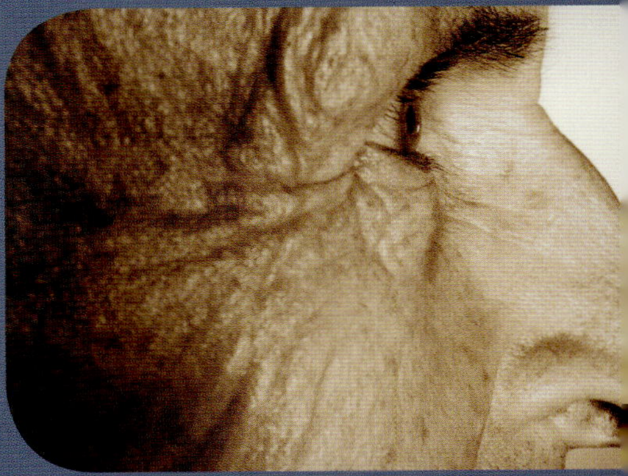

Les rayons lumineux altèrent le collagène et l'élastine du derme, entraînant la formation de rides de vieillissement.

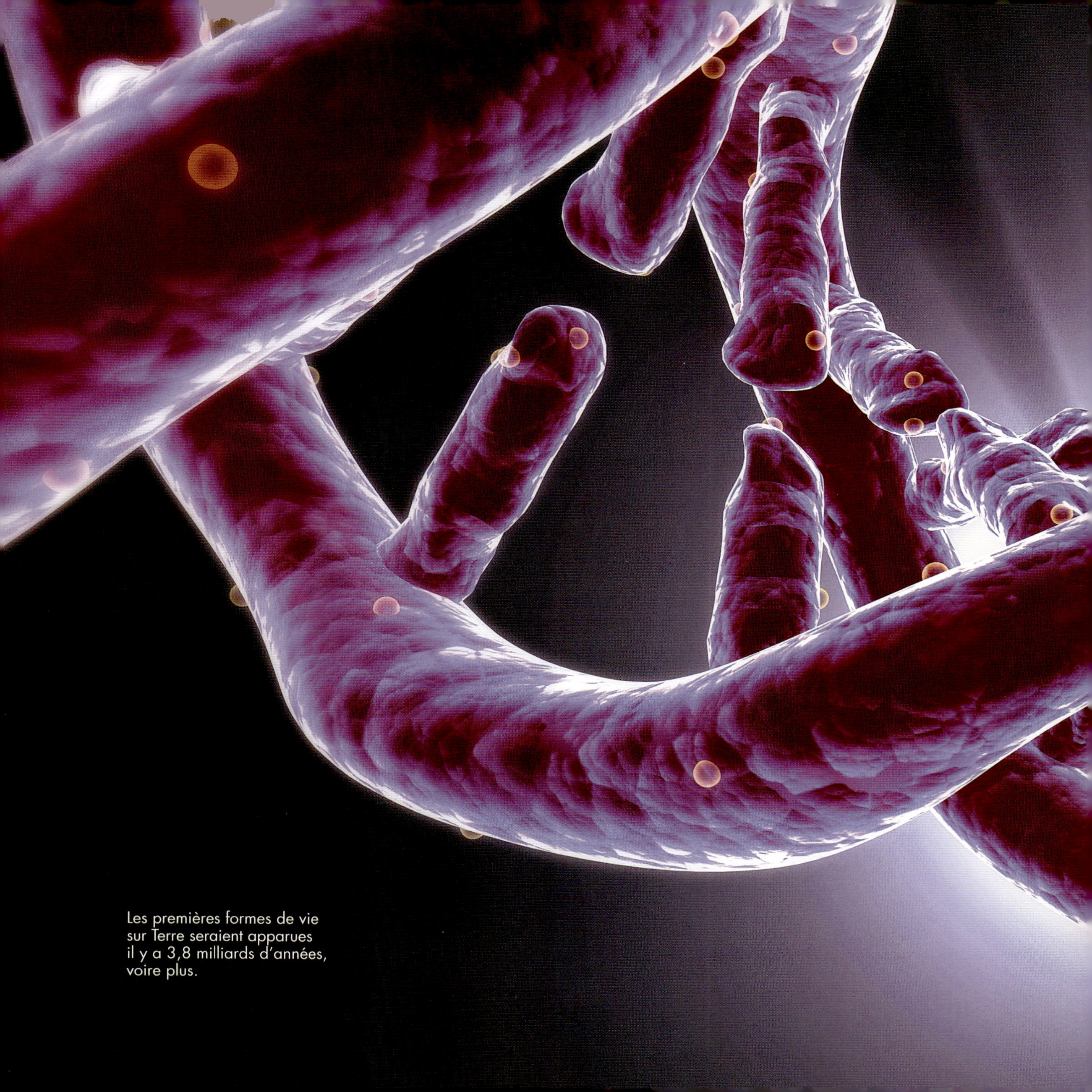

Les premières formes de vie sur Terre seraient apparues il y a 3,8 milliards d'années, voire plus.

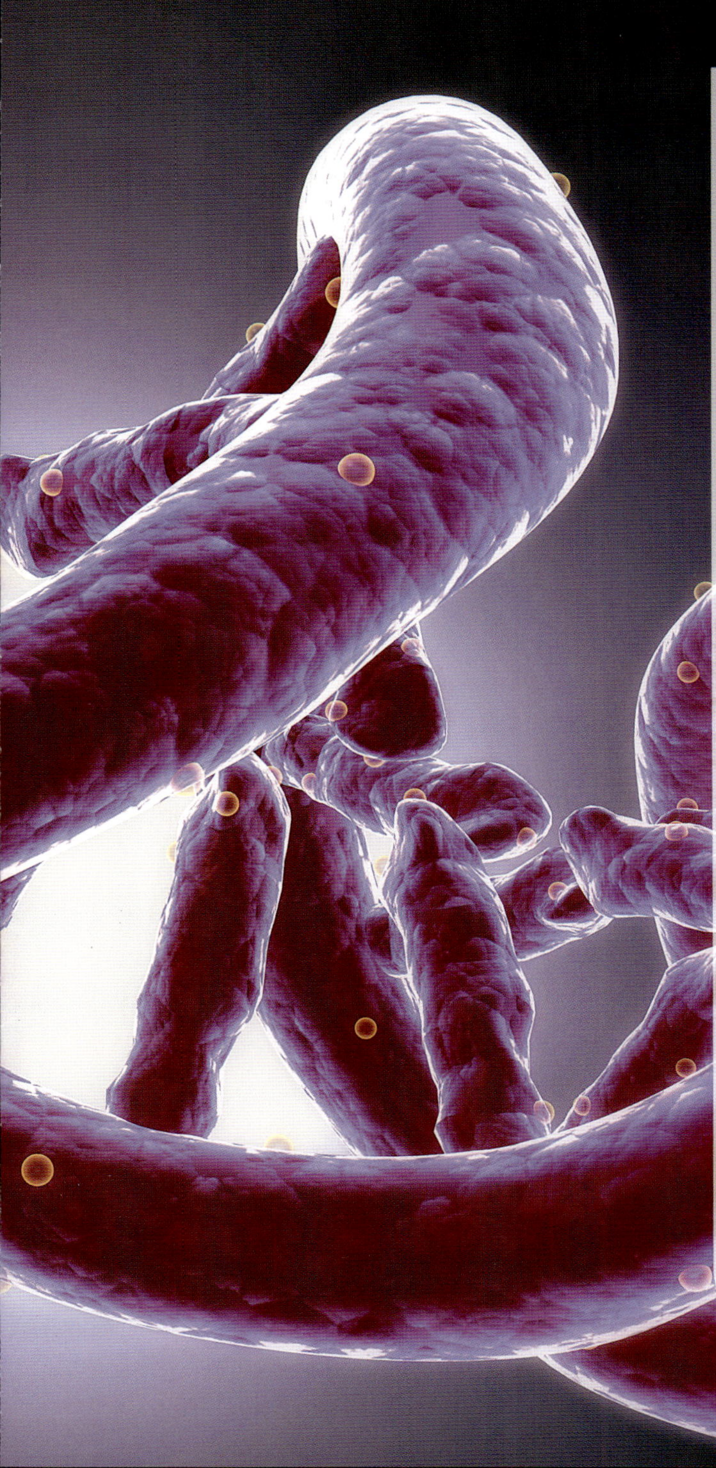

5 Quand la vie est-elle apparue sur Terre ?

Longtemps, l'homme a cru que la vie sur Terre était apparue avec la création de celle-ci par Dieu, il y a environ 6000 ans. La thèse créationniste s'est effondrée au XIXe siècle, avec les travaux de Pasteur notamment, sans pour autant que soit donnée une nouvelle date précise. A la fin des années 1980, la découverte de bactéries primitives fossilisées sous forme de concrétions calcaires a clos les débats en datant les premières traces de vie sur Terre à 3,8 milliards d'années. La question semblait alors entendue… du moins jusqu'en juillet 2008. A cette date, une équipe de l'université de Münster publie les résultats d'une étude sur la composition du plus vieux diamant du monde, découvert dans l'Ouest australien, incrusté dans un cristal de zircon : ne mesurant que quelques microns, ce diamant pourrait faire remonter l'apparition de la vie à… 4,25 milliards d'années ! Comment ? Grâce à la présence dans le cristal d'un très faible taux d'isotope de carbone (^{13}C), typique d'un carbone provenant de matière organique. Donc d'organismes vivants ? Pas sûr, finalement, car de très faibles taux de ^{13}C peuvent également être obtenus par réactions chimiques. En attendant la preuve de l'existence de ces organismes, l'apparition de la vie reste officiellement figée à 3,8 milliards d'années.

6 QUAND les **records sportifs** ne pourront-ils plus être **battus** ?

Demain ? Lors des prochains jeux Olympiques ? Tout dépendra de la capacité humaine à pulvériser le dernier pour cent de marge de progression. Selon une étude statistique publiée en février dernier par l'Institut de recherche biomédicale et d'épidémiologie du sport (Irmes), il ne resterait en effet plus que 1 % de marge de progression dans certaines disciplines ! A l'avenir, il faudra probablement s'extasier d'un record du cent mètres au millième de seconde près, à la seconde en marathon ou aux 100 g en haltérophilie… Comme pour contrarier cette étude, le Jamaïquain Usain Bolt battait les records du monde du cent mètres (9' 69") et du deux cents mètres (19' 30") aux JO de Pékin en 2008. Une première historique, mais pas en contradiction avec l'étude de l'Irmes : sur le deux cents mètres, « Bolt n'a amélioré le précédent record que de 2 centièmes, marquant une amélioration de 0,1 % en douze ans », précise Valérie Thibault, chercheuse à l'Irmes. Et sur le cent mètres, la prouesse de Bolt n'atteint pas la limite du sprint, calculée à 9' 67". Du moins pas officiellement, car le sprinteur a coupé sa course sur la fin ; ainsi, en temps corrigé, il aurait pu réaliser un chrono de 9' 59"… Cet exploit pointe une faille des modèles statistiques, basés en partie sur une morphologie standard, assez éloignée de celle d'Usain Bolt (1,96 m ; 88 kg).

Dans une génération, on s'extasiera sans doute d'un record du cent mètres au millième de seconde près.

Il n'empêche, le corps humain toucherait à ses limites. Il faut dire que, à force d'entraînement, la multiplication des contraintes mécaniques a déjà produit de spectaculaires résultats. Ainsi, le rachis lombaire des meilleurs haltérophiles encaisse des contraintes deux fois plus élevées que sa charge de rupture mesurée sur cadavres « ordinaires » ! Pour progresser dans l'échelle des records, on peut en revanche continuer à miser sur les innovations techniques, comme la combinaison de Speedo, qui assure aux nageurs une réduction de 5 % de leur traînée et de leur consommation d'oxygène. Mais la nature humaine recèle aussi des mystères. Ainsi, depuis quarante ans, l'amélioration des chronos en course de fond doit beaucoup aux coureurs issus de la région de Nandi (Kenya). Leur secret : des différences de rendement des mitochondries, de taux de masse grasse, de circonférence des mollets, mais aussi de technique de course. Par ailleurs, des disciplines récentes, comme l'haltérophilie ou la perche féminines, partent sur de nouvelles bases et autorisent une bonne marge de progression. Reste à mieux exploiter nos capacités. « A mesure que l'on s'approche de l'asymptote, le recours aux neurosciences va gagner du terrain », prêche Benoît Bardy, directeur du laboratoire de recherche efficience et déficience motrices (Montpellier I). Et pour cause : à qualités mécanique et énergétique égales, une meilleure coordination peut faire la différence. « A l'avenir, on peut imaginer que la détection, voire l'entraînement, des futurs champions se fera *via* l'IRM.»

7 QUAND la fibre optique a-t-elle détrôné le cuivre ?

En 1977 ! Le premier système de communication téléphonique optique est alors installé à Chicago. Sept ans plus tôt, trois scientifiques américains utilisent le laser, conçu en 1960, pour produire la première fibre optique. Ce fil transparent de silice transporte déjà 65 000 fois plus d'informations qu'un câble de cuivre. Dès 1980, ses applications gagnent les premiers foyers français, puis elle remplace progressivement le fil électrique pour le téléphone, puis pour Internet. Et pour cause : à l'intérieur d'une fibre, le code informatique est converti en impulsions lumineuses *via* un laser. La lumière est ensuite injectée dans la fibre grâce à une lentille. Elle y voyage avec des pertes d'intensité lumineuse très faibles, et une fréquence de ces ondes lumineuses plus élevée. Résultat : les débits de transmission explosent et passent de 156 kbits/s à 20 Mbits/s !

Avec la fibre optique, le débit de transmission est passé de 156 kbits/s à 20 Mbits/s.

Les méduses pullulent
à la faveur du changement
climatique et des modifications
de leur environnement,
propices à leur reproduction.

8 Quand cesseront les invasions de méduses sur nos plages ?

L'avenir le dira… La méduse qui fait tant parler d'elle, que ce soit sur la façade atlantique ou en Méditerranée, est *Pelagia noctiluca,* connue également sous les noms de « méduse pélagique », « pélagie » ou encore « piqueur-mauve », en raison de sa belle couleur. Dans des travaux publiés en 1998, Jacqueline Goy, spécialiste des méduses au Muséum national d'histoire naturelle de Paris, et ses collègues ont établi un cycle « d'absence-présence » de la pélagie en analysant des données provenant d'archives de la station zoologique de Villefranche-sur-Mer (Alpes-Maritimes) au cours de 112 années, de 1875 à 1986. Il est ainsi apparu que les invasions de *Pelagia* ont lieu tous les douze ans, après trois années d'un printemps chaud et sec, et qu'elles durent de quatre à six ans. Sauf que cela fait déjà huit ans que *Pelagia noctiluca* n'a pas quitté la Méditerranée ! Faut-il voir là un dérèglement de son cycle de fluctuation ? « Il est trop tôt pour se prononcer, répond Gabriel Gorsky, biologiste marin à l'Observatoire océanique de Villefranche-sur-Mer. Il nous faut plus de recul pour savoir s'il s'agit d'une réelle perturbation ou d'un cycle ordinaire qui se prolonge temporairement. » Encore rare sur les côtes françaises en 1998, la méduse les a envahies depuis. « Si elles pullulent, c'est parce que le changement climatique et les modifications survenues dans leur environnement sont favorables à leur reproduction », explique Gabriel Gorsky. Concernant le changement climatique, le déficit prolongé de pluviométrie associé à la hausse des températures de l'eau et de l'air ainsi que de hautes pressions atmosphériques favorisent la fertilité de ces animaux à sang froid. Quant aux modifications de l'écosystème des méduses, il s'agit d'abord de la diminution du nombre de poissons, due à la pêche intensive. Résultat : sans compétiteurs pour la nourriture — le zooplancton —, les méduses se retrouvent dans des conditions de prolifération idéales. De plus, ces animaux profitent de la diminution du nombre de leurs prédateurs. C'est notamment le cas des tortues, qui s'approchent de nos côtes pour pondre et dont la population chute au rythme de la raréfaction progressive de sites calmes pour établir leur nid. Si la pullulation des méduses persiste à long terme, les scientifiques avancent l'hypothèse que certaines zones maritimes pourraient être désertées par les poissons au profit de ces animaux marins, qui se nourrissent des mêmes ressources. Dès lors, cela ne serait pas sans conséquences pour les amateurs de bord de mer et autres baigneurs, mais aussi pour les pêcheurs. Ainsi, en novembre 2007, en Irlande du Nord, un banc de méduses s'était déplacé vers une pisciculture et y avait tué, par ses piqûres, plus de 100 000 saumons…

9 QUAND les PCB ne pollueront-ils plus les sols ?

Pas avant une décennie ! Les polychlorobiphényles (ou PCB, ou pyralènes) sont en effet des polluants organiques très persistants : bien que leur production ait été interdite en France en 1987, ils sont aujourd'hui encore omniprésents dans l'environnement et les aliments. Ces dérivés chimiques chlorés ont été utilisés depuis les années 1930 comme isolants dans les transformateurs électriques, comme lubrifiants dans les turbines et les pompes ou comme composants d'huiles, de soudures, d'adhésifs, de peintures et de papiers autocopiants. Non solubles dans l'eau, ils se concentrent dans les sols et les sédiments fluviaux, puis s'accumulent tout au long de la chaîne alimentaire, jusqu'à nous. C'est donc en consommant poisson, viande ou autre lait contaminés que nous sommes exposés à ces substances. Aubaine pour les industriels, la stabilité chimique des PCB est un désastre écologique et sanitaire. « Les PCB contiennent du chlore, et le corps n'a pas de mécanismes permettant de les éliminer efficacement », explique Jean-François Narbonne, toxicologue à l'université de Bordeaux. Certains PCB ont une demi-vie — soit le temps mis pour perdre la moitié de son activité nocive par désintégration naturelle — de sept ans, et s'accumulent, en attendant, dans les tissus graisseux, le foie ou encore le lait maternel. De plus, les produits de la métabolisation des PCB, très réactifs, peuvent induire, à terme, certains cancers. Le problème, c'est que l'élimination totale des PCB coûterait près de 4 milliards d'euros, ce qui explique les décharges sauvages dans les fleuves. Ainsi, sur 852 prélèvements aquatiques en France en 2007, 40 % montrent une pollution préoccupante. Or les PCB, *via* différents mécanismes de toxicité, sont responsables de troubles tout aussi divers que des irritations de la peau, des bronchites, des troubles du foie, des risques d'infertilité et même des fausses couches... Et ce n'est pas tout : les PCB affaiblissent aussi le système immunitaire. Ces effets néfastes sont flagrants en cas d'exposition régulière à des doses élevées. Que risquons-nous en ingérant de faibles doses quotidiennes de ces PCB ? Pour l'instant, les chercheurs ne peuvent donner aucune indication. La situation est d'autant plus inquiétante que, si l'utilisation des PCB doit cesser d'ici à 2010, il reste 500 000 appareils en service.

10 Quand est-on le moins mouillé : en **courant** ou en **marchant** sous la pluie ?

Pour une même durée, le marcheur sera *in fine* avantagé, car il n'expose que sa tête et ses épaules, alors que le coureur, lui, expose toute sa face avant. Mais sur une même distance, le coureur est moins exposé, il sera donc moins mouillé que le marcheur.

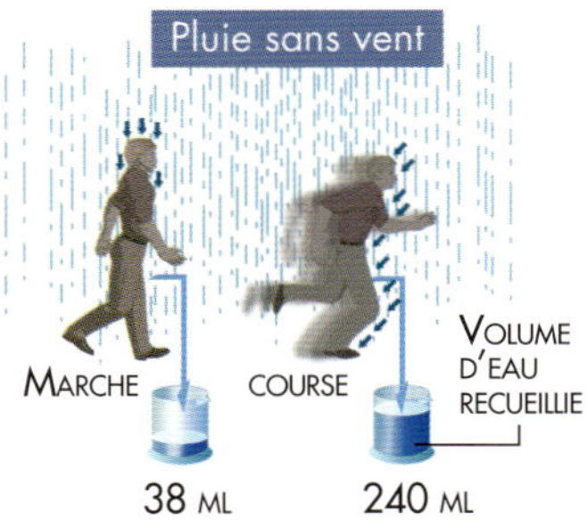

Sous une pluie de face à 45°, l'homme qui marche est mouillé sur toute sa hauteur. Mais, au terme du même temps d'exposition à la pluie, il sera deux fois moins trempé que celui qui aura couru.

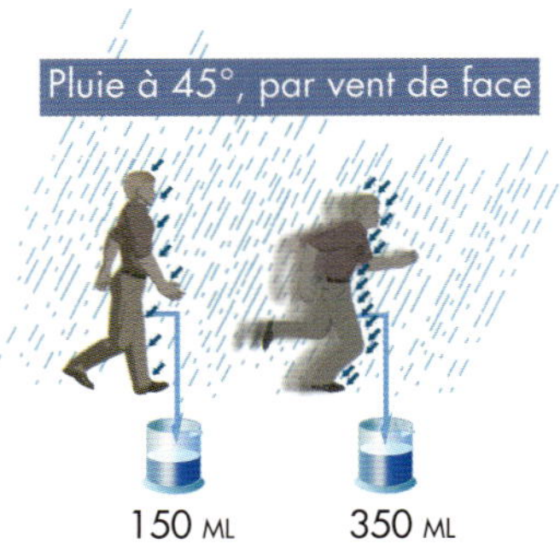

Par vent arrière, le marcheur est moins mouillé que par vent de face. Le coureur échappera encore plus aux gouttes et se mouillera à peine plus que le marcheur.

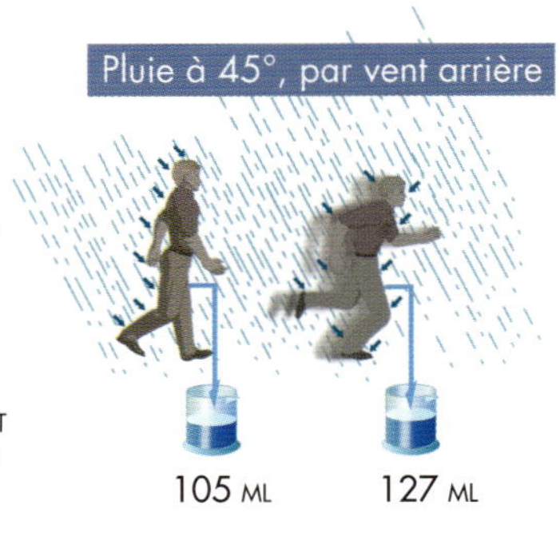

Les possibilités de scénarios pluvieux étant infinies, il n'y a pas de réponse unique ! Pourtant, Doug Craigen, un physicien canadien, s'est amusé à créer un « calculateur de pluie », pour évaluer la quantité de pluie reçue par une personne en fonction de différents paramètres : surface exposée, intensité de l'averse, vitesse et direction du vent (qui déterminent l'angle sous lequel tombe l'eau), vitesse de déplacement… Résultat ? Plutôt que marcher lentement (à 1 m/s), piquer un sprint (à 3 m/s) sur 100 m sous une pluie tombant à 20° divise par deux la quantité d'eau reçue ! En outre, avec un vent de face, il faut courir le plus vite possible pour être le moins mouillé. A l'inverse, par vent arrière, la meilleure solution est de courir à la vitesse du vent ! Toutefois, rien ne vaut l'expérience de terrain. Et justement : surpris par les conclusions d'une étude britannique affirmant que courir ou marcher sous la pluie ne changeait pas grand-chose, deux météorologistes américains, Thomas Peterson et Trevor Wallis, n'ont pas hésité à payer de leur personne en réalisant en 1997 une expérience qui fait désormais référence en la matière. Ils ont acheté les mêmes tenues, les ont pesés, puis enfilées, par-dessus un sac plastique afin d'isoler la sueur, et sont sortis sous une pluie battante. Le premier a marché à 5 km/h, le second a entamé un sprint à près de 15 km/h. Au bout de 100 m, ils sont rentrés peser leurs habits mouillés. Leur verdict : la tenue du marcheur affichait 217 g de plus alors que celle du coureur ne comptait que 130 g supplémentaires. La preuve qu'il vaut mieux courir se mettre à l'abri que marcher sous la pluie !

11 QUAND un nouveau support succédera-t-il au DVD ?

A peine commencée, l'ère du DVD semble déjà révolue, et les prétendants au titre de successeur sont d'ores et déjà clairement identifiés : le Blu-Ray Disc (BD) et le HVD (*holographic versatile disc,* « disque holographique polyvalent »). Difficile toutefois de dire laquelle de ces deux technologies l'emportera dans les années à venir, même si le BD a déjà pris de l'avance grâce à une commercialisation grand public.

En apparence, BD et HVD sont impossibles à différencier d'un bon vieux CD ou d'un DVD puisqu'ils reprennent les dimensions de la classique galette de 12 cm de diamètre, mais il faudra dans les deux cas acheter un nouveau lecteur (ainsi qu'un téléviseur haute définition si l'on veut apprécier l'évolution de l'image). Depuis 2003, le BD utilise la diode à laser bleu. Ici, il faut avoir en tête que plus le laser qui lit les informations gravées sur le disque affiche une longueur d'onde courte, plus le diamètre du point de focalisation est faible. Or la longueur d'onde qui correspond au bleu, 405 nanomètres (nm), est plus courte que celle du rouge du DVD (650 nm) ou de l'orange du CD (780 nm). Le faisceau bleu est donc plus précis, ce qui permet de lire des plages d'informations (ou coupelles) plus petites. De quoi mettre plus de coupelles sur un disque de même surface, donc plus d'informations. Au final, un BD simple face double couche (comme un DVD classique) contiendra 50 gigaoctets (Go) de données, et des BD de 200 Go (4 couches sur chaque face) sont déjà annoncés. Or, stocker plus d'informations assure soit une meilleure qualité d'image, soit un film plus long avec la qualité actuelle, voire les deux à la fois. Revers de la médaille, le BD nécessite des lignes de production complètement nouvelles, d'où un investissement initial important. Côté matériel, un lecteur BD peut aussi lire les CD et DVD.

Le combat s'annonce serré entre le Blu-Ray Disc et le HVD.

Le HDV, commercialisé en 2008, utilise une nouvelle technologie : la mémoire holographique, qui stocke les données en profondeur, donc en trois dimensions, sur un simple disque. Il offre potentiellement 1,6 téra-octet (1 To = 1 024 Go) d'espace disque, soit presque 350 fois plus qu'un DVD au standard DVD-5 de 4,7 gigaoctets ! Pour comprendre l'avantage du HDV, il faut savoir que les DVD n'enregistrent les informations qu'à la surface d'un matériau, sur deux couches, mais guère plus. La mémoire holographique stocke, elle, des milliers de pages de données en 3D, des hologrammes, sur un même endroit du disque, mais répartis dans la profondeur. Chacune des pages-hologrammes contenant environ 1 million de bits, la capacité du disque s'en trouve multipliée en pratique de 95 à 350 fois par rapport aux standards des DVD actuels. Toutefois, le prix élevé du HDV (entre 70 et 90 € le disque, plus de 20 000 € le lecteur) le réserve pour l'heure aux gros consommateurs de données que sont les administrations et les services publics.

12 Quand le bec a-t-il remplacé les dents ?

Les fossiles d'oiseaux, tel l'archéoptéryx, qui vécut il y a environ 150 millions d'années, révèle une mâchoire dotée de petites dents pointues et acérées. A la suite d'une adaptation à leur environnement, les oiseaux auraient progressivement perdu leurs dents quand leur mâchoire s'est transformée en bec corné et édenté, il y a 70 millions d'années. Une évolution qui serait due au fait que le bec remplit, outre la mastication, d'autres fonctions (rechercher des vers dans la terre, casser des noix, dépecer une proie, etc.) qui leur auraient assuré de mieux survivre dans leur milieu. Chez les oiseaux actuels, la mastication est assurée par le « gésier ». Pour les biologistes, la transformation des tissus de la mâchoire en bec s'est opérée par la séparation, au stade embryonnaire, des deux couches de tissus coopérant à l'élaboration des dents. Dès lors, celles-ci ne pouvaient plus se former. Quant à leur disparition au niveau moléculaire, elle serait liée à des mutations de l'ADN inactivant certains gènes impliqués dans la formation des dents, des gènes silencieux mais toujours présents. D'ailleurs, plusieurs équipes ont réussi à faire pousser des dents chez les poules simplement en réactivant les gènes impliqués !

La dernière éruption du supervolcan américain a eu lieu il y a 640 000 ans.

13 QUAND le volcan de Yellowstone va-t-il se réveiller ?

Supervolcanoes, un documentaire britannique diffusé en 1999, stipulait que le volcan de Yellowstone, situé dans le parc naturel éponyme dans l'Etat américain du Wyoming, suivrait un cycle régulier d'éruptions explosives de 600 000 ans. Or, sa dernière mégaéruption ayant eu lieu il y a 640 000 ans, certains concluent à un retard, donc à un risque imminent. En fait, cette notion de cycle est à revoir, car on ne dispose que de trois éruptions pour Yellowstone : trop peu pour ériger un cycle, d'autant qu'elles ont eu lieu il y a 2,1 millions d'années, 1,3 million d'années et, pour la dernière, 640 000 ans. L'intervalle se situerait donc plutôt entre 600 000 et 800 000 ans. L'annonce d'un risque imminent ne peut, dès lors, être fondée sur cet argument. Et heureusement, car l'éruption du Yellowstone aurait de lourdes conséquences en raison de la puissance qu'elle pourrait avoir. Sur l'échelle du Volcano Explosivity Index (VEI), qui va de 0 à 8, un supervolcan correspond à une éruption de magnitude 8. Or, celle du mont Saint Helens aux Etats-Unis en mai 1980 était de magnitude 5 et libéra 0,4 km^3 de magma, contre 2 450 km^3 lors de la plus importante éruption du Yellowstone, il y a 2,1 millions d'années.

14 QUAND les médecins ont-ils recours aux sangsues ?

Il est en effet étonnant de voir perdurer l'usage médical de ces parasites. L'utilisation en médecine des sangsues, de l'espèce *Hirudo medicinalis,* n'est pas une technique récente, loin s'en faut. Déjà pratiquée il y a 3 500 ans par les Egyptiens, l'hirudothérapie a connu son âge d'or en Europe au XIXe siècle. Les sangsues étaient alors employées pour traiter moult pathologies : laryngite, problèmes ophtalmiques, obésité ou encore certains problèmes mentaux. Mais les sangsues vivantes n'ont pas résisté à leur nouvelle image de vecteurs de germes infectieux. Cependant, accompagnées de mesures d'asepsie adaptées, notamment d'une prise d'antibiotiques préventive, les sangsues connaissent aujourd'hui un regain d'intérêt, notamment en microchirurgie.

Elles sont aussi mises à contribution après une transplantation de doigts ou de morceaux de peau, où elles se révèlent des alliées indispensables pour que le greffon s'implante bien.

En effet, le risque de complication majeur est le détachement de la partie greffée à cause de l'hyperpression due à l'accumulation de sang. S'il est aisé de suturer une artère, le retour veineux, lui, est difficile à rétablir. C'est à ce moment qu'intervient *Hirudo medicinalis,* à jeun depuis au moins 100 jours. Ainsi affamée, elle s'accroche facilement à l'endroit voulu. Avec sa ventouse antérieure, qui est dotée de trois mâchoires rétractables munies chacune d'une rangée de 100 dents, non seulement elle aspire l'excès de sang, mais elle injecte dans l'incision une salive riche en hirudine, puissant anticoagulant. Au bout d'une heure, la sangsue, gorgée de 10 à 15 ml de sang, tombe et est remplacée par une consœur. Ainsi, en se chargeant du drainage veineux, les sangsues permettent d'attendre que la circulation capillaire se rétablisse grâce à la formation de nouveaux vaisseaux, c'est-à-dire entre 4 et 5 jours après l'intervention proprement dite.

Le risque infectieux n'est cependant pas nul. C'est la raison pour laquelle des chercheurs ont mis au point un appareil visant à mimer l'action des sangsues. Il s'agit d'une cloche munie de deux tubes : le premier fait le vide et le second permet d'administrer un anticoagulant qui facilite l'écoulement sanguin.

15 QUAND un son parvient-il à briser du verre ?

Un son amplifié et émis selon la fréquence fondamentale du verre fait vibrer ce dernier et finit par le briser.

N'en déplaise à Hergé, dont la Castafiore fait exploser la vaisselle en chantant, la voix humaine n'est pas assez puissante pour produire ce phénomène. Cela dit, un son peut bel et bien briser du verre, à condition d'être émis assez fort et surtout à une fréquence bien particulière. En effet, l'onde sonore se manifeste par une variation plus ou moins rapide de la pression du fluide dans lequel elle se propage. Arrivées sur le verre, les oscillations de l'air vont se transmettre au matériau sous forme de contraintes mécaniques. Or, comme n'importe quel objet, le verre possède une fréquence fondamentale, liée à sa composition et à sa forme. Les contraintes mécaniques seront particulièrement amplifiées lorsqu'elles correspondent à cette fréquence fondamentale. C'est le principe de résonance. La fréquence propre d'un verre à boire, par exemple, est la note qui résonne lorsqu'on le fait tinter. Elle lui est intrinsèque, et indépendante du mode d'excitation. Si l'on reproduit cette note précise grâce à des haut-parleurs, la vibration sera amplifiée par le matériau, un peu comme le mouvement d'une balançoire s'amplifie quand on la pousse au bon rythme. Si le son est assez puissant, la vibration du verre devient telle qu'il finit par se briser. Par exemple, la fréquence propre des carreaux des fenêtres est aux alentours de 100 Hz, alors que celle des verres à boire est plus aiguë : environ 420 Hz. Ainsi, après une explosion aussi dévastatrice que celle de l'usine AZF à Toulouse en 2001, de nombreuses vitres ont pu être soufflées, tandis que les verres de table restaient intacts ! Le verre n'est donc pas si fragile qu'il y paraît, et il doit cette solidité à la force des liaisons chimiques entre les atomes de silicium et d'oxygène qui le composent.

Tous ces mammifères auraient un ancêtre commun, un rongeur de 125 millions d'années.

16 QUAND le règne des **mammifères** a-t-il débuté ?

Pour la plupart des paléontologues, les mammifères placentaires (soit 93 % des espèces actuelles) n'ont pas connu de diversification massive avant la grande extinction de la fin du Crétacé, qui vit disparaître les dinosaures, il y a 65 millions d'années (MA). Mais pour certains phylogénéticiens (les « classificateurs du vivant »), au contraire, les mammifères étaient déjà, bien avant le cataclysme, un groupe fort varié réunissant la quasi-totalité des ordres (primates, périssodactyles, proboscidiens…) connus aujourd'hui. S'appuyant sur des fossiles et des analyses moléculaires, une équipe internationale dirigée par Olaf Bininda-Emonds, biologiste de l'université technique de Munich, a recalculé, en 2007, l'origine de 99 % des espèces de mammifères « modernes ». Résultat : « Chez les placentaires, nous avons observé une première vague de diversification, il y a 93 MA », résume-t-il. Pour dater la séparation entre deux espèces apparentées, les chercheurs ont comparé leurs différences génétiques. Les changements sur les gènes s'opérant à un taux régulier, ils ont ensuite estimé, à partir de cette « horloge moléculaire », à quelle vitesse se sont produites les mutations présentes dans ces gènes. Partant d'espèces actuelles, il devient alors possible d'en remonter la généalogie sur des millions d'années, en recalant les arbres à l'aide de repères paléontologiques (fossiles ou événements biogéographiques). De nombreux paléontologues émettent des doutes sur cette date, car pour l'instant les fossiles manquent pour étayer les résultats des molécularistes. Certains tempèrent en précisant que de toute façon les lacunes en fossiles selon les périodes et les continents ne permettraient qu'une vision partielle des données.

En attendant, *Eomaia scansoria*, sorte de petit rongeur insectivore de 10 cm et 25 g, découvert en Chine en 2002, fait figure de grand ancêtre des mammifères. Son âge : 125 MA ! Et les « trouvailles » continuent… Fin 2007, des paléontologues indiens ont exhumé les molaires d'un ongulé primitif, *Kharmerungulatum vanvaleni*, âgé de 65 à 80 MA. Malgré cela, les paléontologues opposent à la théorie des phylogénéticiens un ultime argument : l'imprécision de leurs « horloges moléculaires ». Pour Jean-Louis Hartenberger, paléontologue à l'université Montpellier II, celles-ci seraient trop linéaires, « alors que le taux d'évolution moléculaire peut suivre des rythmes différents selon les espèces et les périodes, avec des phases d'accélération évolutives ». Suite à cette objection, des chercheurs japonais ont publié en avril 2007 une étude fondée sur une approche moléculaire plus fine, moins linéaire. Résultat : la diversification initiale des placentaires se situe vers – 85 MA… toujours bien avant l'extinction massive de la fin du Crétacé. À qui donc se fier ? ADN *versus* fossiles, la bataille est loin d'être terminée.

17 QUAND la **floraison** se déclenche-t-elle exactement ?

La floraison dépend d'abord de l'âge de la plante, c'est-à-dire de son stade de développement. Celui-ci s'effectue selon un programme génétique inscrit dans le noyau des cellules et modulé par des signaux provenant de l'organisme et du milieu environnant, dont les deux principaux sont la durée du jour (photopériode) et la présence d'une période de froid (vernalisation). Les scientifiques savent, depuis les années 1930, que les plantes perçoivent la variation du rythme jour-nuit (c'est-à-dire l'augmentation de la durée d'exposition au soleil) grâce à leurs feuilles. Ils pensaient donc qu'un signal, dit « florigène », migrait de la feuille vers l'extrémité des tiges où les fleurs se forment, mais ce n'est qu'en 2005 qu'a été élucidée la nature de ce mystérieux signal. Cette découverte revient à trois groupes de chercheurs (de l'Institut Max-Planck en Allemagne, des universités de Kyoto au Japon et d'Umea en Suède), qui ont étudié *Arabidopsis thaliana,* une plante cousine de la moutarde, et découvert que le florigène est en fait l'ARN messager (une copie de l'ADN) d'un gène (le gène FT) présent dans les feuilles. « Cet ARNm part de la feuille, utilise le réseau vasculaire de la plante pour atteindre le bourgeon terminal, explique François Parcy, qui est chargé de recherche CNRS au laboratoire de physiologie cellulaire végétale de Grenoble et qui a participé à l'étude suédoise. A l'extrémité de la tige, il donne naissance à une protéine (FT) qui, en s'associant à une autre molécule (la protéine FD), déclenche la floraison. » Pourtant, si l'augmentation de la durée du jour est un facteur suffisant pour déclencher la floraison de certaines plantes, d'autres, comme les tulipes, ne fleurissent qu'après une exposition de plusieurs mois à un froid hivernal (la vernalisation). « Ces plantes sont dotées d'une protéine répressive qui empêche l'expression du gène FT, poursuit François Parcy. Mais, à la sortie d'une longue période de froid, cette protéine répressive est elle-même inhibée : le gène FT peut donc s'activer et déclencher la floraison. Vernalisation et photopériode sont en fait deux mécanismes complémentaires. » Au final, c'est donc un tel système de cascades moléculaires qui permet aux plantes de bien faire la distinction entre le printemps et les alternances thermiques ayant lieu en automne. Mais comment les cellules du printemps se souviennent-elles que la jeune plantule a été exposée au froid ? Eh bien, c'est « écrit » sur leur ADN ! Les cellules qui ont connu l'hiver y laissent en effet une empreinte et la transmettent à leurs descendantes. Les plantes ne se laissent pas berner : les courtes périodes de froid de l'automne ne suffisent pas à déclencher leur floraison.

Reste que toutes les plantes ne réagissent pas de la même façon aux signaux environnementaux : celles des îles du Cap-Vert ne demandent pas de vernalisation pour fleurir ; certains plants de tabac fleurissent quand les jours sont courts, d'autres ont besoin de faire leur « plein » de soleil, qui varie selon les conditions habituelles d'ensoleillement dans leur milieu d'origine. C'est que chaque végétal a ses propres exigences en matière de température, d'humidité et d'ensoleillement pour accomplir sa floraison de façon optimale et assurer ainsi la pérennité de l'espèce.

L'activation du gène FT est la clé du processus.

1 Dans les feuilles, le gène FT produit un ARNm…

C'est un gène, présent dans les feuilles, qui détermine le bon moment de l'année pour la floraison. Sensible à l'augmentation de la lumière, le gène FT s'active lorsque la durée du jour devient favorable. Il produit alors un ARN messager (ARNm), une molécule qui est une copie de l'ADN. Cet ARNm se déplace dans le réseau vasculaire de la plante jusqu'à atteindre les bourgeons.

2 … induisant une réaction dans le bourgeon terminal.

Dans l'apex, où sont produits les boutons floraux, l'ARNm passe dans les cellules, où il est traduit en une protéine FT. Celle-ci se lie dans le noyau à une protéine FD, produite dans les cellules du bourgeon. Une fois associées, les deux protéines modifient l'expression des gènes des cellules afin que celles-ci se différencient et donnent des fleurs.

Un astéroïde ou une comète de 1 km de diamètre pourraient provoquer un dérèglement climatique planétaire.

18 Quand un astéroïde risque-t-il de nous tomber sur la tête ?

Ce type de cataclysme s'est déjà produit, il y a 65 millions d'années… et un autre suivra forcément, les statistiques ne laissent aucun doute. De fait, d'après l'observation des astéroïdes et autres comètes, couplée aux modélisations des astronomes, un objet d'une dizaine de kilomètres de large croise la course de la Terre tous les cent millions d'années environ. Cela pourrait même arriver bien avant. Car un objet avoisinant le kilomètre de diamètre peut déjà provoquer un dérèglement climatique planétaire, or il en tombe en moyenne un tous les 500 000 ans ! Et, il suffirait d'un objet de 140 m de diamètre pour ravager une région française. Mais, des objets plus petits, de l'ordre de 50 m, sont aussi à craindre, car il en arrive sur Terre tous les 100 à 1 000 ans. Le dernier remonte au 30 juin 1908. Le choc s'est produit en Sibérie centrale et a ravagé 2 000 km^2 de taïga. Il aurait suffi de quelques heures de plus pour que, rotation de la Terre oblige, le choc ait lieu près de Londres…

Avec plus de 400 000 objets errant dans le système solaire, nul doute que le ciel finira par nous tomber sur la tête ! Sauf à inventer des moyens pour détourner la route de tout astéroïde dévastateur.

19 QUAND a-t-on distingué virus et bactéries ?

C'est à partir des années 1930 que l'on distingue les virus des bactéries. Ces micro-organismes sont invisibles à l'œil nu, et certains d'entre eux présentent la même fâcheuse tendance à provoquer des maladies, parfois mortelles. La frontière paraît d'ailleurs si floue que nous les rangeons dans un même sac : celui des microbes. Pourtant, sous un microscope électronique, il y a autant de dissemblance entre un virus et une bactérie qu'entre une souris et un éléphant. Les virus ont une taille comprise entre 40 et 300 nanomètres (nm), à part quelques rares spécimens qui peuvent atteindre le micromètre, ce qui représente la taille moyenne des bactéries. Trahies par cette taille, les bactéries ont été observées dès 1678, alors que la reconnaissance des virus dut attendre 1884 et la mise au point par Charles Chamberland d'un système de filtres en porcelaine capable de retenir ces minuscules objets. A cette époque, les restent d'ailleurs considérés comme des bactéries de très petite dimension. A partir des années 1930, les différences entre les deux groupes se précisent avec les premiers pas de la microscopie électronique. Dans les années 1950, l'étude biochimique d'un virus de plante, la mosaïque du tabac, permet de commencer à décrypter le fonctionnement des virus et de mettre le doigt sur la principale différence avec les bactéries : leur forme de « vie ».

Ainsi les bactéries, d'aspects variés, sont des organismes formés d'une seule cellule dépourvue de noyau. Chacune contient généralement un chromosome, formé d'ADN replié en boucle. Elle peut aussi renfermer des plasmides, ces petites molécules circulaires d'ADN qui portent des gènes « accessoires », par exemple ceux de la résistance aux antibiotiques. Son cytoplasme contient tous les éléments nécessaires à son métabolisme, c'est-à-dire à la fabrication d'énergie pour la production de ses constituants et à la multiplication par division. Les bactéries ont réussi à s'adapter à toutes les situations. De fait, on en trouve un peu partout sur le globe ainsi que sur les êtres vivants… Le plus souvent, elles vivent en parfaite harmonie avec l'organisme hôte, lui rendant même quelques menus services comme la dégradation des aliments dans le tube digestif de nombreux animaux afin que la paroi intestinale puisse les absorber.

Les virus, de leur côté, sont dits « acellulaires », ce qui signifie qu'ils ne sont pas composés de cellules : ils possèdent un matériel génétique, sous forme d'acide nucléique, soit ADN soit ARN (copie de l'ADN qui sert à la fabrication des protéines), mais jamais les deux en même temps, et aucun ne dispose de la machinerie métabolique. Ils n'ont donc d'autre possibilité pour assurer leur survie que de parasiter des cellules (bactéries, cellules végétales ou animales et même congénères). Enfin, les virus peuvent se glisser dans le génome de l'hôte sans se manifester pendant des années. Côté déplacement, là encore, les choses diffèrent. Une fois à l'extérieur des cellules hôtes, les virus, inertes, persistent dans l'environnement sous forme de particules individuelles tant qu'ils ne rencontrent pas de nouvelles cellules à infecter. Les bactéries, elles, disposent de divers moyens de locomotion. Le plus répandu : des flagelles qui leur permettent de « nager » dans le milieu environnant. Indépendantes, mobiles… les bactéries seraient-elles des micro-organismes moins « primitifs » que les virus ? Non, répondent les biologistes. Car si les virus se situent à la frontière du vivant et de l'inerte, ils ont néanmoins su mettre au point des stratagèmes particulièrement efficaces pour réussir à se reproduire et évoluer sans fournir le moindre effort.

Alors que le virus est incapable d'évoluer seul…

Un système inerte

Un virus se résume à une enveloppe abritant un ARN et des protéines. Faute de pouvoir exprimer seul son matériel génétique, il doit aborder une cellule vivante, grâce à ses protéines de fixation. Il peut alors pirater la machinerie enzymatique de cette cellule et, dès lors, se multiplier.

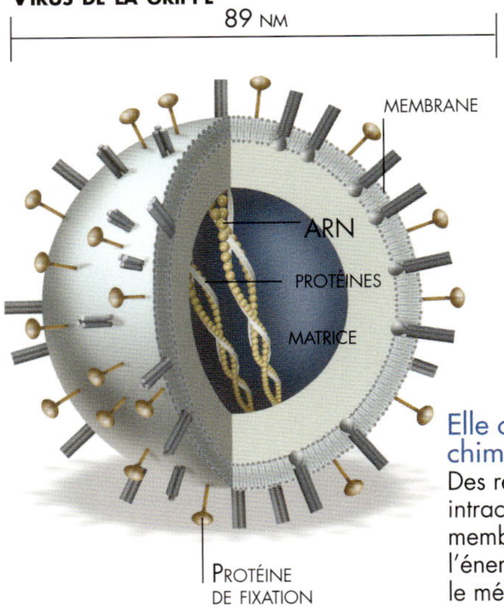

… la bactérie est une cellule vivante autonome.

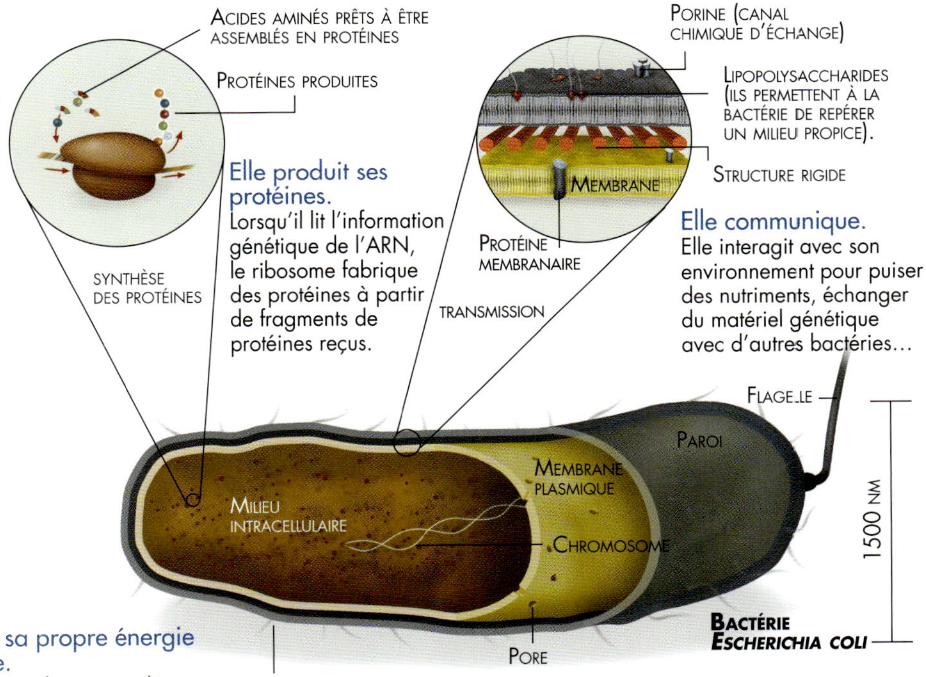

Elle produit ses protéines.

Lorsqu'il lit l'information génétique de l'ARN, le ribosome fabrique des protéines à partir de fragments de protéines reçus.

Elle communique.

Elle interagit avec son environnement pour puiser des nutriments, échanger du matériel génétique avec d'autres bactéries…

Elle crée sa propre énergie chimique.

Des réactions dans son milieu intracellulaire et dans sa membrane produisent de l'énergie pour la propulsion, le métabolisme, la multiplication…

Les pilis servent à l'ancrage de la bactérie.

Elle se multiplie.

Sa machinerie enzymatique est suffisante pour assurer seule sa reproduction par division cellulaire.

Elle se déplace,

grâce à la présence d'un flagelle.

20 QUAND les atomes qui nous constituent sont-ils nés ?

Nous aurons beau tout faire pour paraître plus jeunes que notre âge, notre corps sera toujours bien plus vieux que nous ! Pour une raison imparable : derrière nos os, notre peau, nos organes, nos muscles et notre sang se cachent des atomes. Ceux au cœur de l'hydrogène, de l'oxygène, du carbone et de l'azote, les fameux composants « organiques », à la base de la vie sur Terre, qui représentent à eux seuls plus de 99 % de nos atomes et auxquels il faut ajouter quelques cuillerées de sels minéraux, plus des pincées de fer, de chrome, de cuivre et d'autres métaux. Or, tous ces petits grains de matière composés d'un noyau de protons et de neutrons, cerclé d'un nuage d'électrons, ceux-là même dont nous sommes faits, existaient déjà du temps de Jules César ou même de l'homme de Cro-Magnon.

En fait, nous assimilons aujourd'hui des atomes qui existaient avant même que le Système solaire se forme ! Pour comprendre, il faut savoir que la plupart des espèces d'atomes qui existent, du moins leurs noyaux, ont été formées il y a plusieurs milliards d'années au cœur des étoiles. A partir des noyaux d'hydrogène, les étoiles forment des atomes de plus en plus lourds en les faisant fusionner entre eux. Après des millions, voire des milliards, d'années de ce travail de « nucléosynthèse stellaire », les étoiles meurent plus ou moins violemment, en répandant autour d'elles ces noyaux (et en engendrant des nébuleuses). Cette matière éparpillée dans l'espace par des générations d'étoiles ayant explosé (des supernovæ) a formé le Soleil et la Terre. Autrement dit, nous devons la vie à la mort des étoiles ! Un jour, le Soleil mourra à son tour, répandant autour de lui les embryons d'une possible vie future. Et le cycle se poursuivra… Reste une question : d'où vient cet hydrogène « primordial », à partir duquel les étoiles ont formé les autres noyaux et qui constitue encore la majorité (90 %) des atomes qui existent ?

De fait, pour que tous ces noyaux d'hydrogène se soient formés en si grande quantité, il a fallu qu'à un moment donné l'Univers entier ait été plus dense et plus chaud que le cœur des étoiles. Et cet « univers primordial » a une limite dans le temps, au-delà de laquelle les conditions de température et de pression sont si extrêmes que nos lois physiques ne sont plus valables : c'est le « big bang », moment daté à quelque 13,7 milliards d'années. C'est de là que viennent les atomes qui nous constituent. A peine une seconde après le big bang, les premiers noyaux d'hydrogène se sont formés à partir de la bouillie de particules qui remplissait alors l'Univers. Les briques fondamentales de nos atomes datent de cet instant. De sorte que notre corps a l'âge… du big bang !

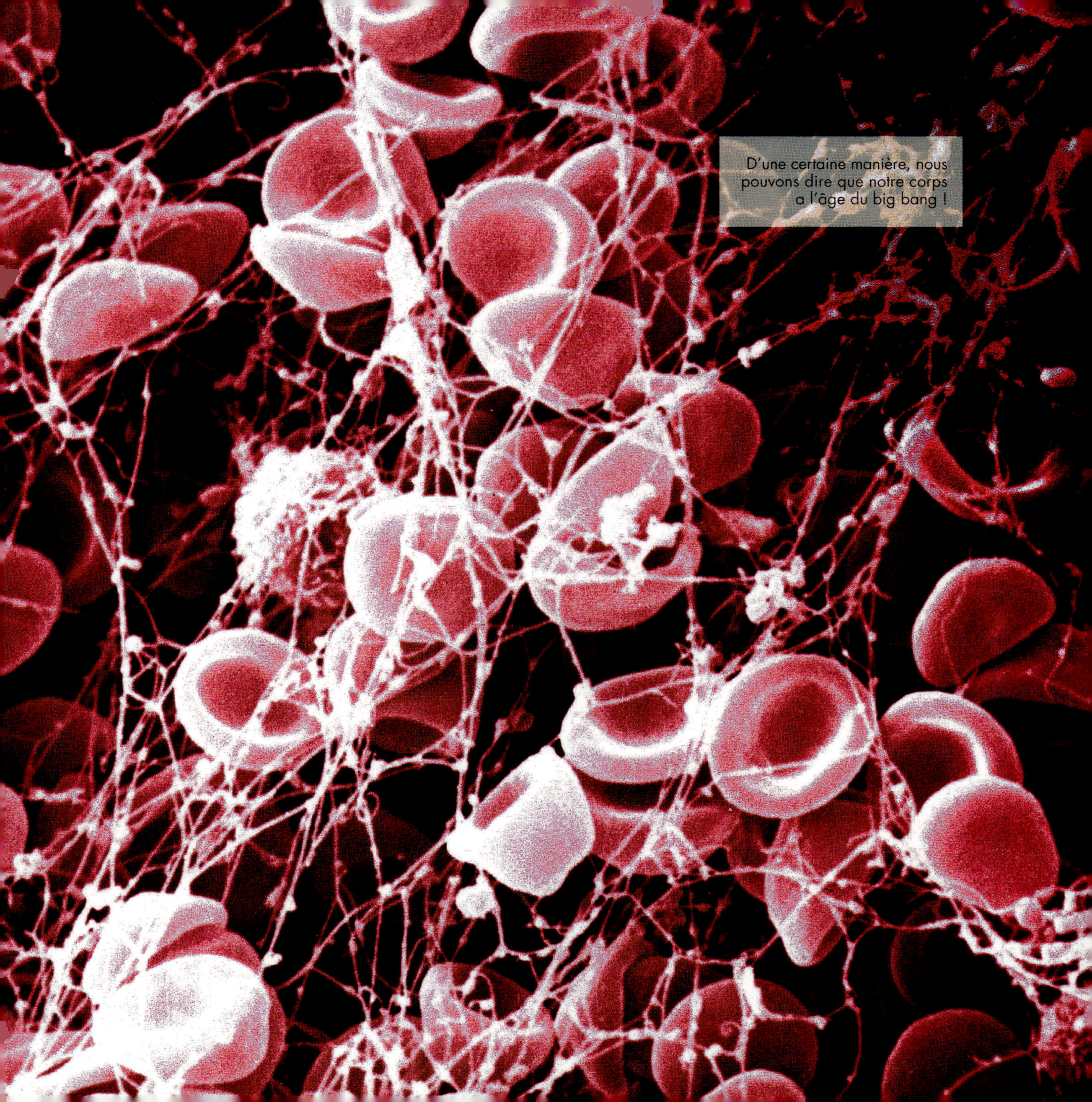

D'une certaine manière, nous pouvons dire que notre corps a l'âge du big bang !

21 QUAND **Néandertal** a-t-il croisé **Sapiens** ?

La polémique agite depuis 2002 la communauté des paléontologues. Et pour cause ! *Homo neandertalensis* est, depuis sa découverte en 1856, classé parmi les cousins et non les aïeux d'*Homo sapiens,* c'est-à-dire notre ancêtre. Il est d'ailleurs admis que Néandertal et Sapiens appartiennent à deux espèces distinctes. Cette certitude pourrait toutefois être tempérée. Si les paléontologues s'accordent sur le fait que Néandertal et Sapiens ont cohabité en Europe entre 40 000 et 30 000 ans avant J.-C., une nouvelle controverse fait rage sur la possibilité d'une rencontre, voire d'un métissage, entre ces deux hominidés. Cette discussion, déjà entamée en 1999, fait suite à la découverte, le 2 février 2002 dans une grotte des Carpates, au sud-ouest de la Roumanie, d'une mandibule humaine complète, dotée de cinq molaires, ayant appartenu à un Sapiens archaïque adulte. La datation au carbone 14 a révélé un âge compris entre –36000 et –34000, soit une époque où la coexistence des deux espèces est avérée. Pour le paléontologue américain Erik Trinkaus, chargé de l'étude, la mandibule cumule des caractères modernes et archaïques (sa taille, les proportions inhabituelles des molaires et sa robustesse), une particularité qui laisse supposer qu'il pourrait y avoir eu des mélanges génétiques entre des populations d'hommes modernes et de néandertaliens. En parallèle, deux équipes du Max Planck Institute (Allemagne) et du Joint Genome Institute (JGI, Etats-Unis) viennent de déchiffrer une partie du génome de Néandertal. Résultat : nous partageons 99,5 % de notre patrimoine génétique avec lui. Mais, selon Edward Rubin, directeur du JGI, l'ADN est formel : « S'il y a eu métissage, l'analyse de l'ADN nucléaire suggère qu'il a été insignifiant dans l'histoire des deux espèces. » Pourtant, les derniers représentants des néandertaliens, plus graciles que leurs ancêtres, présentent une silhouette étrangement proche de celle d'*Homo sapiens*... De là à penser que certains néandertaliens ont quitté leur branche pour passer sur celle de l'homme dit « moderne », il y a un gouffre que beaucoup de paléontologues se refusent à franchir.

Néandertal et Sapiens ont cohabité en Europe entre 40 000 et 30 000 ans avant J.-C.

22 QUAND on verse le **liquide** d'une casserole, qu'est-ce qui fait qu'elle **goutte** ?

A chaque fois que survient l'effet « théière ». L'énervant filet de lait qui, au lieu de remplir la tasse, se répand sur la table, c'est lui. Ainsi, lorsqu'on incline une casserole afin d'en verser le contenu, le liquide converge vers le bord. L'écoulement se rétrécit et, par conséquent, accélère. Il se produit la même chose en sortie de certains barrages : une calme retenue d'eau se transforme soudain en torrent. Par ailleurs, ainsi que l'a démontré le père de l'hydrodynamique, le mathématicien suisse Daniel Bernoulli (1700-1782), tout fluide qui accélère est le siège d'une légère dépression par rapport au milieu environnant. Comme si, propulsé, il se distendait et relâchait un peu de sa pression interne. La pression du liquide coulant sur le bord de la casserole est donc légèrement inférieure à celle de l'air au-dessus de lui. En conséquence, le liquide est en permanence poussé par les molécules d'air vers la paroi. L'effet est encore plus fort lorsque le liquide quitte la casserole. Sous le coup de la pesanteur, il accélère subitement, se décomprime encore plus et se colle à la paroi au lieu de tomber à la verticale ! Au final, du liquide demeure sur le bord de la casserole, qui goutte. Pour éviter ce désagrément, il faut verser rapidement. Car même si l'effet théière augmente avec la vitesse, le fait de verser vite éloigne le jet des bords, et donc limite son adhésion à la paroi. De plus, une casserole à bord tranchant sera plus efficace contre l'effet théière : plus le bord est arrondi, plus le liquide suit le profil ; si le bord est tranchant, le liquide va se décoller de la paroi et ne gouttera pas.

En 2005, les cours
de l'uranium ont flambé,
relançant la prospection
aux quatre coins du monde.

23 Quand les réserves d'uranium seront-elles épuisées ?

La réponse figure dans l'édition 2005 du « livre rouge », publié chaque année par l'Agence pour l'énergie nucléaire et l'Agence internationale de l'énergie atomique : il existe 3,3 millions de tonnes de réserves prouvées et raisonnablement exploitables (à 130 $ le kilo actuellement) et environ 10 millions de tonnes de réserves « spéculatives », correspondant à des structures géologiques identifiées comme favorables mais encore peu ou pas explorées. Ces réserves équivalent à respectivement 70 ans et 2 siècles de consommation actuelle. Ce n'est pas mirobolant, d'autant que ces périodes se raccourciraient en cas d'accroissement du nucléaire dans le bouquet énergétique mondial.

Doit-on, du coup, redouter une pénurie d'uranium ? Avant de répondre, il faut préciser que ces chiffres sont des estimations obtenues par compilation des déclarations nationales, or la fiabilité des analyses et des technologies varie d'un Etat à l'autre, de même que la couverture territoriale prospectée : si l'Amérique du Nord et l'Union européenne ont fait l'objet de recensements exhaustifs des gisements, c'est loin d'être le cas pour certaines régions d'Asie, pourtant prometteuses. Cette méconnaissance a une explication : la prospection d'uranium a pratiquement cessé il y a un quart de siècle. Les accidents de Three Mile Island aux Etats-Unis (1979) et de Tchernobyl en Ukraine (1986) ont en effet provoqué un effondrement des cours de l'uranium, aggravé par la mise sur le marché de quantités importantes de matières fissiles issues de la réforme de l'arsenal nucléaire de la guerre froide. Résultat : les compagnies minières ont fortement réduit la voilure, sacrifiant en priorité la prospection. Mais en 2005, la donne change : les cours flambent, relançant l'activité, notamment *via* des start-up actives aux quatre coins du monde. Et cette évolution a débouché sur la découverte de plusieurs gisements importants, entre autres en Australie et au Brésil. Si les prix se maintiennent, la prospection va se poursuivre et les découvertes de gisements devraient s'accroître. On pourrait, selon certains spécialistes, probablement doubler l'évaluation actuelle des réserves. Par ailleurs, si ces prix augmentent encore, des sources plus diluées deviendront rentables, comme les phosphates, qui contiendraient 35 millions de tonnes d'uranium à l'échelle de la planète. On parle même d'extraire de l'uranium de l'eau de mer… Ainsi, si le nucléaire connaît la renaissance annoncée, c'est probablement vers le recyclage que se tournera l'industrie de l'atome, puisque cette technologie, quoique plus chère, permet d'extraire presque cinquante fois plus d'énergie d'un gramme d'uranium. En cas de hausse continue des prix, elle finira donc par s'imposer…

24 QUAND aura lieu la prochaine inversion du champ magnétique terrestre ?

Une inversion du champ magnétique terrestre paraît inéluctable, mais surtout proche. Depuis 2 000 ans, l'intensité du champ magnétique terrestre diminue, signe précurseur d'une inversion des pôles magnétiques qui pourrait survenir dans un ou plusieurs milliers d'années. Un tel phénomène s'est d'ailleurs déjà produit il y a 780 000 ans.

Comment les géophysiciens le savent-ils ? Grâce à l'étude des grains aimantés contenus dans la lave des volcans et qui s'orientent selon l'axe du champ magnétique terrestre. Au contact de l'eau ou de l'air, la lave se solidifie et les grains se figent, établissant année après année une véritable carte magnétique autour des volcans. A partir de ces données, les scientifiques ont découvert que le champ magnétique terrestre subissait des chutes d'intensité tous les 30 000 ans en moyenne. L'origine de ce phénomène est liée aux configurations du noyau externe de notre planète, enfoui à près de 3 000 km. Les mouvements de ce noyau sont régis par différents paramètres : la rotation de la Terre, les différences de température entre les surfaces interne et externe du noyau, les différences locales de densité, etc. Il en résulte un champ magnétique dipolaire, assimilable à un gigantesque

Le vent solaire pourrait bombarder notre atmosphère.

Dans le cas d'une inversion, le champ magnétique est alors affaibli, et devient multipolaire. Dès lors, le bombardement de vent solaire s'intensifie. Il sera encore plus fort si l'un des pôles magnétiques fait face au vent solaire.

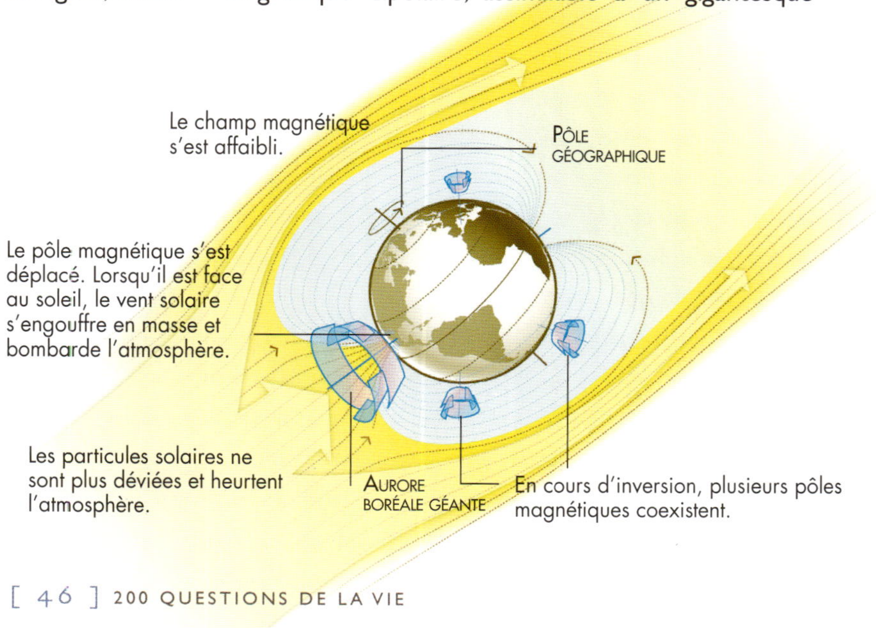

aimant droit enfoui au cœur de la Terre, dont les pôles sont à quelques degrés près orientés selon l'axe de rotation de la planète. Mais, à la suite de perturbations locales dans le noyau externe, la composante dipolaire perd de son intensité. Or, une fois descendue à 10 % environ de sa valeur initiale, des pôles nord et sud émergent un peu partout autour du noyau. Puis, après quelques centaines voire quelques milliers d'années, l'intensité de la composante dipolaire revient à la normale… sauf que les pôles se retrouvent intervertis une fois sur dix ! Que se passerait-il en cas d'inversion totale des pôles ? Tout d'abord, les animaux qui se servent du magnétisme terrestre pour se diriger pourraient être désorientés. Par ailleurs, la faiblesse du champ précédant l'inversion risquerait de diminuer le bouclier magnétique qui nous protège des rayonnements cosmiques, et du vent solaire, sans pour autant nous détruire. Mais surtout, elle engendrera probablement moult pannes dans les systèmes électroniques, sensibles à ces rayonnements.

25 Quand nos articulations se mettent-elles à craquer ?

Dès qu'on les étire ! Le fameux « pop » émane de la cavité de nos articulations, qui sont formées de deux os en contact grâce au cartilage. Le tout est entouré d'une capsule qui sécrète un lubrifiant, le liquide synovial, dans lequel sont dissous plusieurs gaz : l'oxygène, l'azote et, surtout, le dioxyde de carbone. Lorsque l'on étire ses articulations, la pression de la cavité articulaire baisse, forçant les gaz dissous à revenir à l'état gazeux. C'est bien ce mouvement des gaz qui entraîne ce bruit de craquements. Si l'on radiographiait les articulations à ce moment précis, on observerait une « bulle » de gaz. Dans le cas d'articulations saines, et en l'absence de douleur, on peut sans danger provoquer ces craquements des phalanges ou des vertèbres. Cependant, prévient le Dr Le Goux, rhumatologue à l'hôpital Ambroise-Paré de Boulogne, « le sujet risque de créer une dépendance. Très innervée, la capsule synoviale contient de nombreux récepteurs à la douleur. Or le craquement procure une sensation de bien-être, d'où l'envie de le faire encore et encore. » Attention : en cas de problèmes articulaires, il est totalement déconseillé de faire craquer ses articulations.

La barrière de corail australienne pourrait disparaître d'ici à 2050-2100, principalement à cause du CO_2.

26 QUAND la barrière de corail pourrait-elle disparaître ?

A l'horizon 2050-2100, selon les prévisions des scientifiques de l'université de Queensland, en Australie. Le coupable ? Le gaz carbonique, dont la concentration ne cesse de croître dans les océans, lesquels absorbent le quart des émissions humaines. De fait, en augmentant l'acidité des eaux, le CO_2 réduit la disponibilité en ions carbonates, qui sont les briques essentielles de la calcification des coraux. Chronique d'une disparition annoncée ? Peut-être, car si les chercheurs reconnaissent qu'une acclimatation physiologique ou des mécanismes évolutifs pourraient retarder l'échéance, c'est pour mieux mettre l'accent sur les deux handicaps majeurs des coraux : leur temps de génération (long) et leur faible diversité génétique, qui limite leur capacité d'adaptation. Un constat doublement accablant, car la disparition du plus grand récif corallien de la planète (350 000 km^2 de superficie) entraînera un effondrement de la biodiversité et des ressources halieutiques — et donc alimentaires — associées à ces récifs. Et ce, alors même qu'un rapport des Nations unies estime que 156 000 km^2 de récifs coralliens supplémentaires seraient nécessaires pour soutenir la croissance de la population prévue d'ici à 2050.

27 QUAND l'Europe a-t-elle adopté l'agriculture ?

Cette question divise depuis des années les spécialistes du Néolithique, période qui s'étend de – 10000 à – 3000 et au cours de laquelle sont apparus les premiers agriculteurs européens. Ce qui est sûr, c'est que, il y a 12 000 ans en Anatolie, dans le sud-est de la Turquie, des hommes ont délaissé pour la première fois chasse et cueillette pour se consacrer à l'exploitation agricole des terres où ils s'étaient sédentarisés. Ils se mirent, dans le même temps, à pratiquer l'élevage bovin et à fabriquer des céramiques ornementées. Longtemps confinée dans cette zone proche-orientale, dite du « Croissant fertile », cette néolithisation arriva aux portes de l'Europe 3 000 ans plus tard et mit encore deux millénaires pour conquérir tout le continent.

Comment ? C'est sur ce point que les spécialistes sont divisés. Les uns défendent l'idée d'une colonisation de l'Europe par des agriculteurs venus du Proche-Orient. Ces derniers auraient progressivement réduit, sous leur pression démographique, les territoires des derniers chasseurs-cueilleurs installés depuis plus de 40 000 ans en Europe. Un autre camp plaide en faveur d'une diffusion culturelle : les chasseurs-cueilleurs auraient adopté des idées et des techniques importées par ces nouveaux émigrants. L'équipe de l'anthropologue allemand Wolfgang Haak est partie en 2005 étudier en Europe centrale les restes de 24 fermiers européens, vieux de 7 500 ans environ. Avec, en tête, l'idée que la génétique des populations pourrait trancher la question.

Verdict ? Les trois quarts des sujets étudiés ont révélé une signature génétique largement répandue chez les Européens modernes, mais ceux du dernier quart possédaient un ADN renfermant une séquence génétique, appelée « N1a », que Wolfgang Haak considère comme la signature d'une population originaire du Proche-Orient. Cependant, la séquence N1a demeure très rare dans la population mondiale d'aujourd'hui : seuls 0,2 % des individus actuels appartiendraient à cette lignée, ce qui tendrait à plaider pour une diffusion culturelle. Ainsi, des petits groupes d'agriculteurs pionniers originaires du Croissant fertile auraient transmis leurs savoirs techniques aux chasseurs-cueilleurs locaux.

28 Quand un bruit rend-il sourd ?

Les capteurs sensoriels des oreilles s'usent à force de recevoir des sons supérieurs à 80 dB.

Un bruit en soi ne rend pas sourd. C'est l'exposition répétée à des bruits excessifs qui peut aboutir à la surdité. Chaque individu possède un « capital son » non renouvelable. Ce capital se compose de 15 000 cellules ciliées (les capteurs sensoriels) et des 35 000 neurones du nerf auditif qui y sont connectés. Situées dans l'oreille interne, les cellules ciliées et les fibres nerveuses sont en danger lorsqu'elles sont exposées à des bruits supérieurs à 80 décibels (dB), or le son maximal d'un baladeur est de 90 dB, et celui des salles de concert ou des boîtes de nuit de 105 dB. Lorsqu'un son se propage dans l'oreille, les cellules ciliées libèrent un neurotransmetteur, le glutamate, qui se fixe sur les neurones du nerf auditif, transformant les vibrations du son en messages pour le cerveau. Le problème, c'est que les cellules ciliées s'usent et meurent à force de recevoir des sons supérieurs à 80 dB. Par ailleurs, une cellule ciliée trop fortement excitée va libérer du glutamate en excès, qui devient toxique pour les fibres nerveuses. La mort des cellules ciliées et des fibres nerveuses provoque une presbyacousie précoce. Les sons aigus disparaissent en premier, car les cellules ciliées associées sont aussi celles qui reçoivent le plus de vibrations : 20 000 Hz pour le son le plus aigu contre 20 Hz pour le plus grave. Ces cellules ne s'usent pas à la même vitesse pour tous. Des facteurs génétiques ou les médicaments « ototoxiques » peuvent accélérer leur vieillissement. Le bruit reste toutefois le facteur déterminant. D'après Jean-Luc Puel, directeur du laboratoire de psychopathologie et thérapie de l'oreille interne (Montpellier), « une étude réalisée au sein d'une tribu pygmée n'utilisant pas de percussions et chez des jeunes du Bronx écoutant de la musique à plein volume s'est révélée accablante. Les jeunes de 20 ans du Bronx avaient des oreilles de Pygmées de 80 ans. »

29 QUAND le vent se met-il à souffler ?

Pour expliquer les mystères des vents, les Anciens inventèrent le dieu Eole. Et, longtemps, ce phénomène resta une énigme, que marins et navigateurs tentèrent de cerner *via* leurs observations. Pour ne citer que lui, Christophe Colomb, lors de son périple vers l'Amérique en 1492, profita d'étonnants vents d'est réguliers de la zone tropicale. Il avait découvert les alizés ! Il faudra pourtant attendre le XVIIe siècle pour qu'apparaissent les premières théories scientifiques sérieuses. D'abord grâce à l'astronome anglais Edmond Halley, qui, en étudiant les fameux alizés, conclut que l'air s'élevait près de l'équateur, zone de très fort rayonnement solaire, puis se dirigeait vers des régions où l'air était plus rare pour rétablir l'équilibre. Mais il se trompait en pensant que l'air chauffé suivait le rayonnement solaire et entraînait l'air froid sous forme de vents d'est.

Cette erreur fut en partie déjouée par George Hadley en 1735. Pour ce juriste anglais féru de sciences, l'air chaud prend bien de l'altitude au niveau de l'équateur, mais il se refroidit ensuite pour se diriger vers les pôles. Là, l'air plus froid, plus dense, retombe en exerçant une pression atmosphérique, découverte en 1648 par Blaise Pascal. Cet air se dirige donc ensuite vers la région où l'air est plus léger : l'équateur. Ce circuit se répète à l'infini et forme une boucle dans chaque hémisphère : ce sont les « cellules » de Hadley. En revanche, son hypothèse sur la rotation terrestre d'ouest en est, qui engendrerait des alizés, était fausse, comme le démontra en 1835 le mathématicien français Gustave Gaspard Coriolis. C'est lui qui, le premier, comprit le rôle de la rotation terrestre : elle n'engendre pas directement les courants réguliers que sont les alizés, mais donne l'impression que la trajectoire des vents est courbée. C'est la fameuse force de Coriolis.

Ces découvertes vont, *in fine*, permettre au météorologiste américain William Ferrel d'élaborer, en 1855, un schéma enfin exact des courants d'air globaux, lesquels seraient en réalité constitués de trois cellules de Hadley. Son hypothèse : puisque l'air chaud s'élève au niveau de l'équateur, la pression atmosphérique, c'est-à-dire le poids de l'air de haute altitude, y est donc moindre. On observe alors une zone de basse pression permanente de part et d'autre de l'équateur. En altitude, l'air se refroidit pour retomber au niveau des tropiques (30° de latitude), où l'intensité des rayons du soleil commence à faiblir. Là, le poids de cet air froid et dense accroît la pression (zone de haute pression). En redescendant, l'air se réchauffe à nouveau (sous l'effet de la pression et de la température de surface), et est continuellement expulsé des deux côtés des 30° de latitude. Une partie de l'air se redirige donc vers l'équateur pour former la cellule dite de Hadley et une autre poursuit sa route vers les pôles à basse altitude. Oui, mais à hauteur de 60° de latitude, l'air échauffé en surface se dirigeant vers les pôles rencontre l'air froid des régions polaires. Il s'élève alors, créant ainsi une nouvelle dépression. En altitude, une partie de cet air redescend vers des latitudes plus chaudes pour former une seconde boucle : la cellule dite des latitudes moyennes. L'autre partie achève son chemin vers les pôles. Il retombe alors en exerçant une pression qui conduit les courants vers les 60° de latitude. Il y a donc une dernière cellule : la polaire. Cette vision des courants atmosphériques explique définitivement l'origine et la direction des vents. Dans l'hémisphère Nord, la force de Coriolis fait tourner, dans le sens inverse des aiguilles d'une montre, l'air affluant vers les centres dépressionnaires et, dans l'autre sens, l'air s'échappant des centres de haute pression, les anticyclones. Et inversement dans l'hémisphère Sud.

Le cycle du vent, de la dépression à l'anticyclone

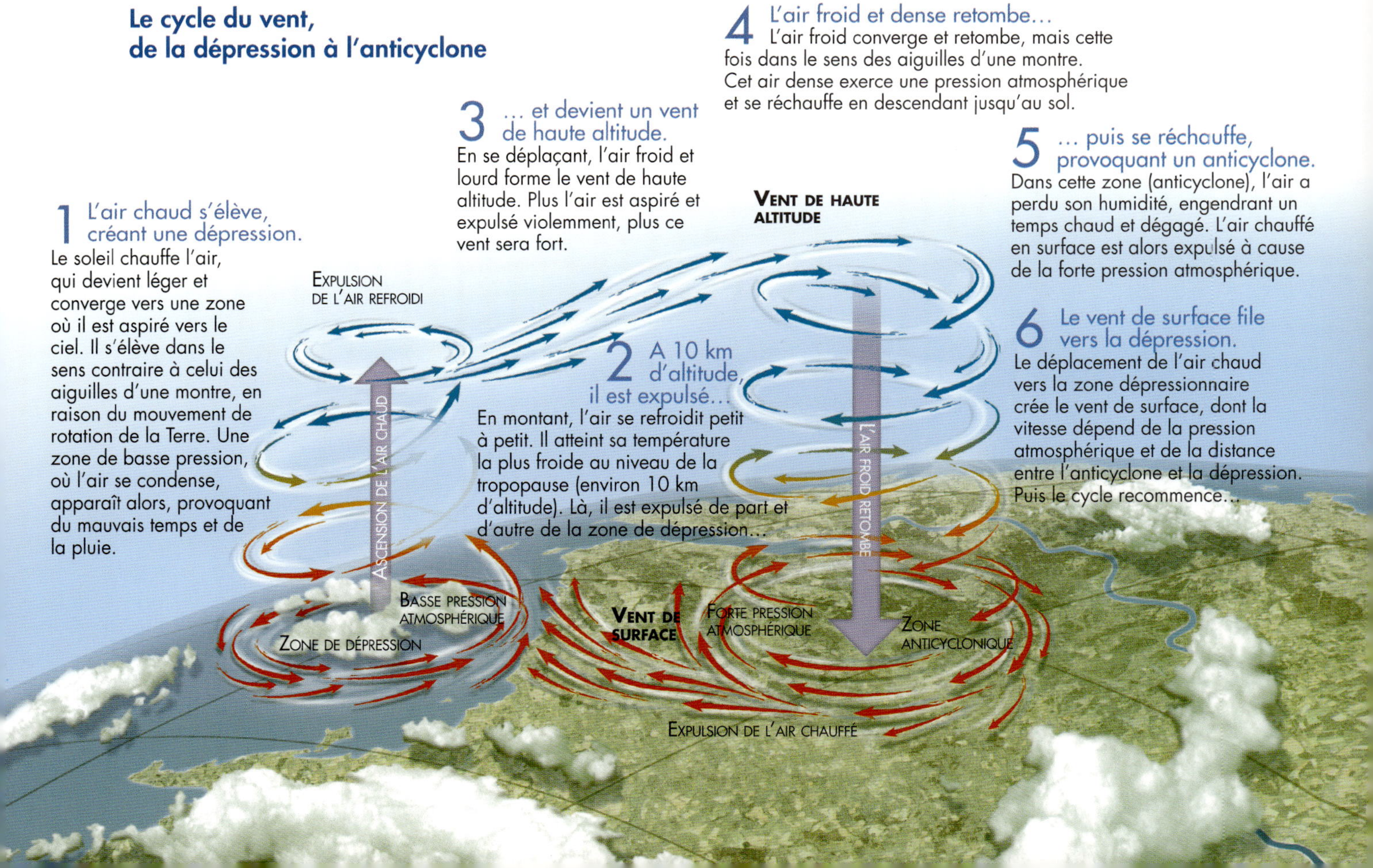

Dans le Soleil, par 15 millions de degrés, la matière atteint l'état de plasma.

30 QUAND la température peut-elle devenir maximale ?

Impossible dans l'état actuel des connaissances, de savoir s'il existe une température maximale théorique. Et pour cause, les limites imposées par le corpus quantique ne permettront jamais de mesurer une température supérieure à celle de Planck, égale à 10^{32} kelvins (K), soit 100 000 milliards de milliards de milliards de kelvins. C'est en effet la température de fusion de l'espace et du temps, qui régnait 10^{-43} s après la naissance de l'Univers, la période la plus lointaine à laquelle on pourra jamais remonter. Mais cette « température de Planck » est tellement astronomique qu'il est difficile d'y voir une véritable limite. C'est une valeur au-delà de laquelle on perd tout simplement le sens physique des choses…

Prenons le cas de l'eau. A −273 °C (sous pression atmosphérique), elle est figée sous forme de glace solide. Si on lui apporte alors peu à peu de l'énergie sous forme de chaleur, c'est-à-dire en communiquant du mouvement aux molécules, ces dernières vont se mettre à vibrer intensément, tout en restant confinées dans leur emplacement, jusqu'à une valeur bien précise, 0 °C, point à partir duquel le solide se transforme en liquide. Si l'on chauffe encore, les molécules d'eau s'agitent de plus en plus. La température du liquide atteint un second point névralgique, égal à 100 °C, au-delà duquel la matière passe à l'état gazeux. Si l'on continue d'apporter de l'énergie au système, il se produit une ionisation progressive du gaz. La matière se brise, jusqu'à atteindre l'état de plasma, sorte de gaz chaotique constitué de noyaux et d'électrons libres. Un tel plasma s'observe dans le Soleil ou dans des réacteurs à fusion thermonucléaire. Difficile, en pratique, pour l'ingénieur de faire plus chaud…

Mais théoriquement, peut-on aller plus loin ? Dans les années 1960, le physicien allemand Rolf Hagedorn avait calculé un plafond, évalué à $1{,}8 \times 10^{12}$ K, soit 1 800 milliards de degrés. Cette « température de Hagedorn » signe la frontière entre l'état de plasma du gaz et l'état déconfiné des quarks et des gluons, encore appelé « plasma de quark-gluon », où les noyaux, eux-mêmes scindés, libèrent leurs particules internes. Pour le moment, il est impossible de savoir ce qui se passe au-delà. Beaucoup de théoriciens imaginent aujourd'hui que la matière pourrait être formée non de particules mais de petites cordes vibrantes, ce qui transformerait largement ses propriétés dans les conditions extrêmes. Dans cette théorie dite « des cordes », encore incomplète, la température de Hagedorn est une limite, sans que l'on sache pour l'instant quel est son sens. Il pourrait y avoir une transition de phase au-delà, mais personne n'est aujourd'hui capable d'imaginer dans quel état se mettraient alors ces cordes…

31 QUAND Andromède percutera-t-elle notre galaxie ?

Dans 3 milliards d'années ! Les observations sont formelles : notre voisine Andromède se rapproche dangereusement de la Voie lactée, à la vitesse de centaines de milliers de kilomètres à l'heure. Pourtant, l'Univers étant en expansion, les galaxies ne devraient-elles pas s'éloigner les unes des autres ? Eh bien non, car ce phénomène d'expansion de l'espace n'est valable qu'à grande échelle, sur des distances supérieures à la centaine de millions d'années lumière. Andromède n'étant située qu'à 2,2 millions d'années lumière de nous, c'est la gravitation qui impose ici sa loi. En réalité, les deux phénomènes sont en constante compétition. A grande échelle, l'expansion agit comme une force répulsive, alors que, sur de petites distances, l'expansion est insignifiante et la gravitation domine. C'est exactement le cas pour Andromède et la Voie lactée. Grâce à l'observation des étoiles d'Andromède, les scientifiques ont déterminé que notre voisine nous fonçait dessus à la vitesse vertigineuse de quelque 500 000 km/h ! Même si les deux galaxies sont encore à plus de 20 milliards de milliards de kilomètres l'une de l'autre, la collision aura bien lieu, disent les simulations numériques de John Dubinski, astrophysicien à l'université de San Diego (Californie). Les deux galaxies vont-elles se heurter de front ou s'effleurer, puis tourner l'une autour de l'autre pendant plusieurs milliards d'années jusqu'à la fusion totale ? « Vu les mouvements relatifs des deux galaxies, la collision ne devrait pas être frontale, explique l'astrophysicien, et compte tenu des distances entre elles, elle devrait se produire dans 3 milliards d'années. » De quoi voir venir… « Nous avons réalisé un modèle tenant compte des caractéristiques des deux galaxies : orientation de leur axe de rotation, distance, vitesses relatives et masses respectives. La Voie lactée contient environ 400 milliards d'étoiles, tandis qu'Andromède est deux fois et demie plus lourde. A partir de ces données, nous avons appliqué les équations de la gravitation et de la dynamique des galaxies. » Après 10 jours de calculs sur un ordinateur ultra-puissant, le « choc intergalactique » a pu être représenté. Résultat ? Après 1,5 milliard d'années de ballet cosmique, où les galaxies vont littéralement se démembrer l'une l'autre sous l'effet des gigantesques forces gravitationnelles en jeu, leurs cœurs devraient fusionner pour former une nouvelle galaxie.

32 Quand il est content, le chien remue-t-il vraiment la queue ?

Le chien éprouve deux émotions opposées en même temps… et remue la queue.

La plupart du temps, nous interprétons cette propension à remuer frénétiquement la queue comme un signe de « joie » et de contentement. Pourtant, un tel mouvement indique que le chien se trouve dans une situation émotionnelle ou comportementale spécifique : indécision, excitation, désir d'asseoir sa domination…

Pour l'éthologue Desmond Morris, le balancement de la queue est immanquablement le signe d'un conflit intérieur : le chien éprouve simultanément deux émotions opposées. Par exemple, lorsque l'animal voit revenir son maître à la maison, il est submergé de bonheur, mais dans le même temps, il éprouve une certaine crainte : le maître n'en reste pas moins le chef de la meute, celui qui détient tous les pouvoirs. En d'autres termes, le chien désire rester auprès de son maître, mais, simultanément, il aimerait s'en éloigner !

Conséquence d'un tel dilemme ? Une queue qui se met à osciller intempestivement de droite à gauche. Ce phénomène peut même s'inscrire dans des situations de tension extrême, comme lorsque l'animal fait face à un congénère inconnu dont il ignore les intentions. Dans ce cas, le conflit interne est de type : est-il un ami ou bien un adversaire ? Et si c'est un adversaire, dois-je attaquer, ou bien fuir ? Si plusieurs scénarios peuvent suivre, il y a néanmoins une certitude : ces intenses cogitations canines vont se traduire, là encore, par un battement de queue… Certains spécialistes avancent aussi d'autres facteurs, comme un simple état d'excitation, tel celui qui caractérise les chiens de chasse à la poursuite d'une proie, ou bien celui qu'éprouve un mâle lors des avances sexuelles.

L'eau terrestre trouve
son origine dans un déluge
de plusieurs millions d'années,
et dans un bombardement
de comètes constituées pour
moitié de glace.

33 Quand l'eau a-t-elle coulé sur la Terre ?

Entre 100 et 200 millions d'années après sa naissance. Il y a 4,56 milliards d'années, des météorites constituées de matériaux hydratés se sont rassemblées de proche en proche, donnant naissance aux planètes du Système solaire et à leurs satellites ; 100 millions d'années plus tard, la Terre a presque sa taille actuelle et se trouve gorgée d'eau. Pas de vastes étendues marines, tout au plus quelques gouttes et, plus certainement, des molécules incluses dans les minéraux. Or, sous l'effet de la chaleur du noyau et des éruptions volcaniques, l'eau se libère sous forme de vapeur et s'échappe dans l'atmosphère primitive, où elle se condense avec l'altitude. Ces premiers nuages vont déverser des pluies torrentielles, un déluge qui pourrait avoir duré des millions d'années. Cette eau va rester sur Terre sous forme liquide. C'est ainsi qu'océans, mers, lacs se remplissent, et c'est de là que vient la majeure partie de l'eau qui se trouve sur la terre. Mais ce déluge n'explique pas toute l'hydrosphère. De fait, il y a entre 4,46 et 4,36 milliards d'années, alors que le déluge était en cours, la Terre subit un bombardement quasi incessant de comètes. Ces corps célestes, constitués de 50 % de poussière et de 50 % de glace, alimentèrent en partie les eaux océaniques nouvellement formées. Le phénomène s'est quasi terminé il y a 3,8 milliards d'années.

34 QUAND naissent les aurores boréales ?

Les aurores polaires, dites boréales pour l'hémisphère Nord et australes pour l'hémisphère Sud, apparaissent lorsque les tempêtes solaires atteignent notre atmosphère. Avant tout, il faut savoir que notre étoile rayonne une considérable quantité d'énergie tout en expulsant de gigantesques quantités de matière : à chaque seconde, plus de 1 million de tonnes de gaz s'en échappent. Ce gaz est évacué de façon explosive ou continue, sous la forme du vent solaire. Sur notre planète, la vie est protégée des assauts du Soleil, d'une part par son épaisse atmosphère, d'autre part par un bouclier invisible, la magnétosphère. Tandis que les rayonnements de haute énergie sont absorbés par la coquille formée par la basse atmosphère, épaisse de 15 km, la magnétosphère, qui s'étend à plusieurs dizaines de milliers de kilomètres de notre planète, nous protège des atomes solaires qui nous bombardent en permanence ! Concrètement, lorsque le flux de particules solaires (environ quelques dizaines par centimètres cubes) rencontre la magnétosphère, il est dévié de sa course et s'écoule tout autour de notre planète. Or, sous l'effet d'une tempête solaire particulièrement violente, la magnétosphère peut se retrouver trop chargée et, brutalement, céder, libérant alors les particules piégées qui se précipitent le long des lignes de flux du champ magnétique et fondent vers les pôles terrestres, où se trouve l'axe de la magnétosphère : c'est le point faible du bouclier magnétique terrestre. Conséquence : les atomes issus de l'atmosphère solaire rencontrent ceux qui constituent l'atmosphère terrestre et… c'est alors l'embrasement !

Les électrons et les protons solaires, en entrant en collision avec les atomes d'azote et d'oxygène de notre atmosphère, excitent ces derniers (leurs électrons changent de niveau d'énergie). Pour revenir à leur état initial, les atomes excités n'ont d'autre moyen que de rendre l'énergie absorbée sous la forme d'un joli rayonnement coloré… et le ciel s'illumine d'une magnifique aurore polaire. Ainsi, le voile lumineux que l'on observe — le plus souvent vert, car c'est à cette couleur que l'œil humain est le plus sensible la nuit — dessine les délicates et changeantes lignes du champ magnétique terrestre.

Si les aurores les plus spectaculaires se situent, pour la plupart, entre 100 et 150 km d'altitude, le phénomène peut se produire bien au-delà, vers 1 000 km. Comme les aurores se forment pratiquement dans l'alignement de l'axe du champ magnétique terrestre, qui passe non loin de l'axe de rotation de la planète, c'est dans les régions polaires que ces phénomènes sont le plus souvent visibles.

Lorsque les atomes issus de l'atmosphère solaire rencontrent ceux de l'atmosphère terrestre, c'est l'embrasement…

35 QUAND le clonage pourrait-il concerner Néandertal ?

Au vu des techniques et dans un contexte d'interdiction mondiale du clonage humain, l'expérience est *a priori* impossible. Toutefois, si l'on en croit Pierre Pontarotti, directeur du laboratoire Evolution, Génome, Environnement du CNRS à Marseille, elle sera envisageable dans quelques années.

La première étape de la résurrection d'un homme de Néandertal consiste à extraire, à partir des vestiges des squelettes trouvés, les segments d'ADN enfouis dans le noyau des cellules fossilisées (ou ADN nucléaire). Cette étape est en partie franchie depuis février 2009 avec le séquençage de 60 % du génome complet de Néandertal par les équipes de l'institut Max Planck en Allemagne et de la société américaine 454 Life Sciences.

L'étape suivante, qui n'a encore jamais été tentée, consiste à reconstituer la séquence intégrale de Néandertal, longue de plusieurs milliards de nucléotides ! C'est ici qu'intervient l'un des premiers stratagèmes employés par les paléogénéticiens. Au lieu de chercher à reformer la séquence génomique complète de notre cousin disparu, ils modifieraient celle de l'homme actuel pour la « transformer » en génome néandertalien. Grâce au programme « génome humain », on dispose depuis 2001 de la séquence totale de notre patrimoine génétique, or nous savons que les génomes d'*Homo sapiens* et d'*Homo neanderthalensis* étaient très semblables. En les comparant, on identifierait, grâce à la bio-informatique, les différences entre les deux séquences, portion par portion. Et grâce à la technique de « mutagenèse dirigée », il serait possible de remplacer certains nucléotides du génome d'un Sapiens par ceux correspondants chez Néandertal. Une fois obtenue cette séquence néandertalienne, subsisterait encore la principale difficulté : à ce stade de la manipulation, les chercheurs ne disposeraient que d'une séquence brute, l'ADN ne serait pas réparti en chromosomes. Or, les chromosomes comprennent des structures, les télomères et les centromères, qui apportent à l'ADN la stabilité nécessaire lors des multiplications cellulaires. Il existe bien des chromosomes artificiels, mais ils intègrent des séquences d'ADN de quelques centaines de milliers de nucléotides tout au plus, alors que chaque chromosome humain en comprend plusieurs centaines de millions. Toutefois, dans quelques années, on saura fabriquer des chromosomes artificiels *ad hoc*. Indépendamment de toute considération éthique, rien ne s'opposera alors à la conception de 46 chromosomes de l'homme (ou de la femme !) de Néandertal, puis à leur intégration dans un ovule de femme actuelle, avant implantation dans l'utérus d'une mère porteuse.

36 QUAND peut-on parler d'« éco-réfugiés » ?

En 2050, les réfugiés fuyant un environnement hostile seront près de 150 millions.

Le terme s'emploie lorsque les dégradations de l'environnement, inondations, éruptions volcaniques, séismes, pollution, désertification, déforestation, montée des océans, etc., font peser une menace sur une personne ou une population, les obligeant à fuir. L'activité humaine des dernières décennies a amplifié le phénomène. Comme à Tuvalu, archipel polynésien qui devrait être englouti dans cinquante ans. Où iront les 11 000 Tuvaluans ? Ils n'ont pour l'instant aucun statut car, d'après le premier article de la Convention de Genève, datant de 1951, « un réfugié est une personne qui craint avec raison d'être persécutée du fait de sa race, de sa religion, de sa nationalité, de son appartenance à un certain groupe social ou de ses opinions politiques ». Pourtant, les prévisions sont alarmistes : quelque 150 millions de réfugiés de l'environnement sont prévus, d'ici à 2050, par le Conseil intergouvernemental sur les changements climatiques (IPCC) de l'Organisation météorologique mondiale. Tous les continents sont concernés, mais l'Asie, le Moyen-Orient, l'Afrique et l'Amérique latine sont plus particulièrement vulnérables. « L'ONU parle du bout des lèvres des réfugiés de l'environnement, commente Martin Beniston, professeur à l'Institut de géographie de Fribourg, en Suisse. Tant qu'il n'y aura pas de terme juridique, il n'y aura pas de prise en charge. » Et définir ce qu'est un éco-réfugié n'est pas simple. Comment savoir si la cause de l'exode est bien écologique ? Si la reconnaissance de ce statut dérange encore, en raison des coûts qui pourraient être engendrés, elle est néanmoins urgente : les flux d'éco-réfugiés pourraient être à l'origine d'affrontements ethniques ou de conflits pour l'accès aux ressources locales, l'eau notamment.

L'étude des écailles des rayons osseux des nageoires et des otolithes permet d'évaluer avec précision l'âge des poissons.

37 Quand sait-on si un **poisson** est **jeune** ou **vieux** ?

Dès que l'on peut mesurer la longueur de ses otolithes, ces petites pierres de carbonate de calcium logées dans l'oreille interne, qui servent à l'équilibration et à l'audition, à la manière de nos osselets. L'étude de l'âge des poissons est l'objet de la sclérochronologie. Cette science analyse les structures calcifiées dans le corps des poissons : les écailles, les rayons osseux des nageoires et, surtout, les otolithes (littéralement « pierre d'oreille »). Ces éléments, à l'instar des cernes des troncs d'arbres, possèdent des stries de croissance. Si les écailles et les rayons osseux des nageoires peuvent être remaniés au cours de la vie du poisson en fonction de ses besoins en minéraux, les otolithes ne subissent pas ces changements. En pratique, il s'agit de prélever derrière le cerveau du poisson la plus développée des trois paires d'otolithes, de réaliser une coupe transversale, puis de compter les zébrures au microscope. Et pour cause : chaque jour, un dépôt de carbonate de calcium vient grossir la petite pierre. Lorsque l'on connaît la date de la mort du poisson (la dernière marque au bord de l'otolithe), on peut calculer son âge : il suffit de compter le nombre d'accroissements journaliers ; on peut même remonter ainsi jusqu'au jour exact de l'éclosion !

38 QUAND on éteint la lumière, où vont les photons ?

Une fois la lumière éteinte, les photons ne sont plus émis par l'ampoule. Logique… Mais que deviennent ceux qui sont produits juste avant qu'on presse l'interrupteur ? Eh bien, lorsque ces grains de lumière rencontrent un objet de la pièce, une partie d'entre eux le traverse, une autre est réfléchie et une troisième est absorbée. L'intensité de chacun de ces trois phénomènes est fonction du matériau rencontré. Seuls les corps dits « transparents » seront traversés par les photons, mais cette propriété dépend de la longueur d'onde du rayonnement. Par exemple, le verre est transparent à la lumière, mais quasi opaque au rayonnement infrarouge ! La majorité des liquides et des solides sont, eux, opaques : ils ne font qu'absorber et réfléchir la lumière, selon leur nature. Ainsi, le béton absorbe 60 % de la lumière et en réfléchit 40 %. Quant aux murs peints, leur couleur détermine le pourcentage de lumière absorbée : 20 % pour le blanc, 50 % pour le bleu clair, 90 % pour le violet !

Lors de la réflexion, le photon ne pénètre pas l'objet, mais « rebondit » sur lui. L'énergie du photon absorbé est convertie en énergie thermique… et en rayonnement ! Une histoire sans fin ? Prenons le cas simple et idéal d'une pièce hermétiquement close et tapissée de noir dans laquelle on allume la lumière une fraction de seconde. Résultat : « L'énergie injectée sous forme de photons va être absorbée par les parois et élever leur température. En retour, les parois vont émettre d'autres photons, mais cette fois dans le domaine de l'infrarouge », explique Antoine Browaeys, du CNRS. Qu'obtient-on au final dans la pièce ? « On ne peut pas absorber totalement les photons, car l'absorption s'accompagne toujours d'une émission. Au final, la part de photons de longueur d'onde située dans le visible va devenir négligeable, mais elle ne sera jamais nulle ! » Déjà complexe dans ce cas simple, modéliser le devenir des photons devient alors un véritable défi dans une pièce quelconque…

39 Quand peut-on être certain du nombre de manifestants dans un cortège ?

Le comptage à l'œil est efficace, mais le risque de manipulation est évident.

Pour le moment jamais, car le système de comptage vidéo n'a encore été adapté ni par la police ni par les syndicats. Malgré des différences flagrantes dans les chiffres annoncés, les syndicats procèdent peu ou prou comme la police, en évaluant à l'œil la densité des manifestants au départ et à l'arrivée du cortège, sur plusieurs tronçons d'une centaine de mètres. Selon les scientifiques, le comptage à l'œil par des gens expérimentés est efficace… mais le risque de manipulation des chiffres est évident, d'où la nécessité de recourir à des méthodes « objectives ». Ainsi, le système de Blue Eye Video, développé par une start-up grenobloise, propose de filmer la manifestation sur toute sa largeur par une caméra fixée en hauteur. Les images sont analysées par un programme au rythme de 25 par seconde. Quand un manifestant entre dans le champ de la caméra, il est repéré, et ainsi de suite pour chaque nouveau manifestant. Ce procédé comptabilise les individus passant dans le champ de la caméra *via* de complexes algorithmes. Il évite ainsi que la même personne soit comptabilisée plusieurs fois. Concrètement, il peut suivre jusqu'à 80 personnes simultanément. Ainsi, cette technologie a été utilisée en 2005 à La Mecque pour mesurer la densité des pèlerins et donner l'alerte en cas de surdensité. Elle permet également de mesurer la file d'attente aux guichets des banques, dans les magasins et les aéroports, ou encore d'évaluer le nombre de bactéries dans une culture biologique…

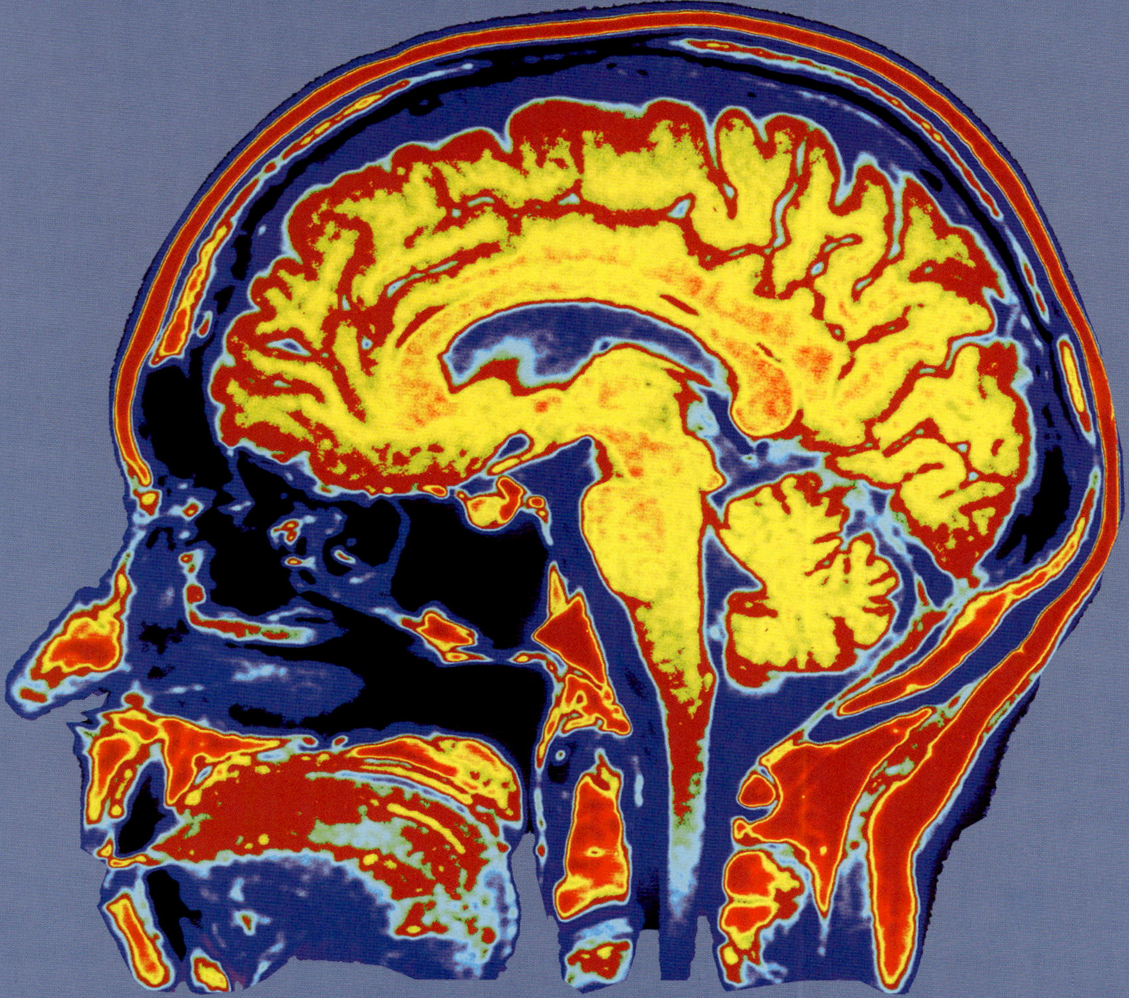

Même si nous croyons n'en utiliser que 10 %, nous exploitons toutes les capacités de notre cerveau.

Toutes les zones du cerveau travaillent, mais pas en même temps.

La tomographie par émission de positons (PET scan) a montré que les zones du cerveau en activité diffèrent sensiblement en fonction du type de stimulation, de pensée ou d'action. Tout le cerveau est utilisé, mais pas au même moment.

Coupes de cerveau au PET scan

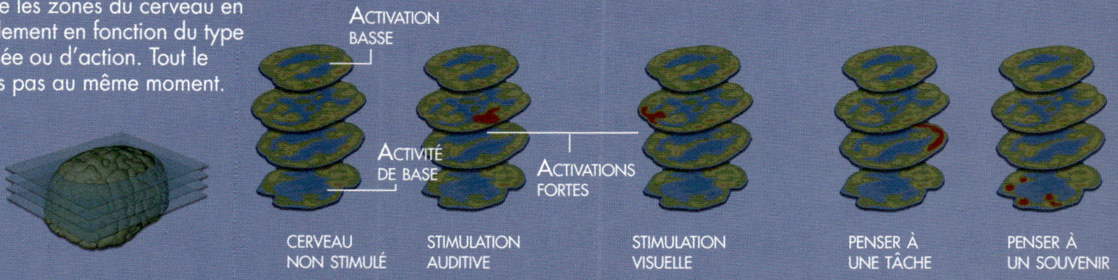

40 QUAND utilisons-nous notre cerveau à plein régime ?

Selon une idée largement admise, nous n'utilisons réellement que 10 % de notre cerveau. Il s'agit là d'un mythe, peut-être lié au fait que les neurones ne représentent que 10 % des cellules nerveuses du cerveau (les 90 % restants étant les cellules gliales). Pourtant, nous avons souvent l'impression de ne pas exploiter pleinement ses capacités. En réalité, toutes les régions de notre cerveau ont une fonction. Pour s'en convaincre, il suffit d'observer les images obtenues par les techniques de résonance magnétique fonctionnelle (IRMf) et de tomographie par émission de positons (PET scan) : elles montrent que les régions activées lorsque nous parlons, lisons, bougeons ou encore pensons sont réparties dans tout le cerveau. « Tous les neurones restent dans un état de veille permanent. Pour eux, il s'agit même d'une nécessité vitale, puisqu'un neurone non stimulé dégénère, explique Rémi Gervais, du laboratoire de neurosciences sensorielles, Inserm, Lyon. Si 90 % de notre cerveau étaient inactif, tous ces neurones auraient disparu et notre cerveau ne représenterait que 10 % de son volume actuel. » En outre, si la majeure partie de notre cerveau était inopérante, les séquelles induites par les lésions lors d'accidents cérébraux ne seraient pas aussi handicapantes. Reste que, bien qu'ils soient en permanence actifs, les neurones ne le sont pas tous de la même manière au même moment. Nous sommes ainsi incapables de courir, de manger et de lire en même temps. Une action prédomine toujours sur les autres, car le cerveau ne peut accomplir simultanément qu'un nombre limité de fonctions. En revanche, il peut mobiliser très rapidement d'autres réseaux de neurones pour répondre à une nouvelle stimulation, voilà pourquoi on peut se concentrer sur la lecture d'un article et, la seconde suivante, jouer au ballon. En clair, notre cerveau est toujours actif, mais il lui est impossible d'être à 100 % de ses capacités cognitives à chaque instant. Pourtant, même au repos, nos neurones veillent : lorsque nous dormons, nous continuons à respirer, à bouger, à digérer, etc., autant de fonctions contrôlées par notre cerveau. De plus, sans que l'on en contrôle la succession, des pensées traversent notre esprit. D'ailleurs, des scientifiques écossais ont constaté que le niveau d'activité des régions du cerveau impliquées dans ces «rêveries» augmente quand notre concentration sur une ou plusieurs tâches diminue. Une sorte de principe des vases communicants… Autre bonne nouvelle, même si nous utilisons tous nos neurones, nous pouvons encore améliorer nos capacités intellectuelles, car ce n'est pas la quantité de neurones qui compte, mais le nombre de connexions établies entre eux. Ce câblage étant plastique, l'apprentissage permet de mettre en place de nouvelles connexions.

41 QUAND les côtes seront-elles menacées par la montée des océans ?

Un point semble faire l'unanimité : à l'horizon 2100, les cartes littorales mondiales seront sensiblement modifiées. Depuis 1970, les satellites confirment les tendances déjà repérées par les marégraphes disséminés sur la planète. Sous l'effet du réchauffement climatique, l'océan mondial monte, à une vitesse accélérée au cours des dernières décennies : de 1,8 mm sur l'ensemble du XXe siècle, la montée des eaux a désormais dépassé les 3 mm par an. Cette ascension soudaine est d'autant plus inquiétante qu'elle succède à 3 000 ans de quasi-stabilité. « Pour moi, il s'agit de la conséquence la plus importante du réchauffement climatique », affirme le géologue et paléontologue Peter Ward, professeur à l'université de Seattle. Pourquoi l'effet de serre fait-il monter l'océan ? D'abord, parce que plus une eau est chaude, plus elle occupe un volume important, mais aussi parce que mers et océans contiennent désormais plus d'eau douce, autrefois piégée dans les réserves de glace continentales, et qui provient de la fonte des glaciers de montagne (25 % de l'élévation globale) ainsi que des deux calottes polaires, Groenland et Antarctique. Ces deux derniers représentent une menace sérieuse pour l'élévation des océans : selon les calculs des scientifiques, il suffirait que 1 % de la calotte de l'Antarctique fonde pour que l'océan s'élève de quelque 60 cm ! Malgré l'imminence du danger, on assiste depuis des décennies à une ruée croissante vers les littoraux : 20 % des êtres humains vivent à moins de 30 km de la mer.

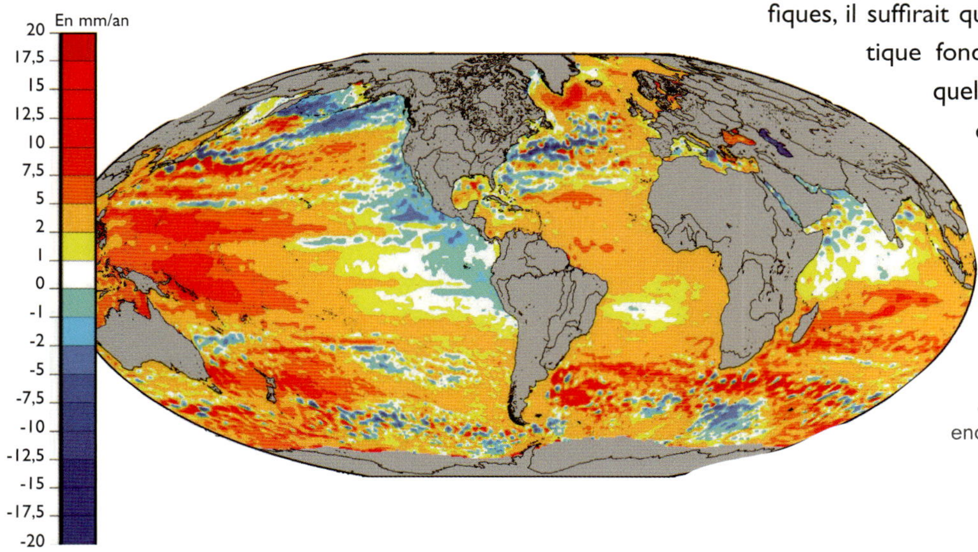

La moyenne de la montée des eaux est de 3 mm par an, mais certains endroits dépassent les 15 mm.

Une étude de l'Organisation de coopération et de développement économiques (OCDE) a démontré qu'avec une élévation de 50 cm du niveau de l'eau d'ici à 2070 le nombre de réfugiés climatiques passerait de 40 à 150 millions de personnes… Une autre étude — de la Banque mondiale celle-ci — confirme qu'avec une hausse de 5 m du niveau de la mer le nombre de personnes déplacées pourrait passer à 300 millions. Ces chiffres sont d'autant plus inquiétants qu'ils nous renseignent peu sur leurs conséquences. Car ce n'est pas millimètre par millimètre que la mer fera des dégâts matériels et humains… mais lors de violentes tempêtes, qui deviendront plus fréquentes et destructrices par le seul effet de la montée océanique. De plus, quel que soit l'arsenal défensif mis en place, tous les spécialistes s'accordent à dire qu'il n'aura aucun effet au-delà de 1 m de hausse. Ce chiffre, cité comme la limite gérable, nous ramène à la nécessité de réduire les gaz à effets de serre… sous peine de boire collectivement une tasse bien salée.

42 Quand a-t-on imaginé des dimensions cachées ?

Dès les années 1920 ! Le mathématicien Theodore Kaluza propose que, si la gravitation reflète la forme des quatre dimensions spatio-temporelles (largeur, longueur, hauteur et temps), l'électromagnétisme doit découler de la géométrie d'une cinquième dimension. Imaginons un fil tendu entre deux poteaux. Pour un funambule, ce fil n'a qu'une dimension, mais pour un insecte qui en fait le tour, il en a trois. Ainsi, de minuscules (ou d'immenses) dimensions supplémentaires invisibles pourraient nous demeurer cachées… Dans les années 1970, d'autres théories ont proposé un univers à 9, 10 ou même 26 dimensions, toutes inaccessibles aux sens humains. Du moins pour le moment, car la désintégration de certaines particules dans le LHC (grand collisionneur d'hadrons) pourrait signer leur fuite dans des dimensions cachées. Certains proposent de détecter leur trace dans le rayonnement cosmologique fossile, émis 300 000 ans après le big bang et qui baigne encore aujourd'hui l'Univers. Le satellite Planck (lancé en 2008) lèvera peut-être le voile sur ces autres dimensions en cartographiant ce rayonnement. D'ici là, l'Univers compte toujours quatre dimensions !

Le Soleil devrait disparaître
après une agonie rapide
de 200 millions d'années.

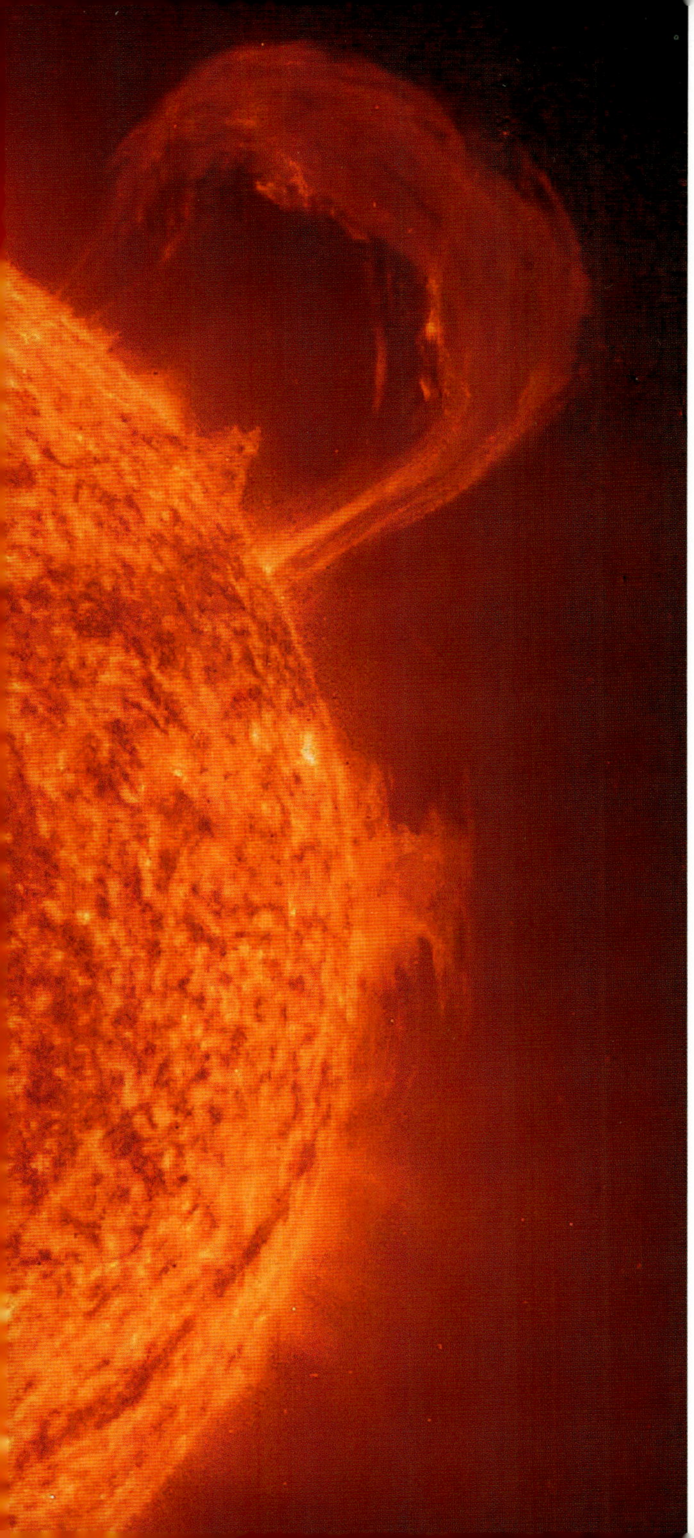

43 QUAND le Soleil va-t-il mourir ?

Chaque jour, des étoiles meurent naturellement dans l'Univers, et notre soleil n'échappera pas à la règle. Sa mort est intimement liée à ses réserves en carburant : l'hydrogène et l'hélium. Depuis sa formation, il y a 4,5 milliards d'années, le Soleil consume son hydrogène en le convertissant en hélium. Ainsi, au cœur du Soleil, là où la température dépasse 15 millions de degrés, les noyaux d'hydrogène entrent en fusion pour former des noyaux d'hélium. D'après les calculs des scientifiques, dans 7,5 milliards d'années, les réserves de « combustible » hydrogène commenceront à s'épuiser. Dès lors, le Soleil entamera une agonie de 200 millions d'années... Faute d'hydrogène à brûler pour maintenir son équilibre, le cœur solaire se contractera et s'effondrera sur lui-même sous l'effet de la gravité. La température du cœur augmentera au point d'allumer un nouveau cycle de fusion très énergétique, basé cette fois sur l'hélium. Une fois l'hélium consumé, le cœur du Soleil se contractera de nouveau, à tel point que les électrons se heurteront, dans une ultime explosion. Les couches externes du Soleil seront éjectées dans l'espace, et les restes du cœur s'effondreront sur eux-mêmes, formant une « naine blanche ». Notre astre ne diffusera plus qu'une infime lueur, avant de s'éteindre, dans 7,8 milliards d'années.

POUR

QUOI ?

POURQUOI ?

Pourquoi...

POURQUOI ?

Pourquoi…

POURQUOI ?

Pourquoi...

POURQUOI ?

Pourquoi...

44 Pourquoi les gouttes de pluie ne sont-elles pas toutes pareilles ?

Entre une légère bruine bretonne et une averse tropicale, la différence de calibre des gouttes est en effet flagrante. Et même au sein d'une pluie ordinaire, l'expression « se ressembler comme deux gouttes d'eau » n'est pas valide. Il suffit pour s'en convaincre d'observer leur impact lorsque le sol est encore sec : une goutte peut aisément mesurer le double de sa voisine. Pourtant, toutes se forment de la même manière. Quand la vapeur d'eau, en s'élevant vers les basses températures qui règnent en altitude, atteint sa pression maximale dans l'air, elle se condense autour des poussières en suspension. C'est ainsi que de multiples gouttelettes, d'environ 20 micromètres (µm) de diamètre, apparaissent et finissent par former les nuages. Mais celles-ci restent trop légères pour s'en extraire et tomber, les courants d'air ascendants compensant leur poids.

Alors comment s'échappent-elles ? L'union fait la force : lorsque 1 000 gouttelettes au moins s'agglomèrent pour en former une plus grosse, celle-ci,

d'un diamètre d'environ 200 µm, devient juste assez lourde pour échapper aux courants d'air les plus faibles. Si cela ne suffit pas, elles continueront à se réunir, jusqu'à atteindre parfois une taille de l'ordre du millimètre. Aucun vent n'étant en mesure de les supporter, les gouttes de pluie sont enfin libres. Elles suivent alors des chemins différents qui vont déterminer leur diamètre. En effet, chacune peut fusionner avec un certain nombre de ses semblables. A la sortie du nuage, on peut ainsi distinguer un large éventail de petites boules d'eau allant de 200 µm à quelque 10 mm.

Des boules, oui, car les gouttes de pluie, contrairement aux représentations classiques en forme de larmes, sont parfaitement rondes, même quand elles tombent. Cela est dû à la tension superficielle. Cette force résulte de la cohésion entre les molécules d'eau dans le liquide qui fait en sorte que le moins de molécules d'eau possible soient en contact avec l'extérieur. D'où la forme de sphère, celle qui répond le mieux à cette exigence.

Seulement, au-delà d'une certaine taille, qui correspond généralement à une masse d'environ 10 mg, une goutte aura une vitesse de chute si élevée (de l'ordre de 7 à 8 m/s) que les frottements de l'air sur sa surface l'emporteront sur la tension superficielle. La goutte va alors prendre la forme d'un hamburger, dans lequel l'air va pouvoir s'engouffrer ; en un temps record, un trentième de seconde, il la fera alors exploser en une myriade de gouttelettes. C'est ainsi qu'une goutte de pluie qui arrive à terre ne peut en général jamais dépasser 3 mm de diamètre.

Au-delà d'une masse de 10 mg, la goutte atteint une vitesse tellement élevée que l'air la fait exploser en une myriade de gouttelettes.

45 Pourquoi les trous noirs attirent-ils la lumière ?

La question se pose d'autant plus que les photons, les particules de la lumière, n'ont pas de masse. Or, nous savons depuis Isaac Newton (1642-1727) qu'une pomme tombe de son arbre sous l'effet de la force gravitationnelle générée par la Terre sur sa propre masse. Dans cette logique, aucun objet ne peut échapper à la gravitation tant qu'il a une masse. Qu'en est-il alors pour le photon ? Normalement, le photon, dont la masse est nulle, devrait être la particule fantôme de la gravité et échapper à toute attraction, même celle d'un trou noir.

Or, comme des scientifiques l'ont souligné dès l'époque de Newton, l'accélération de la pesanteur est indépendante de la masse. La preuve : dans une enceinte sous vide, une plume et une enclume chutent à la même vitesse. Dès lors, puisque la masse n'est pas un paramètre pertinent, pourquoi le photon ne subirait-il pas l'effet de la gravité ? La question divisait déjà les contemporains de Newton. C'est un partisan de l'influence de la gravité sur la lumière qui, en 1783, invente le concept préfigurant les trous noirs. En raisonnant du point de vue de la vitesse de libération — vitesse minimale qu'il faut conférer à un projectile pour qu'il s'émancipe de l'attraction gravitationnelle d'une planète —, John Michel, professeur de géologie à Cambridge, conclut que, puisque la lumière a une vitesse limitée, elle ne peut s'échapper d'un corps céleste possédant une masse suffisamment importante. Quelques années plus tard, le physicien français Pierre-Simon Laplace baptise un tel objet « corps obscur ». Le terme « trou noir » ne sera forgé qu'en 1967 par John Wheeler, mais l'idée est déjà là.

Ces monstres galactiques possèdent une densité si élevée qu'ils courbent la trajectoire des photons, jusqu'à les piéger.

Alors, le photon, esclave de la gravité ou non ? La physique newtonienne, reposant sur la notion de force, n'a jamais su trancher. Il a fallu attendre Albert Einstein (1879-1955) pour y parvenir. Le physicien allemand a en effet montré en 1915 que la théorie newtonienne n'était qu'une approximation de la réalité. En effet, la théorie de la gravité — la relativité générale — jette aux oubliettes la notion de force et la remplace par la notion de « courbure d'espace-temps ». Selon celle-ci, un corps massique agit sur un autre corps en déformant l'espace-temps autour de lui (on utilise le terme d'« espace-temps » plutôt que celui d'« espace » car, en relativité générale, le temps joue un rôle aussi important que les trois dimensions de l'espace). Pour reprendre une image classique, l'espace-temps serait comme une toile de trampoline sur laquelle rouleraient des balles : en s'enfonçant dans la toile, elles créent une concavité locale qui infléchit la trajectoire des autres balles. De la même manière, une étoile ou un nuage de gaz interstellaire modifient la trame de l'espace-temps environnante, altérant le mouvement de tous les corps qui s'y déplacent. Et cela est vrai même si les corps voyageurs sont des photons. De nombreuses observations l'ont d'ailleurs prouvé en montrant comment le trajet d'une lumière provenant d'étoiles s'incurvait au passage d'autres étoiles. Dès lors, le cas du trou noir n'est plus que le paroxysme de cette situation : il possède une densité telle qu'il courbe la trajectoire des photons, tant et si bien que ceux-ci plongent inexorablement vers son cœur. Ainsi, au regard de la relativité générale, le photon ne bénéficie donc d'aucun régime de faveur. Résultat : s'il entre dans un trou noir, il y reste prisonnier.

C'est la courbure de l'espace-temps qui piège les photons.

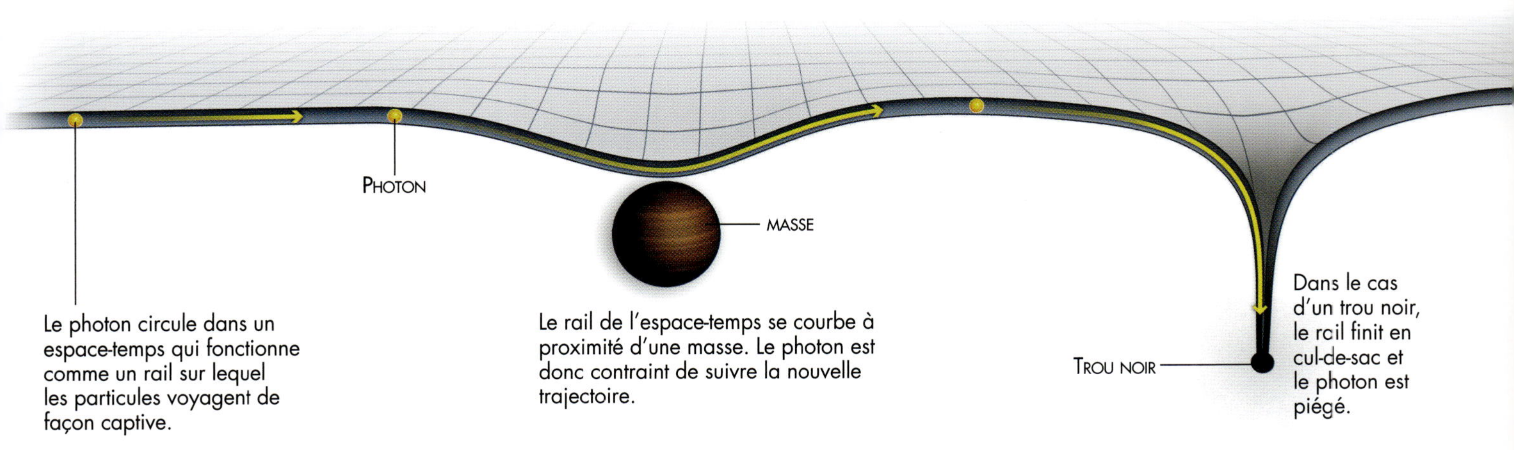

46 Pourquoi existait-il autant d'animaux gigantesques par le passé ?

Attention : l'idée que, naguère, les animaux auraient été plus « monstrueux » est en fait une illusion due à la variation de la biodiversité à travers les âges. Comme le rappelle Michel Laurin, du Muséum national d'histoire naturelle de Paris, « 99,9 % des espèces qui ont vécu un jour sur Terre ont à présent disparu ». Certes, on ne cesse de découvrir des fossiles d'animaux gigantesques disparus : salamandre de 7 m de long, rongeur de la taille d'un bœuf, blattes de 9 cm, dinosaures et autres marsupiaux grands comme des rhinocéros… Mais ces fossiles ne font que reconstituer une histoire biologique écoulée sur des centaines de millions d'années. D'ailleurs, il reste encore quelques grands animaux, tels l'éléphant et surtout la baleine bleue, dont le poids (de 150 à 190 t pour 33 m de long) en fait même le plus gros animal connu de tous les temps !

Reste à savoir pourquoi beaucoup ont disparu. « Les grandes espèces sont toujours les premières à disparaître lors des crises », poursuit Michel Laurin. Et pour cause : il est plus simple de survivre quand on est petit, car on a moins besoin de manger. Cela explique sans doute l'extinction des dinosaures, qui avaient largement profité de la végétation luxuriante due au climat chaud et humide de l'ère secondaire : certains herbivores, tel le sauroposéidon retrouvé en 1994 aux Etats-Unis, mesuraient 18 m de haut et pesaient 60 t, mais la crise biologique du Crétacé tertiaire, il y a 65 millions d'années, a mis fin à leur règne.

Plus près de nous, la crise du Pléistocène, il y a 11 000 ans, a aussi fait des ravages : « La fin de la glaciation et la chasse pratiquée par l'homme ont fait disparaître beaucoup de grands animaux, comme le mammouth, plus faciles à viser, raconte Michel Laurin. Les autres, comme le cheval d'Amérique du Nord, ont dû disparaître car ils n'étaient pas adaptés au nouveau climat. » Par ailleurs, les grandes espèces d'animaux connus aujourd'hui sous des tailles plus modestes se sont souvent développées dans des milieux isolés, comme les îles. Ainsi, selon Jean-Louis Hartenberger, de l'Institut des sciences de l'évolution de Montpellier, « en l'absence de prédateurs et de concurrents, des petites espèces, comme le rat, n'ont plus aucun avantage à se cacher et grandissent ». De même, il y a 25 millions d'années, beaucoup de rongeurs et de marsupiaux géants peuplaient l'Amérique du Sud, alors isolée. Là encore, leur disparition peut s'expliquer par l'apparition d'un concurrent ou d'un prédateur, ou bien encore par un changement climatique.

Les grandes espèces sont toujours les premières à disparaître lors des crises biologiques.

47 Pourquoi le kilo n'est-il pas une unité comme les autres ?

« Le kilogramme est l'unité de masse et il est égal à la masse du prototype international du kilogramme conservé au Bureau international des poids et mesures (BIPM). » Or cette unité possède une particularité : elle est la dernière à être basée sur un artefact matériel unique, à savoir un petit cylindre en alliage de platine et d'iridium, conservé sous trois cloches de verre depuis 1889 à Sèvres, dans le pavillon de Breteuil. Cet alliage a été sélectionné pour sa stabilité (il résiste à la corrosion et à l'acide), et sa grande densité qui permet de minimiser la poussée d'Archimède de l'air lorsqu'il est pesé.
Oui, mais un problème se pose : si les pays membres de la Convention du mètre en possèdent bien une réplique, il est impossible d'envoyer « par écrit » une définition utilisable du kilogramme, ce qui est possible pour toutes les autres unités, qui s'appuient sur des quantités invariantes, constantes fondamentales ou atomiques. Tout laboratoire suffisamment équipé peut donc retrouver les unités fondamentales dont il a besoin grâce à leur seule définition. Toutes les unités… sauf le kilogramme !

Cette exception n'est pas sans conséquences : non seulement sa définition se fonde sur un objet physique, mais celui-ci s'allège imperceptiblement sous l'effet des nettoyages (une fois tous les 50 ans). Cette dérive s'avère préjudiciable pour déterminer précisément les constantes fondamentales de physique qui s'appuient justement sur le kilogramme, par exemple la mole (quantité de matière) ou encore la candela (intensité lumineuse). Doit-on pour autant jeter le kilogramme étalon ?

Pas avant d'avoir défini l'unité de masse avec une incertitude de 10^{-8}, sachant que la précision de l'étalon actuel est de 3×10^{-8}.

Pour l'heure, les projets à l'étude donnent des valeurs trop imprécises, et surtout incompatibles entre elles : leurs domaines d'incertitude ne se recoupent pas. Comme si un kilo de plume était moins lourd qu'un kilo de silicium ! Autant dire que le kilogramme étalon peut encore savourer quelques heures de tranquillité. Néanmoins, même s'il faut attendre 20 ou 30 ans, il est voué à devenir lui aussi une pièce de musée…

48 Pourquoi certains sont-ils toujours plus piqués par les **moustiques** ?

Les moustiques apprécient le sang riche en cholestérol et en vitamine B.

Parce que ces personnes leur garantissent une meilleure fécondité ! Contrairement à une idée reçue, le sang ne sert pas à l'alimentation des moustiques. En revanche, il contient des éléments indispensables à la maturation des œufs, c'est pour cela que seules les femelles piquent. Ainsi, dame moustique a développé un talent particulier pour repérer les personnes ou les animaux dont le sang est riche en cholestérol et en vitamine B. Son choix est guidé par des détecteurs chimiques, des « chémorécepteurs », localisés sur ses antennes. « Les moustiques décèlent très bien certaines molécules produites par l'activité de nos cellules, comme le dioxyde de carbone dégagé lors de la respiration ou l'acide lactique produit lors d'un exercice physique », précise Frédéric Darriet, entomologiste à l'Institut de recherche pour le développement de Montpellier. Or certaines personnes en sécrètent plus que d'autres... Ainsi, les individus très actifs ou transpirant beaucoup sont des cibles toutes désignées. Gare aussi à ceux qui usent de parfums, de savons ou de lotions à la fragrance florale. Autres facteurs de risque : les vêtements sombres dans les ambiances éclairées et les mouvements. Car, outre leurs détecteurs chimiques, les 2 700 espèces de moustiques sont munies de récepteurs visuels très sensibles, ainsi que de détecteurs de chaleur. Voilà pourquoi ils piquent surtout sur les parties chaudes. Bref, « il existe nombre de signaux attirant les moustiques », résume le chercheur. Cependant, la recherche ne renonce pas à mettre au point des répulsifs plus efficaces.

49 POURQUOI le sel conserve-t-il aussi bien les aliments ?

L'utilisation du sel pour la conservation de la viande ou du poisson n'est pas une découverte récente : on applique cette technique depuis la préhistoire. Aujourd'hui encore, l'industrie agroalimentaire y a toujours largement recours. C'est que le sel — ou, plus exactement, le chlorure de sodium (NaCl) — est un agent bactériostatique : il a le pouvoir de freiner la multiplication des micro-organismes responsables de l'altération des aliments. Ainsi, les bactéries protéolytiques (comme les pseudomonas) attaquent les protéines, tandis que les bactéries lipolytiques (telles que les micrococcus) dégradent les matières grasses. En outre, levures et moisissures détériorent aussi la matière organique. Autant de micro-organismes dont le développement dépend tout à la fois de la température, du pH, de l'oxygène, mais surtout de l'eau. Et c'est là qu'intervient le sel : il attire l'eau, la fixe et, du même coup, en prive les bactéries. En effet, le sel, dissout dans l'eau (on parle de saumure) ou dans le jus superficiel de l'aliment, forme une solution plus concentrée que l'eau contenue dans l'aliment. Grâce à un phénomène physico-chimique appelé « osmose », l'eau moins salée est attirée par la solution plus concentrée en sel, ce qui tend à égaliser les concentrations entre la solution de sel et l'eau de l'aliment. Les micro-organismes se retrouvent alors dans des conditions hypertoniques (c'est-à-dire dans un milieu de faible concentration d'eau), ils se déshydratent et ne peuvent plus se développer. Concrètement, une solution de 5 % de sel interrompt la multiplication de la plupart des bactéries anaérobies — dont le développement s'effectue sans oxygène — et ralentit celle des aérobies — qui à l'inverse ont besoin d'oxygène. A 10 % de sel, la croissance de la plupart des germes est bloquée. Le sel devient alors un agent conservateur. Reste que l'évolution des goûts limite aujourd'hui la teneur en sel des produits à 2 % pour les viandes — à l'exception de certaines charcuteries, plus salées — et à 3,5 % pour les poissons. A cela s'ajoutent des recommandations sur la teneur en sel des aliments commercialisés. Du coup, le sel n'est plus le principal conservateur : on peut lui ajouter des nitrites et des nitrates, qui complètent son action. Le salage traditionnel, lui, est souvent combiné avec le séchage, qui prive aussi les germes d'eau. Et il est aussi une étape préliminaire au fumage.

En attirant l'eau, le sel en prive tous les micro-organismes, qui en ont besoin pour vivre sur les aliments.

50 Pourquoi les Pygmées sont-ils si petits ?

La taille des « petits peuples » de la forêt équatoriale africaine a longtemps été une particularité inexpliquée. Pourtant, les Pygmées d'Afrique ne sont pas les seules populations dont la taille est inférieure à 1,55 m pour les hommes adultes. Il s'en trouve en Malaisie, au Brésil, en Bolivie… Les scientifiques ont d'abord supposé que cette stature était liée à deux caractéristiques communes à tous ces groupes : un régime pauvre en calories et la pratique du nomadisme dans des forêts denses. Sauf que des populations plus grandes habitent elles aussi dans ce type d'environnement. Des chercheurs de l'université de Cambridge qui ont étudié deux groupes philippins de Pygmées, les Aeta et les Batak, ont avancé une

L'espérance de vie très courte des Pygmées expliquerait leur petite taille.

hypothèse fondée sur une autre caractéristique : leur espérance de vie très courte, en particulier celle des femmes, dont seulement 40 % vivent plus de quarante ans. L'espérance de vie d'un Pygmée à la naissance varie en effet entre 16 et 24 ans. Selon les chercheurs, les Pygmées sont ainsi un modèle de survie extrême. Comme la mortalité est élevée, la maturité sexuelle et l'âge de fertilité sont avancés, si bien que la plupart des Pygmées cessent de produire de l'hormone de croissance (IGF) vers l'âge de 12 ans et ne connaissent pas le pic de croissance commun aux adolescents. Durant l'enfance, il est en effet impossible de distinguer un Pygmée d'un autre enfant. Reste l'énigme de la surmortalité à l'âge adulte. Ici, l'équipe de Cambridge considère que l'environnement pourrait être responsable de l'hécatombe, et serait donc une cause indirecte de la fameuse petite taille de ces « petits peuples ».

51 Pourquoi supporte-t-on difficilement la **moiteur** ?

Cette sensation de « lourdeur moite » désagréable est due à une moindre efficacité de notre mécanisme de thermorégulation dans un environnement chaud et humide. Lorsqu'il fait chaud, le corps élimine le surplus de chaleur afin de se maintenir à une température constante (environ 37,5 °C). Les glandes sudoripares de la peau sécrètent alors de la sueur. L'eau contenue dans celle-ci extirpe l'énergie thermique excessive pour changer d'état et s'évaporer dans l'air, contribuant ainsi au refroidissement de l'organisme. Toutefois, ce phénomène n'est possible que si l'air ambiant n'est pas saturé en vapeur d'eau, c'est-à-dire lorsque son taux d'humidité n'atteint pas 100 %. En France, celui-ci est en moyenne de 70 à 80 %. Dans une forêt tropicale, où il frise les 100 %, l'air se charge plus difficilement en eau. La sueur dégouline sur la peau au lieu de s'évaporer. Elle n'assure plus une régulation thermique efficace. Notre température peut alors grimper et provoquer une hyperthermie, préjudiciable au fonctionnement de nos cellules et, en particulier, de nos neurones.

En réalité, la retombée d'un satellite peut durer jusqu'à… 1 million d'années !

52 Pourquoi certains satellites ne retombent pas ?

En réalité, tous les satellites retombent sur Terre ! Oui, mais pour certains, la durée de leur chute dépasse l'échelle humaine. Celle-ci est affaire de vitesse et de pression atmosphérique. Or, suivant leur mission, les satellites gravitent sur différentes orbites terrestres. Ceux d'observation évoluent entre 200 et 2 000 km d'altitude à 8 km/s. Ceux de télédétection sont injectés à 850 km au-dessus de nos têtes. Enfin les satellites géostationnaires de télécommunication ou de télédiffusion orbitent à 3 km/s vers 36 000 km d'altitude. A ces hauteurs, l'atmosphère, même très ténue (10^{-8} hPa à 500 km d'altitude contre 10^{-2} hPa à 100 km), freine leurs déplacements, leur faisant perdre de l'altitude. Pour ralentir leur chute, des moteurs d'appoint les rehaussent. Mais, une fois les réservoirs à sec, les satellites entament leur chute et se désintègrent. Seules les parties en titane ou en acier touchent le sol. La durée de vol d'un satellite varie donc de quelques jours pour les orbites basses (200 km) au millénaire pour ceux situés à 15 000 km d'altitude. Au-delà, l'atmosphère disparaît presque totalement et ils ont 1 million d'années devant eux avant d'entamer leur descente vers la Terre, soit une éternité à notre échelle.

53 Pourquoi attrape-t-on parfois des verrues ?

Curieuses, en effet, ces petites excroissances rugueuses qui apparaissent sur les mains, le visage, la plante des pieds... Elles sont indolores, sauf lorsqu'elles sont comprimées sous la plante des pieds. Toutes sont les manifestations visibles d'une infection de la peau par un « papillomavirus » (virus du papillome humain, VPH) de la famille des *Papovaviridae*. Pas celui qui donne le cancer du col de l'utérus, mais l'un des quelque 120 génotypes de VPH, classés en différentes catégories : les cutanés et les muqueux, à haut risque (cancérigène) et à faible risque. Ainsi, les VPH 1, 2 et 4 conduisent à la formation de verrues plantaires, les VPH 2 et 4 à celle de verrues digitales et les VPH 3, 10, 28 et 49 à celle de verrues planes. Tous ceux-ci sont inoffensifs : seul le caractère disgracieux des verrues, surtout quand elles se situent sur les doigts, peut s'avérer handicapant.

Tout commence par la pénétration du VPH dans la peau à travers une microblessure invisible. Le papillomavirus s'introduit dans les cellules basales, qui se situent profondément dans l'épiderme. Là, le virus multiplie son matériel génétique (une double hélice d'ADN composée de 7 800 paires de bases). Petit à petit, les cellules se différencient dans les couches superficielles et se transforment en kératinocytes, des cellules pourvues de kératine (une protéine fibreuse qui assure l'imperméabilité de la peau). C'est à ce moment que la phase tardive du cycle viral démarre : le virus peut alors synthétiser son enveloppe, ce qui permet la formation de nouvelles particules virales. Celles-ci sont disséminées dans l'environnement quand la peau desquame. Et la propagation s'avère très efficace, car entre 80 à 90 % de la population possède des squames infectées. Et pour cause : très résistants à la température et au chlore des piscines ou des douches des salles de sport par exemple, les VPH se transmettent par simple contact avec une peau morte. Pourtant, force est de constater que très peu de personnes dans la population présentent des verrues ! Le plus souvent, le virus est éliminé grâce à une réponse immunitaire efficace. Les autres, moins de 20 % des individus, surtout des enfants et des personnes immunodéprimées, verront apparaître une verrue. Dans ce cas, l'infection virale gagne les cellules profondes de l'épiderme, où elle s'installe durablement. Elle entraîne alors la prolifération excessive et la modification de la morphologie des kératinocytes, de forme tétraédrique, en koïlocytes, de forme globuleuse. A ce stade, aucune trace visible de sa présence n'est repérable en surface. Les kératinocytes se mettent à produire énormément de kératine et finissent par blanchir. Puis, avec le temps,

Une infection due à un papillomavirus

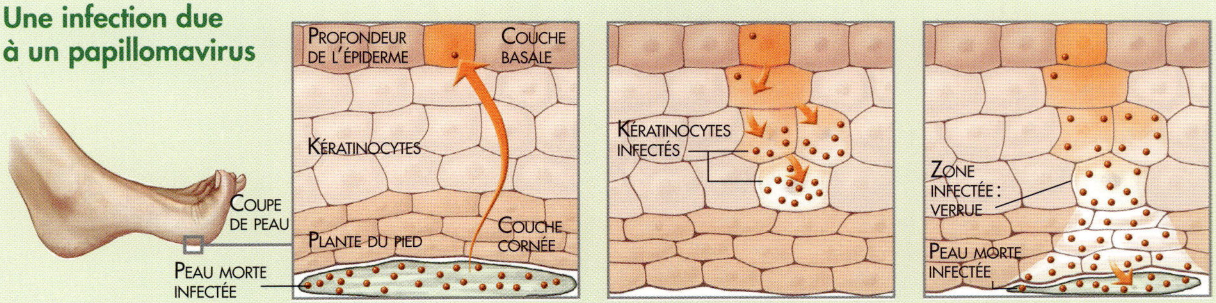

1 La contamination a lieu. Un papillomavirus est à l'origine de la verrue. Il s'attrape par contact avec une peau morte infectée.

2 Le virus s'installe. Le virus gagne les cellules de la couche basale et s'y installe. En surface, pourtant, aucune trace visible de sa présence.

3 Le virus prolifère. La couche basale produit des cellules kératinocytes infectées par le virus. Elles produisent plus de kératine et blanchissent.

4 La verrue apparaît. Les kératinocytes atteignent la couche cornée. Une fois morts, ils se détachent et propagent le virus.

ces cellules atteignent la couche cornée de la peau. C'est l'accumulation de cette protéine fibreuse qui donne l'aspect caractéristique sec et croûteux de la verrue. Quant au délai d'apparition d'une verrue, des expériences menées en laboratoire ont montré que lorsqu'un VPH est inoculé, une verrue s'observe entre 2 et 9 mois plus tard. Toutefois, excepté en cas de réel désagrément esthétique (suivant sa localisation) ou de douleur (lors de compressions), les verrues sont rarement traitées. Et pour cause, elles vont disparaître naturellement, quelques mois après leur apparition. Mais même mortes, ces cellules se détachent et sont encore susceptibles de transmettre le virus. Par ailleurs, quel que soit le traitement employé — acide salicylique, pour dissoudre la kératine, ou azote liquide, qui provoque le décollement de la verrue par le froid —, il n'élimine pas complètement le virus. Aussi, même si la présence du virus dans la peau n'est plus visible, le VPH reste logé dans les cellules basales et peut se réactiver.

54 Pourquoi le papier jaunit-il au fil du temps ?

Ce processus tient au mode de fabrication du papier. Ce n'est un mystère pour personne, on prépare le papier à partir de bois. Lequel est naturellement constitué de cellulose, d'hémicellulose et de lignine (des composés organiques), que l'on retrouve en plus ou moins grande quantité dans le produit final, la feuille de papier. Et c'est la lignine qui détient la clé du jaunissement : avec le temps, certains groupements chimiques de cette substance réagissent avec l'oxygène de l'air et le processus est accéléré en présence de rayons lumineux. Ces groupements chimiques se transforment alors en substances colorées, les orthoquinones, qui vont donner graduellement cette teinte jaune au papier. Cela est particulièrement vrai pour les papiers riches en lignine avec lesquels sont faits les journaux, cartons, annuaires et autres papiers sanitaires… Ces papiers de faible qualité sont en effet fabriqués à partir de pâtes à papier dites « mécaniques » : elles sont élaborées avec des bois broyés et ne subissent que peu de traitement chimique. D'où leur forte teneur en lignine, laquelle confère à ces papiers résistance, imperméabilité et opacité, mais leur donne une couleur plus ou moins brune et les fait vieillir et jaunir plus rapidement. Les papiers de qualité supérieure, dits « permanents », sont élaborés à partir de pâtes chimiques. Ici, les fibres de cellulose restent intactes et ce sont elles qui donnent une grande résistance au papier. Néanmoins, il subsiste toujours une part de lignine résiduelle qui finit inéluctablement par donner une couleur brunâtre au papier. Pour mesurer le taux de lignine, on effectue un dosage des matières oxydables, connu sous le nom d'« indice Kappa ».
Ce dernier consiste à cal-

C'est la lignine, composé organique du bois, qui explique le phénomène de jaunissement du papier.

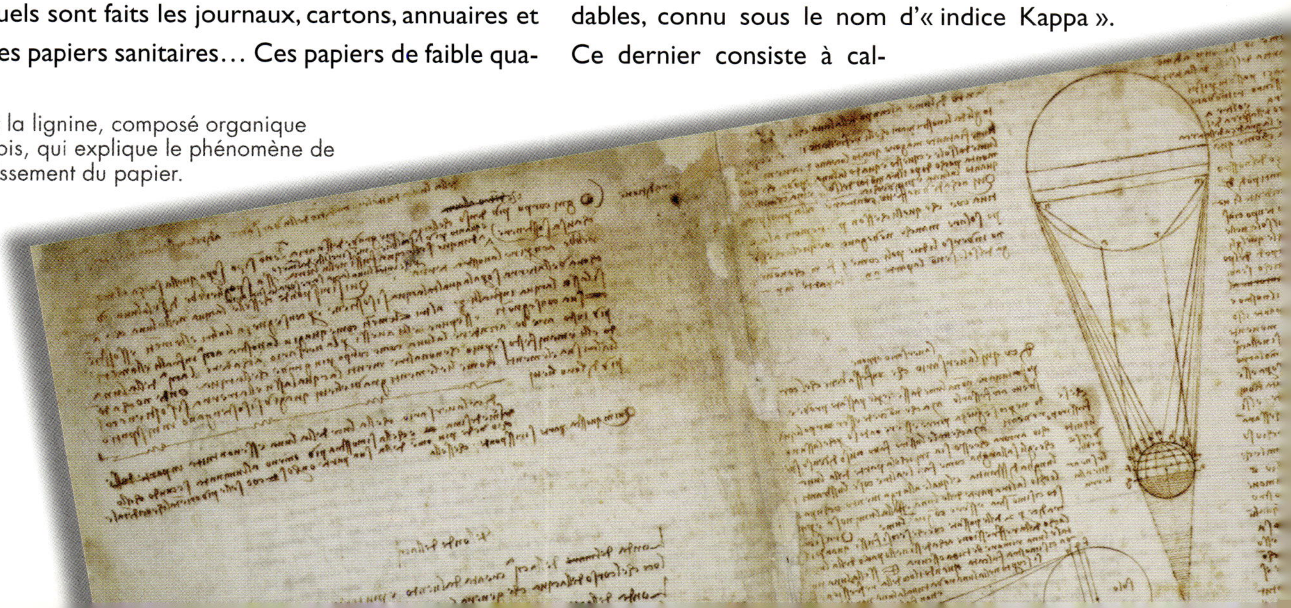

culer le volume de permanganate de potassium réduit par un gramme de pâte anhydre, c'est-à-dire la pâte qui ne contient pas d'eau. Plus l'indice Kappa est élevé, plus le pourcentage de lignine est important. Pour les papiers permanents, la valeur de l'indice doit être de 5, ce qui correspond à un pourcentage de lignine inférieur à 2 %. Le papier blanc usuel a en général un indice Kappa compris entre 25 et 50 avant blanchiment. Toutefois, le papier reste une matière organique, donc voué au fil du temps à la détérioration ! Ainsi, pour préserver des documents le plus longtemps possible en bon état, il est préférable de les imprimer sur des papiers à faible taux de lignine et d'acidité (l'acide cassant le papier). En ce qui concerne la conservation, mieux vaut les ranger dans des boîtes d'archivage plutôt que sous plastique, dans un lieu sec, sans grandes variations de température, si possible à l'abri de la lumière, des insectes et de la poussière. Autrement dit partout ailleurs qu'au sous-sol ou au grenier !

55 Pourquoi nos cicatrices ne s'effacent-elles pas ?

Toute blessure, que ce soit au niveau de la peau ou de n'importe quel organe, laisse une trace définitive. En effet, le processus de cicatrisation est une régénération imparfaite. Prenons l'exemple de la cicatrisation de la peau. Dans les minutes qui suivent la lésion, un caillot bouche la brèche, et une réaction immunitaire d'inflammation détruit les microbes et le tissu endommagé dans la plaie. Ce processus débouche sur le tapissage et la fermeture de la coupure par une protéine fibreuse très solide : le collagène. Secrété dès le quatrième jour après la blessure par des fibroblastes, le collagène forme un véritable maillage. Mais, au lieu de reproduire celui de la peau, les fibres de collagène s'empilent en désordre. Résultat : sur la lésion, la matrice de collagène n'aura ni la même architecture ni les mêmes qualités que la matrice « normale ». Cette « anomalie » est due au facteur de croissance transformant bêta, noté TGF-bêta. Sécrété en trop forte quantité, il provoque une réaction de régénération imparfaite. Du coup, l'idée circule aujourd'hui de l'inhiber, pour obtenir une cicatrisation sans traces. En attendant, on peut atténuer les cicatrices grâce au laser ou à la chirurgie esthétique.

56 POURQUOI les radars routiers commettent-ils des erreurs ?

Depuis leur introduction en France en 1946, les radars fleurissent sur les routes françaises. Leur nombre est ainsi passé de quelques centaines en 2004 à plus de 2000 en 2008, soit la plus grosse installation radar du monde. Mais, sur les millions d'infractions relevées chaque année par ces engins, un tiers n'est pas exploitable : photo floue, plusieurs voitures sur un même cliché… Pis, certaines amendes seraient même injustifiées faute d'un paramétrage correct du radar !

Pourtant, les « radars » (pour *radio detection and ranging*) sont *a priori* fiables. Leur secret ? Ils utilisent les ondes radio pour calculer la vitesse des véhicules en mouvement. Plus exactement, le radar, qu'il soit fixe ou mobile, est un émetteur-récepteur qui envoie vers le véhicule des micro-ondes à la fréquence de 24,125 GHz, soit 24 milliards d'ondes par seconde. Or, ces « bips » rebondissent sur l'automobile et repartent sous forme d'échos vers le boîtier de mesure. La déformation de l'écho est d'autant plus grande que la vitesse du véhicule est importante : c'est ce que l'on appelle l'« effet Doppler ». Le calculateur intégré à l'engin détermine alors la vitesse, entre 25 et 300 km/h, avec une précision de plus ou moins 1 km/h. S'il y a infraction, deux photos quasi simultanées sont prises, pour maximiser les chances d'identification, puis elles sont envoyées par réseau au centre de traitement. Celui-ci expédie dans les 48 h la contravention. Ainsi, en 2005, les radars ont rapporté quelque 204 millions d'euros au fisc.

D'où viennent alors leurs failles ? C'est simple : selon les associations d'automobilistes, les appareils ne seraient pas toujours correctement installés, or un seul degré d'écart par rapport à l'angle idéal de 25° avec l'axe de la route peut majorer la prise de vitesse de quelque 5 %… Une erreur non négligeable, puisque le seuil de l'infraction est justement situé à 5 % au-dessus de la vitesse autorisée sur les routes où l'on peut circuler à plus de 100 km/h.

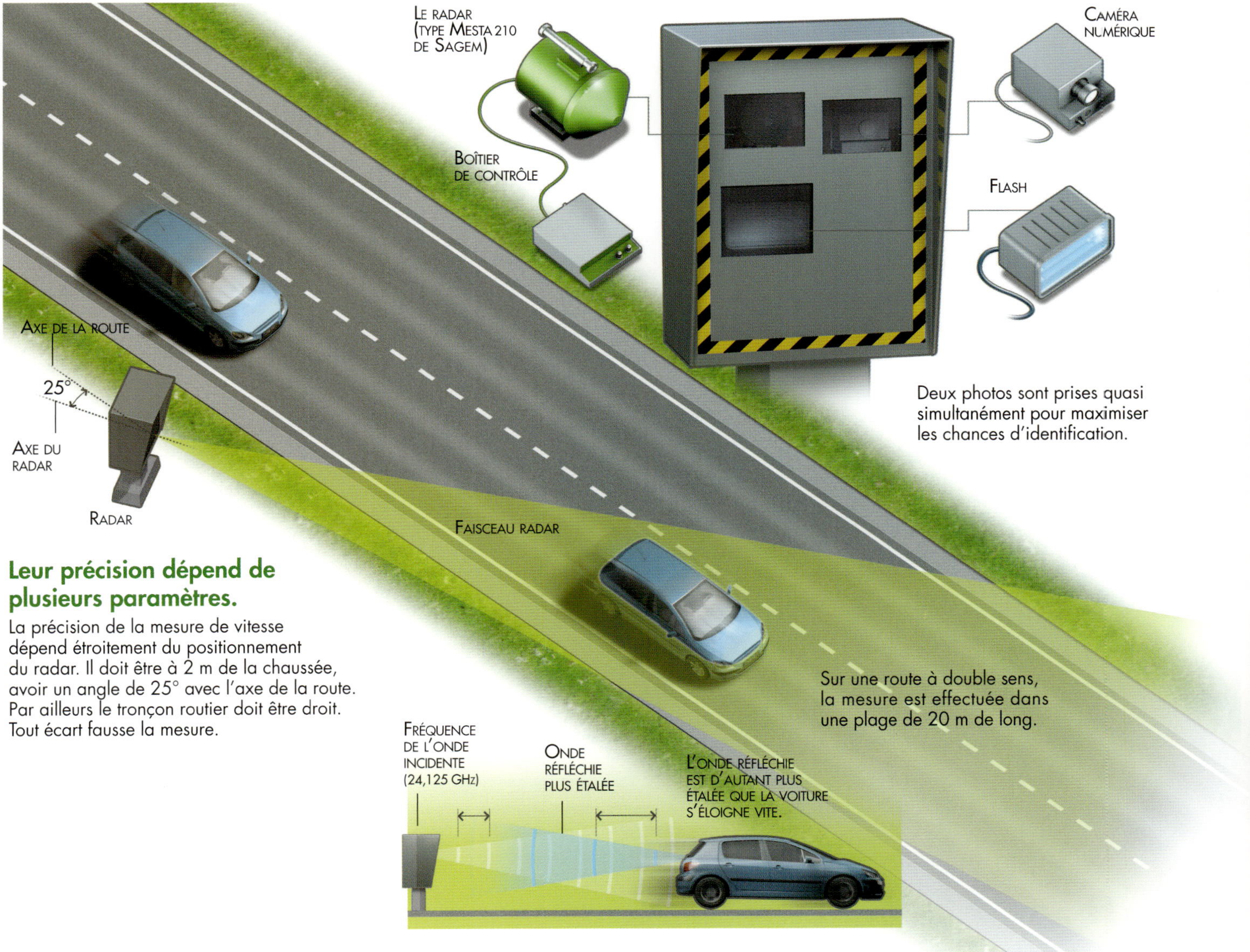

Deux photos sont prises quasi simultanément pour maximiser les chances d'identification.

Sur une route à double sens, la mesure est effectuée dans une plage de 20 m de long.

Leur précision dépend de plusieurs paramètres.

La précision de la mesure de vitesse dépend étroitement du positionnement du radar. Il doit être à 2 m de la chaussée, avoir un angle de 25° avec l'axe de la route. Par ailleurs le tronçon routier doit être droit. Tout écart fausse la mesure.

57 Pourquoi notre estomac ne se digère pas lui-même ?

Si la paroi interne de l'estomac n'est pas dissoute par les substances de la digestion, c'est parce qu'elle est recouverte d'un bouclier naturel, le mucus gastrique. Sans ce précieux liquide visqueux, l'estomac ne ferait qu'une bouchée de lui-même ! En effet, le mucus grastrique produit à la fois une molécule à laquelle aucune protéine ne résiste, la pepsine, et de l'acide chlorhydrique liquide, capable en éprouvette de digérer des clous !

Sécrété par des cellules gastriques spéciales, les « cellules à mucus », ce mucus gastrique forme une couche protectrice de 500 µm (1 µm = 1 millième de millimètre) sur la paroi de l'estomac, empêchant pepsine et acide d'entrer en contact avec elle. Le mucus, lui, résiste aux agressions chimiques des molécules digestives grâce à un antiacide, du bicarbonate qui les neutralise. Mais ce n'est pas tout. Pour encore plus de sécurité, les cellules de la paroi gastrique sont elles-mêmes imperméables aux produits de la digestion, grâce à une membrane riche en graisses. De plus, ces cellules sont étroitement liées les unes aux autres par des structures moléculaires spéciales, appelées « jonctions serrées ». Impossible pour la pepsine et l'acide de se répandre entre les cellules gastriques. Enfin, ces dernières se renouvellent entre 3 et 6 jours, ce qui permet de cicatriser rapidement une éventuelle lésion superficielle. Enfin, ultime moyen de défense, la paroi de l'estomac est dotée d'une riche vascularisation sanguine qui filtre mais aussi élimine rapidement toute pénétration acide.

Secondaires, ces protections ne sont efficaces que contre les infimes quantités de molécules digestives parvenant malgré tout à traverser la couche de mucus. Elles sont insuffisantes en cas de destruction du mucus. Ponctuellement mise à nu, la paroi stomacale devient alors vulnérable à ses propres acides et enzymes. L'estomac se ronge de l'intérieur. Il se produit une lésion superficielle et une inflammation de la paroi : la gastrite. Pire encore, avec le temps, l'estomac peut carrément se perforer. C'est l'ulcère, une maladie qui touche 2 personnes sur 100 en France et qui tue dans près de 2,5 % des cas.

58 Pourquoi le **diamant** est-il si **dur** ?

Dans le diamant, chaque atome de carbone est uni à quatre autres selon des liaisons très fortes.

Curiosité de la nature : le graphite noir des mines de crayon est composé du même élément, le carbone, que le diamant étincelant. Alors pourquoi la mine de crayon est-elle si friable alors que le diamant est l'une des matières les plus dures qui soient ? Le secret réside dans l'organisation intime des atomes de ces matériaux. Dans le graphite, les atomes de carbone sont disposés sur un plan et forment des feuillets. Ceux-ci sont eux-mêmes très solides, mais ils n'établissent les uns avec les autres que des liaisons faibles, d'où la fragilité de l'ensemble. Dans le diamant, les atomes de carbone constituent un filet à trois dimensions. Ils forment un cristal à structure cubique, au sein duquel chaque atome est lié à quatre autres selon des liaisons très fortes, qui impliquent un partage d'électrons. A cette échelle aussi l'union fait la force !

59 Pourquoi la production de biodiesel est-elle si faible ?

Le biodiesel est un biocarburant produit, entre autres, à partir d'huile végétale : palme, colza, tournesol… Transformées chimiquement, ces huiles sont incorporées au diesel à des taux variant de 5 à 30 %, pour réduire d'autant la consommation d'énergie fossile, et diminuer les émissions de gaz à effet de serre. Autant d'atouts qui en font un candidat idéal au remplacement des carburants fossiles. D'ailleurs, la production mondiale de biodiesel progresse : 8 milliards de litres en 2007, contre 4,7 en 2005. Elle pourrait cependant, selon les estimations, atteindre 51 milliards de litres par an, et ainsi couvrir de 4 à 5 % de la demande mondiale de diesel. De nombreux pays en développement pourraient ainsi tirer profit d'une transformation de ces huiles en biodiesel. Seul problème : pour développer ces cultures, il faut détourner une partie de la production agricole, et donc empiéter sur les cultures existantes. Conséquence : les prix des denrées alimentaires flambent ! En outre, ces cultures sont gourmandes en eau, engrais azotés et pesticides. Ainsi, les controverses sur l'impact de ces cultures sont telles que le problème du biodiesel n'est plus tant sa viabilité comme substitut aux énergies fossiles que ses problèmes d'exploitation.

46 % du potentiel de production en biodiesel repose sur la transformation d'huile de palme.

0,88 dollar par litre. Tel est le coût moyen du biodiesel à l'import en Europe.

95 % du biodiesel est actuellement consommé en Europe et aux Etats-Unis.

60 Pourquoi les grues volent-elles en V ?

A la recherche de températures clémentes en hiver et d'un climat doux en été, les grands oiseaux migrateurs comme les grues, les oies, les cormorans, les cygnes, les pélicans... offrent deux fois par an cet étrange spectacle. Deux théories différentes, mais pour autant pas incompatibles, expliquent le vol en forme de « V » de ces volatiles. Ainsi, plusieurs éthologues voient dans cette formation symétrique de vol groupé un intérêt social : protection contre les prédateurs, communication entre les oiseaux qui s'encouragent de leurs cris et maintien d'un contact visuel. Ce contact visuel est d'ailleurs une des raisons pour lesquelles les vols militaires adoptent cette formation en V. D'autres estiment qu'il s'agit là d'un moyen de voyager à moindres frais énergétiques. Ce gain aérodynamique a d'ailleurs été confirmé par Henri Weimerskirch en 2001. Profitant du tournage du film *Le Peuple migrateur,* le chercheur français du Centre d'études biologiques de Chizé (CNRS) a équipé des pélicans blancs de détecteurs de rythme cardiaque. Résultat : le cœur d'un oiseau qui vole en solo bat plus vite que celui d'un membre d'une escadrille. Cette particularité physiologique se traduit par une dépense d'énergie supérieure. Par ailleurs, des enregistrements vidéo ont révélé que, contrairement aux oiseaux solitaires, les pélicans blancs voyageant en groupe passent plus de temps à planer qu'à battre des ailes. En effet, chaque battement d'ailes provoque des turbulences qui donnent une poussée au suivant. Cette poussée est le fait d'une force ascendante, le vortex, qui profite au suiveur s'il est placé à une distance optimale. Que cette distance soit réduite, et c'est une force descendante qui oblige l'animal à démultiplier ses efforts. En outre, les oiseaux volent en rotation afin de répartir l'effort dépensé sur l'ensemble du groupe. Ainsi lorsque les oiseaux de tête commencent à fatiguer, d'autres prennent le relais et les remplacent pour leur permettre de se reposer.

Le vol en V protège les oiseaux contre les prédateurs et leur permet d'économiser de l'énergie.

61 POURQUOI pleure-t-on ?

Pour deux raisons, à en croire les physiologistes qui ont étudié le mécanisme lacrymal. Nous pleurons pour répondre à une agression physique ou chimique, mais aussi pour réduire une tension émotionnelle. Dans le premier cas, les larmes servent à éliminer un corps étranger à la surface de l'œil ou à diluer une substance irritante. Si l'oignon fait pleurer quand on l'épluche, c'est qu'il contient une enzyme qui libère un gaz irritant pour la cornée. Le froid aussi irrite la surface cornéenne, que réchauffent alors les larmes, proches de la température corporelle. A l'inverse, en cas de fièvre, les pleurs lubrifient cette fois l'œil asséché.

Les larmes causées par le chagrin, la peur, la joie, la rage, la délivrance, etc., sont aussi une réponse réflexe, qu'illustrent fort à propos les expressions « fondre en larmes », « éclater en sanglots », « verser des larmes de joie », « rire aux larmes ». Parfois les pleurs sont théâtralisés et s'accompagnent de mimiques, de gestuelles, de sonorisations, de jeux de rôle. Tout se passe comme si partager socialement l'émotion, en la dramatisant à l'extrême, était la condition indispensable pour accéder à l'apaisement. Ainsi, les bébés pleurent sans larmes tant que la fonction de communication ne s'est pas installée. Les larmes auraient donc bien une fonction d'apaisement. Et force est de constater qu'après avoir pleuré… on ne pleure plus ! D'où l'hypothèse avancée par l'ophtalmologue Yves Pouliquen : lors d'un effort soutenu, d'une grande fatigue ou d'une douleur violente, à l'origine de pleurs, le cerveau libérerait des endorphines, substances euphorisantes qui mettent un terme à cet état émotionnel. Reste à savoir d'où viennent ces larmes. Le système lacrymal est en relation avec la cavité nasale. Les larmes, formées d'eau salée dans la même proportion que le reste du corps et contenant du mucus et des graisses, sont libérées sur commande du cerveau et rassemblées dans le conduit lacrymonasal. Au-delà de 10 mm^3, le sac lacrymal déborde et le liquide s'écoule alors par le nez, ce qui nous oblige à nous moucher. Quand le débit augmente et dépasse 100 mm^3 par minute, les larmes envahissent la cavité oculaire, s'échappent et glissent sur les joues. De la même manière, un rhume cause souvent une inflammation de la muqueuse lacrymale, ce qui empêche le bon drainage de la surface de l'œil. Résultat : l'œil devient larmoyant.

62 Pourquoi le décollage vertical est-il l'apanage des fusées ?

Sans ailes, la fusée est propulsée, accélérant de plus en plus à mesure qu'elle s'allège en carburant.

Parce que contrairement aux apparences, le décollage à la verticale est bien plus économe que celui à l'horizontale. Une fusée est un véhicule qui accélère en éjectant derrière lui une partie de sa propre masse, constituée de propergols dont la combustion fournit l'énergie nécessaire à la poussée. Elle accélère donc de plus en plus, à mesure qu'elle s'allège en carburant. En outre, en partant à la verticale, la fusée ne prend pas appui sur l'air.

En revanche, une navette spatiale le fait. En accélérant à l'horizontale, sa vitesse d'avancement crée, grâce aux ailes, une portance qui équilibre le poids… mais aussi une traînée dont la force s'oppose à l'avancement du véhicule, et qui, donc, consomme de l'énergie. Une fusée munie d'ailes pourrait donc parfaitement décoller à l'horizontale, mais la quantité d'énergie requise serait infiniment plus importante que pour un décollage vertical. Et, comme la fusée est destinée à rejoindre le vide de l'espace, ses ailes ne lui serviraient alors plus à rien. Il faudrait ensuite les larguer car elles constitueraient une masse inutile.

Si les navettes spatiales habitées américaines, comme Columbia, sont équipées de petites ailes, c'est uniquement en vue de leur retour sur Terre. En effet, parvenues dans les couches denses de l'atmosphère, les ailes fournissent à la navette la portance et les capacités de manœuvre nécessaires pour rejoindre sans encombre la piste d'atterrissage du centre spatial Kennedy, près de Cap Canaveral en Floride.

63 Pourquoi le **rubis** ne possède-t-il pas la même couleur que **l'émeraude** ?

A la différence du diamant, la « couleur » des autres pierres précieuses (rubis, émeraude et saphir) ne vient pas de la dispersion de la lumière, mais de l'absorption de certaines longueurs d'onde de la lumière par de petites impuretés présentes à l'intérieur du minéral. Sans ces impuretés, elles seraient sans couleur, comme le verre ! Car les couleurs existent grâce à la lumière : si toutes les longueurs d'onde de la lumière traversent la pierre sans obstacle, celle-ci est incolore ; et si toute la lumière est absorbée, la pierre est alors noire. Ce sont surtout les métaux (fer, chrome, manganèse...) présents dans la pierre qui absorbent des ondes de longueurs précises et participent à la coloration. Ainsi, les oxydes de fer et de titane donnent une teinte bleutée au saphir. Tandis que le rouge du rubis et le vert de l'émeraude sont, eux, dus à la présence de chrome. Si l'ion chrome ne réagit pas de la même façon à la lumière dans le rubis et dans l'émeraude, c'est parce qu'il se trouve dans un environnement atomique différent.

Il faut savoir qu'à chaque minéral correspondent une formule chimique et un arrangement atomique particulier. Justement, ces deux pierres précieuses n'appartiennent pas à la même « espèce » de minéral : le rubis est une variété de corindon (un oxyde d'aluminium) et l'émeraude une variété de béryl (silicate aluminium et béryllium). Ils n'ont, par conséquent, ni la même composition ni la même structure. Reste que les couleurs de ces deux pierres sont dues à la présence de l'ion chrome associé à 6 ions oxygène. Longtemps, les scientifiques ont pensé que les ions oxygène étaient situés plus près du chrome dans le rubis que dans l'émeraude, cette variation de distance suffisant à expliquer la différence de couleur entre ces pierres précieuses. Mais, en 2005, des chercheurs de l'université de Cantabria, à Santander (Espagne), ont révélé l'existence à l'intérieur de la pierre d'un champ électrique très fort, de l'ordre de plusieurs millions de volts par centimètre. Or ce champ se révèle plus fort dans le rubis que dans l'émeraude, où il est quasi nul.

Le rouge du rubis et le vert de l'émeraude sont dus à l'ion chrome, qui réagit différemment dans chacune de ces deux pierres.

64 Pourquoi le cœur artificiel ne s'impose-t-il pas face aux greffes ?

A la fin des années 1980, on imaginait une révolution en chirurgie cardiaque avec l'apparition des premiers cœurs artificiels complets. Or, avec 800 implantations dans le monde en 2008, il est clair que la technique ne s'est pas imposée. En effet, lorsque le cœur ne se contracte plus suffisamment, les cardiologues ont plutôt recours à la greffe. Avec d'excellents résultats : la moitié des patients greffés sont encore en vie 12 ans après l'opération. Pourtant, l'idée du cœur artificiel reste séduisante puisqu'elle règle la question de la rareté des organes à greffer. Le problème est d'ordre technologique : malgré la mise au point de pompes performantes et l'utilisation de matériaux qui n'altèrent pas le sang, la pose d'un cœur artificiel complet n'est encore qu'une solution d'attente avant la greffe. La taille fixe du cœur artificiel, un boîtier ovoïde en titane et en plastique, est un premier obstacle, car tout le monde n'a pas la même corpulence. Le problème ne se pose pas lors d'une transplantation traditionnelle, puisque le cœur greffé est souple. Autre difficulté : l'alimentation de la pompe. Pour éjecter le sang dans la circulation générale, la

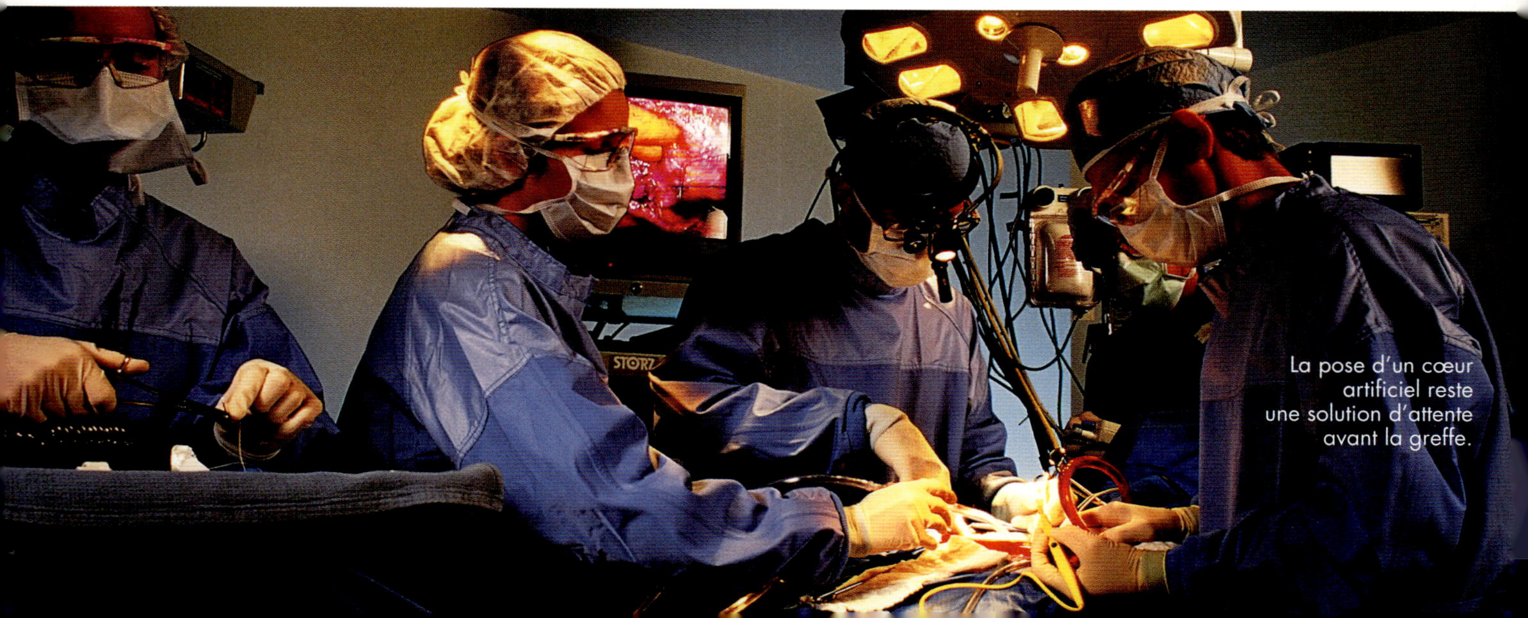

La pose d'un cœur artificiel reste une solution d'attente avant la greffe.

pompe a besoin d'énergie. Celle-ci doit lui être fournie par des batteries, extérieures ou implantables, or leur miniaturisation limite l'accumulation d'énergie. Pour l'heure, le patient ne peut donc se séparer d'une valise de plus de 5 kg contenant un compresseur et sa batterie, qui fournissent l'air comprimé nécessaire. Mais même s'il surmontait ces obstacles techniques, le cœur artificiel devrait encore faire ses preuves en termes de durée (2 ans) et de qualité de vie, sinon il restera réservé aux rares patients ne pouvant supporter une greffe, c'est-à-dire ceux à qui un cancer interdit les traitements antirejets ou qui souffrent d'hypertension artérielle pulmonaire : la résistance est telle à la sortie du cœur que le débit doit être plus élevé que la normale. Le cœur artificiel peut aussi s'adresser aux femmes qui, au fil des grossesses, ont acquis un système immunitaire trop complexe pour leur permettre de tolérer une greffe. Mis à part ces cas extrêmes, la greffe traditionnelle reste le meilleur choix.

65 Pourquoi les femmes perdent-elles moins leurs cheveux que les hommes ?

Parce que ce sont des femmes, elles sont préservées des effets d'une hormone mâle, la dihydrotestostérone (DHT), qui accélère le cycle de croissance des cheveux. Or, avec 30 repousses dans une vie, les cheveux des hommes épuisent vite leur quota et disparaissent. Cela étant, les ovaires produisent aussi de la testostérone, notamment après un accouchement et à la ménopause. Ainsi dès l'accouchement, le taux d'œstrogène chute et ne s'oppose plus à l'action de la testostérone : les cheveux passent dans la dernière phase de leur cycle de vie et tombent. Toutefois, femme ou homme, selon l'âge, le stress, les carences ou les réactions aux médicaments, la perte de cheveux peut être plus ou moins marquée.

Les femmes sont à l'abri de la dihydrotestostérone, qui accélère le cycle de croissance des cheveux.

66 Pourquoi le fouet claque-t-il ?

Le claquement du fouet s'explique simplement : il résulte d'un bang supersonique ! Lorsqu'il est correctement manipulé, la vitesse de déplacement de ce bout de cuir dépasse en effet celle du son dans l'air (égale à 330 m/s), ce qui produit mécaniquement ce son auquel les avions nous ont habitués. L'étude précise de ce phénomène a cependant donné bien du fil à retordre aux scientifiques. Et c'est finalement le physicien allemand Otto Lummer qui, le premier, a affirmé en 1905 que l'extrémité du fouet claquait en dépassant la vitesse supersonique. Cette explication va perdurer durant tout le XXe siècle, trois autres chercheurs allemands Peter Krehl, Stephan Engemann et Dieter Schwenkel montrant même en 1998, grâce à des photographies numériques à haute vitesse, que l'accélération de l'extrémité du fouet pouvait atteindre 50 000 g, soit 50 000 fois celle de la force exercée par la gravitation. « Ces physiciens ont aussi rapporté une observation curieuse : le bang sonique est émis lorsque la vitesse de l'extrémité du fouet atteint environ le double de celle du son dans l'air », notent le mathématicien Alain Goriely et son collègue Tyler McMillen de l'université d'Arizona.

Pour en avoir le cœur net, ces deux chercheurs ont mis précisément en équation la dynamique de ce filament de cuir, en se concentrant sur la boucle que forme le porteur du fouet lorsqu'il amorce son mouvement. Ils ont alors montré que l'onde de choc n'est pas provoquée par l'extrémité du fouet, mais justement par cette boucle qui se propage en accélérant le long de celui-ci. Le paradoxe est ainsi levé : lorsque cette boucle atteint la vitesse du son, le bout du fouet, lui, est propulsé deux fois plus vite.

L'étude menée par les deux physiciens souligne la complexité du phénomène. En effet, la vitesse de déplacement de la boucle dépend non seulement de la taille de la boucle initiale, du rétrécissement du diamètre du fouet — dont l'effet est comparable au rétrécissement du canal qui accélère les vagues — et aussi de la brusque tension du « fouetteur » dans la direction opposée au mouvement de la boucle. « Il faut donc une subtile combinaison de tous ces effets pour que le modèle physique soit fidèle au phénomène observé… et pour que les essais pratiques ne soient pas douloureux pour l'expérimentateur », conclut Alain Goriely.

67 Pourquoi la nuit est-elle si peu étoilée ?

Nous ne pouvons en fait percevoir que la lumière émanant d'un nombre fini d'étoiles.

Alors que la voûte céleste est constellée de milliards de milliards d'étoiles, la nuit, même claire, nous paraît pourtant bien sombre. En effet, seule une infime partie de leur lumière combinée nous parvient. Dès la naissance de l'astronomie moderne au XVIIe siècle, les premiers théoriciens des temps modernes, de Johannes Kepler à Edmond Halley, sont intrigués par ce paradoxe. Celui-ci est posé par l'astronome vaudois Jean Philippe Loys de Chéseaux, en 1743, puis par l'Allemand Heinrich-Olbers en 1823. Pour illustrer ce paradoxe, baptisé de Chéseaux-Olbers, l'analogie la plus souvent utilisée consiste à comparer l'Univers à une forêt. Si cette forêt s'étend infiniment, il est mathématiquement inévitable que le champ de vision d'un promeneur soit obstrué par un tronc et cela quelle que soit la direction dans laquelle se porte le regard. Si les étoiles sont les troncs d'une forêt céleste, le ciel devrait donc être tapissé d'étoiles. Et la Terre ne jamais connaître de nuit. Ce qui n'est visiblement pas le cas…

« Visiblement » : c'est dans cet adverbe que réside le fin mot de l'énigme. Et l'on doit à l'écrivain américain Edgar Poe, qui se piquait de cosmologie, d'en avoir donné une première explication dans un grand essai baptisé *Eurêka ou Essai sur l'univers matériel et spirituel,* publié en 1848. A savoir que, la lumière se propageant à une vitesse finie depuis l'origine d'un Univers dont l'âge est lui aussi fini, nous ne pouvons par conséquent percevoir la lumière que d'un nombre fini d'étoiles. Ainsi le fond de notre ciel n'est pas uniformément lumineux. Cette brillante idée sera retranscrite scientifiquement quelque 50 ans plus tard par le physicien anglais lord Kelvin.

C'est le passage de l'hiver
au printemps qui explique
les brusques averses de mars.

68 POURQUOI est-ce en **mars** que tombent les **giboulées** ?

C'est bien connu, le troisième mois de l'année est souvent pluvieux, mais les fameuses giboulées dites « de mars » surviennent aussi… en avril. Ces brusques averses sont en fait liées au passage de l'hiver au printemps. A cette période de l'année, le rayonnement solaire est suffisamment intense pour créer une couche d'air chaud au niveau du sol. Mais en altitude, l'air froid persiste ; en particulier en raison de flux venant du nord-ouest ou de Scandinavie. Et c'est cette différence de température entre les basses et les hautes couches de l'atmosphère qui engendre des giboulées. Ce phénomène, qui s'accompagne de « cumulus congestus » — gros nuages épais dont le sommet peut atteindre jusqu'à 5 km d'altitude, constitués de gouttelettes d'eau ou de cristaux de glace en suspension —, est appelé « convection ». Ainsi, l'air chaud au niveau du sol, plus léger, monte et se condense quand il rencontre l'air froid… provoquant la survenue d'une pluie ! « A condition que la masse d'air soit suffisamment humide, précise Frédéric Nathan, ingénieur prévisionniste à Météo France, sinon, il n'y a pas assez de vapeur d'eau pour que la condensation ait lieu. » Ces cumulus congestus dits « convectifs » sont donc le siège de puissants courants ascendants, engendrés par le fort contraste thermique. Dans ces courants, les gouttelettes d'eau liquide peuvent même coexister avec les particules de glace et conduire à la formation de grésil, voire de grêle.

A la fin de l'hiver et au fil des semaines, les basses couches de l'atmosphère se réchauffent progressivement. Les phénomènes de convection, qui se renforcent et se généralisent, conduisent alors parfois à des orages semblables à ceux de l'été. Mais — pas de panique ! — les averses demeurent toujours brèves et très localisées. Brèves, car les masses d'air froid en altitude circulent très rapidement, et localisées, car, comme l'explique Frédéric Nathan, « ces phénomènes se développent comme des "bulles" d'air chaud qui s'élèvent dans l'atmosphère exactement comme les bulles d'air qui remontent à la surface de l'eau ». Pour échapper aux giboulées de mars, il suffit donc d'être patient et d'attendre quelques minutes ou de se déplacer, tout au plus, d'une dizaine de kilomètres.

69 Pourquoi un Mentos plongé dans du Coca-Cola produit-il un mélange si détonant ?

Voilà bien une question qui rend compte d'une explosion… médiatique ! Des centaines de vidéos sur Internet montrent en effet d'impressionnants geysers de sodas générés par la rencontre du bonbon à la menthe et du soda, le tout accompagné d'explications plus ou moins pertinentes. Les multinationales fabriquant ces produits s'en frottent les mains : la firme Mentos révèle avoir ainsi bénéficié d'une publicité gratuite estimée à près de 10 millions de dollars ! Pour comprendre le phénomène, il faut examiner au microscope la surface des bonbons Mentos. Lisse au toucher, elle cache en fait une forte rugosité. Et là réside la clé. Car si le bouillonnement soudain du liquide est dû au « dégazage » brutal du gaz carbonique contenu dans la boisson, ce dégazage est provoqué par les multiples microaspérités situées à la surface du bonbon Mentos. Résultat : de très nombreuses bulles apparaissent en un laps de temps très court, bulles qui, en remontant, créent un geyser. Ces bulles sont produites par un processus bien connu des physiciens sous le nom de « nucléation ». Il s'agit d'un changement de phase (ici, une transformation de liquide en gaz), localisé dans chaque petite zone accidentée de la paroi du récipient et déclenché par le relâchement de pression dans la bouteille. C'est d'ailleurs par ce même mécanisme que sont créées les bulles de champagne : à partir des impuretés ou des imperfections présentes sur la paroi de la flûte. Ce qui, au passage, explique pourquoi celles-ci se forment toutes aux mêmes endroits, générant des colonnes de bulles. Reste qu'en considérant le seul processus de nucléation, on pourrait conclure que l'effet Coca-Mentos fonctionne avec n'importe quelle boisson gazeuse soumise à un bonbon non lisse… Et à raison !

Mais il suffit d'essayer pour se rendre compte que l'intensité et la durée du phénomène varient fortement en fonction de la nature du breuvage… avec une nette préférence pour les sodas sucrés. La teneur en gaz carbonique n'est pas la responsable, puisque des boissons gazeuses non sucrées mais à forte teneur en gaz font de bien piètres générateurs de geyser. Faut-il alors chercher du côté du sucre, de l'aspartam (un substitut du sucre contenu dans le Coca-Cola Light) ou de l'acidité, plus importants dans les sodas que dans les boissons gazeuses non sucrées ? Pierre Aldebert, chercheur en chimie au CNRS à Grenoble, avoue qu'à l'heure actuelle

« personne n'explique véritablement pourquoi ce phénomène de nucléation est important dans certains cas mais ne l'est pas dans d'autres ».
Sur le site EepyBird.com, une hypothèse circule, mettant en cause la gomme arabique du Mentos, qui rendrait le CO_2 plus libre, et donc plus apte à faire des bulles, mais cette hypothèse n'a pas, pour le moment, été scientifiquement vérifiée, car l'étude de l'effet détonant du mélange Coca-Mentos reste anecdotique dans les laboratoires de recherche !
Ce qui fait dire à Pierre Aldebert qu'« il manque toujours une véritable étude critique expérimentale, sérieuse et scientifique ». Mais coupons court aux rumeurs : manger des Mentos après avoir bu du Coca-Cola n'a jamais tué personne ! Cela risque tout au plus de vous faire grossir...

En avril 2008, a été établi à Louvain le record mondial du nombre de geysers simultanés de Coca-Mentos : 1 500 !

L'énergie délivrée au sein du LHC est infiniment plus faible que celle produite dans la nature.

70 Pourquoi créer un **trou noir** sur Terre n'est-il pas **dangereux** ?

Les accélérateurs de particules, comme le LHC (grand collisionneur d'hadrons) du Cern, provoquent entre particules des collisions si violentes qu'une grande quantité d'énergie se trouve concentrée en un seul point. Pourquoi ne pas imaginer qu'un micro-trou noir pourrait y naître et attirer des particules proches jusqu'à être suffisamment massif pour engloutir le LHC, la Terre et le Système solaire ? Impossible, assure-t-on au Cern : « Les conjectures sur la création d'éventuels trous noirs microscopiques au LHC se réfèrent aux particules produites lors de la collision entre deux protons ayant chacun une énergie comparable à celle d'un moustique en plein vol. » Ici, l'influence de la gravité sur les particules paraît si faible que, sauf à leur apporter une énergie énorme, elle n'autorise aucun « rapprochement indécent ». Or l'énergie produite par le LHC restera très inférieure à celle produite lors des collisions de rayons cosmiques ! Dans ces conditions, l'humanité n'a rien à craindre, affirment les spécialistes du LHC, forts de leurs études menées depuis des années pour justement répondre aux inquiétudes.

71 Pourquoi le chat est-il le seul félin qui ronronne une fois devenu adulte ?

Ah ! le mythe du chat ronronnant pour signifier à son maître son contentement et ses bonnes dispositions. Pourtant, au risque de décevoir les millions de propriétaires du félin domestique, il n'en est probablement rien ! Monique Bourdin, vétérinaire comportementaliste à l'école de Maisons-Alfort (Val-de-Marne), prévient en effet d'emblée : « Personne ne sait pourquoi le chat ronronne. Certains affirment qu'il s'agit d'une marque de soumission, mais c'est une erreur : il n'existe pas de hiérarchie chez cet animal. »

Actuellement, les spécialistes s'accordent seulement à dire que le ronronnement serait avant tout un mode de communication, lequel concerne les félins en général : le ronronnement est le propre de nos chats domestiques, bien sûr, mais aussi des tigres, des panthères, des lions et autres jaguars. Tous ces animaux sont capables de ronronner dès l'âge de 2 jours, peut-être pour signifier à leur mère un besoin de protection, mais il semble que seul le chat domestique conserve cette habitude infantile à l'âge adulte. Ce comportement serait peut-être dû à la présence du maître, qui remplacerait la mère dans son rôle protecteur et nourricier.

Cela étant, une des rares certitudes concernant le ronronnement est qu'il traduit un état d'émotion intense : profonde relaxation, angoisse, souffrance lancinante… On a même vu des chats ronronner à l'article de la mort ! D'après Christian Teste, vétérinaire comportementaliste, « même s'il s'agit peut-être d'une interprétation anthropomorphique, il se peut que le chat, dans une situation de stress, ronronne en signe d'apaisement face à une présence anxiogène, tel le vétérinaire ou un maître angoissé ».

Dernier point : concernant les mécanismes physiques de ce comportement, la théorie la plus répandue suppose que la contraction très rapide (de 20 à 30 fois par seconde) des muscles du larynx et du diaphragme provoque une vibration des cordes vocales produisant ce son étouffé. Mais de plus en plus d'anatomistes penchent pour une explication circulatoire : à savoir des vibrations de la veine cave, amplifiées par les bronches, la trachée, et les cavités sinusoïdales.

Seule certitude : le ronronnement traduit un état d'émotion intense chez l'animal.

72 POURQUOI **Pluton** n'est-il **pas** une **planète** ?

L'affaire est, depuis août 2006, officielle : Pluton n'est plus la plus petite et la plus lointaine planète de notre système solaire, comme on le croyait depuis sa découverte en 1930. Ainsi en a décidé (par vote) la cohorte de 2 500 experts de l'Union astronomique internationale (IAU) réunie à Prague pour statuer sur le cas de ce petit objet transneptunien constitué de roche, de glace et de méthane. Il faut dire que la découverte d'autres corps célestes, tels Cérès ou Eris, à peine plus gros que Pluton, avait fini par jeter le trouble : fallait-il aussi les considérer comme des planètes, au risque d'exploser le planétarium de notre système ? Par ailleurs, au vu de sa localisation astronomique, Pluton n'était-il pas plutôt un corps céleste appartenant à la ceinture de Kuiper, cette région située à environ 6 milliards de kilomètres du Soleil, qui, s'étendant au-delà de Neptune, contient des myriades de petits corps glacés ?

Si le vote de l'IAU a déclassé Pluton de son premier statut, c'est que la discussion a aussi été l'occasion de coucher sur le papier la définition du mot « planète ». Car aussi incroyable que cela puisse paraître, il n'en existait aucune jusqu'alors ! Certes, cette définition ne satisfait pas tous les astronomes et suscite encore des discussions. Pour Patrick Michel, astronome à l'observatoire de la Côte d'Azur, qui a participé à l'élaboration de la nouvelle définition, « ce qui est positif, c'est qu'on arrive à changer nos idées préconçues quand les découvertes scientifiques l'imposent. Mais sans doute était-ce un peu tôt pour adopter une définition. La découverte de nombreuses exoplanètes risque bien de rendre cette définition caduque dans les années qui viennent. » Déjà, 300 planétologues du monde entier, qui n'ont pas participé au vote, la rejettent et demandent une nouvelle réflexion.

Il n'empêche, faute d'une définition plus consensuelle, un objet céleste peut désormais être appelé planète s'il remplit certains critères désormais dûment répertoriés. En premier lieu, tout « candidat » doit tourner autour du Soleil et avoir une forme à peu près ronde. Mais, surtout, l'objet céleste doit avoir éliminé tout corps susceptible de se déplacer sur une orbite proche, soit en l'ayant englobé, soit en l'ayant envoyé valser au loin. Ce que n'a justement pas fait Pluton, qui appartient à un ensemble de corps partageant des orbites proches et qui n'a manifestement pas pu constituer avec eux une seule et même grosse planète. Pluton a donc rejoint, arguments physiques à l'appui, une catégorie nouvellement créée dans la foulée par l'IAU, celle des « planètes naines ». Dans catégorie, on retrouve les Cérès et autres Eris, et pourraient bientôt les rejoindre d'autres corps de la ceinture principale d'astéroïdes, située entre Mars et Jupiter, considérés aujourd'hui comme des astéroïdes. Cette nouvelle nomenclature des planètes change quelque peu la physionomie de notre système solaire. Désormais, il compte huit planètes : quatre planètes telluriques — Mercure, Vénus, Mars et la Terre — qui sont rocheuses, de taille moyenne et les plus proches du Soleil, quatre géantes gazeuses — Jupiter, Saturne, Uranus et Neptune —, essentiellement constituées de gaz, beaucoup plus grosses que les planètes telluriques et se trouvant au-delà de la ceinture principale d'astéroïdes. Enfin, à ce bestiaire cosmique s'ajoutent cinq planètes naines : Pluton, Cérès, Eris, Makemake et Charon. Du moins pour l'instant…

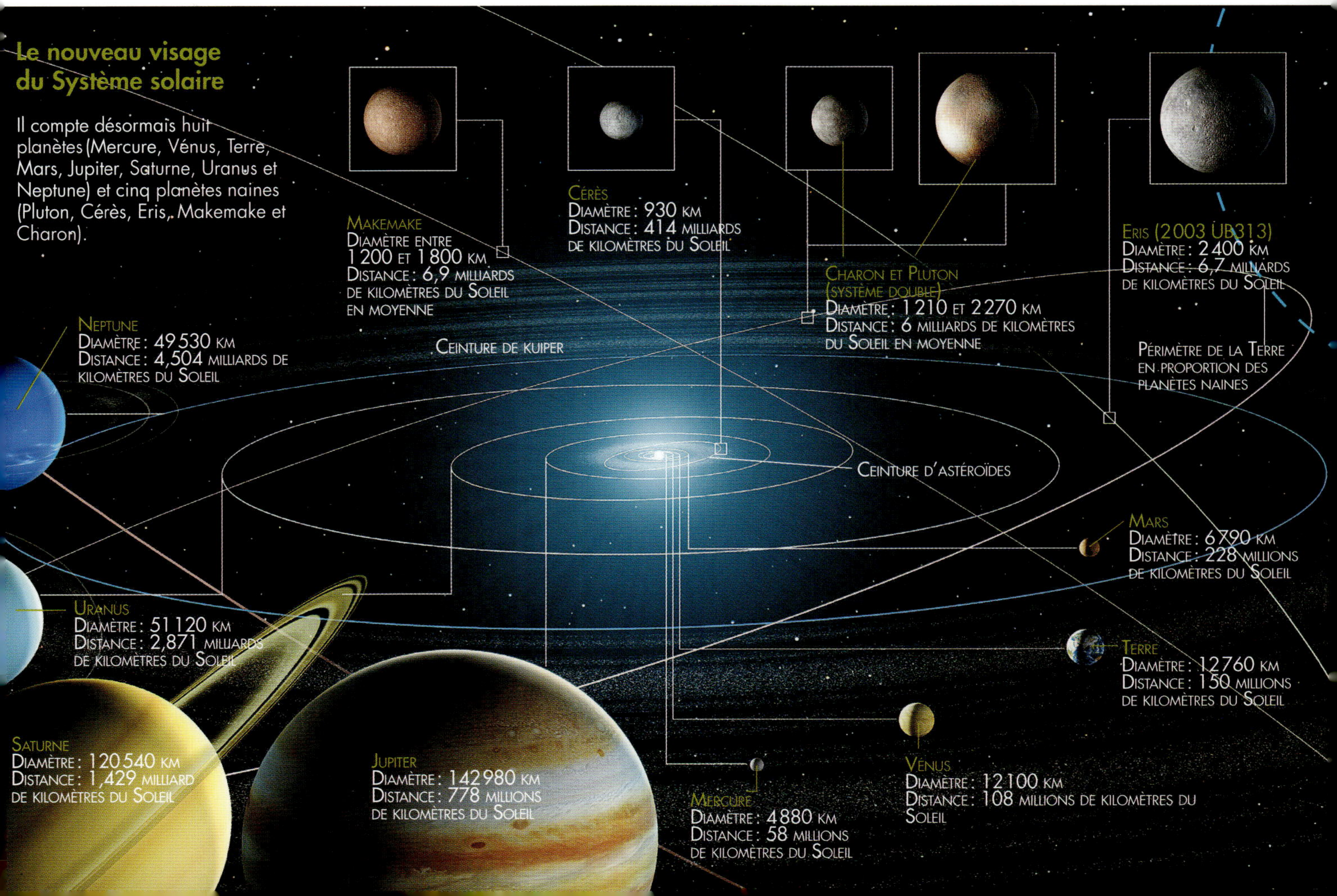

73 Pourquoi certaines personnes digèrent-elles mal le lait ?

C'est un fait : chez les trois quarts de la population mondiale (50 % des Français, mais 99 % des Chinois), le moindre verre de lait provoque des troubles digestifs. La cause en est l'intolérance au lactose (un sucre caractéristique et majoritaire du lait), qui se développe avec l'âge pour des raisons encore inconnues des scientifiques. Ces derniers ont aussi du mal à expliquer pourquoi certaines personnes en sont affectées et pas d'autres. Seul indice : les populations qui comptent le plus d'individus tolérants sont issues d'Europe du Nord, d'Afrique et du Moyen-Orient, c'est-à-dire de régions où se pratique l'élevage depuis au moins 5 000 ans.

Certains avancent qu'à l'origine, l'homme adulte ne savait pas digérer le lactose, réservé aux nourrissons, mais qu'en domestiquant bovins et caprins il se serait mis à consommer des produits laitiers, développant peu à peu une tolérance au lactose.

Les chercheurs savent cependant que tout se passe au niveau de l'intestin grêle, où une enzyme spécifique, la lactase, rend possible l'assimilation du lactose en le dissociant en deux unités plus petites : le glucose et le galactose. Comme la nature fait bien les choses, la lactase apparaît chez le bébé juste avant la naissance, pendant le troisième trimestre de grossesse, puis atteint un maximum après quelques semaines de vie. Les nourrissons peuvent ainsi assimiler le lait maternel, riche en lactose. Ensuite, la production de lactase décline peu à peu. Cette diminution est due à un gène qui code la lactase, et qui est inactivé après le sevrage chez les personnes intolérantes. Dès lors, le lactose absorbé reste dans le tube digestif, où il fermente. Cela a pour effet de libérer du méthane et des acides gras volatils, sources de troubles digestifs. Précision : l'intolérance au lactose n'a rien à voir avec les allergies au lait, qui concernent, elles, les protéines et non les sucres, et sont susceptibles d'entraîner une réaction du système immunitaire.

74 Pourquoi changer l'énergie en matière est-il si ardu ?

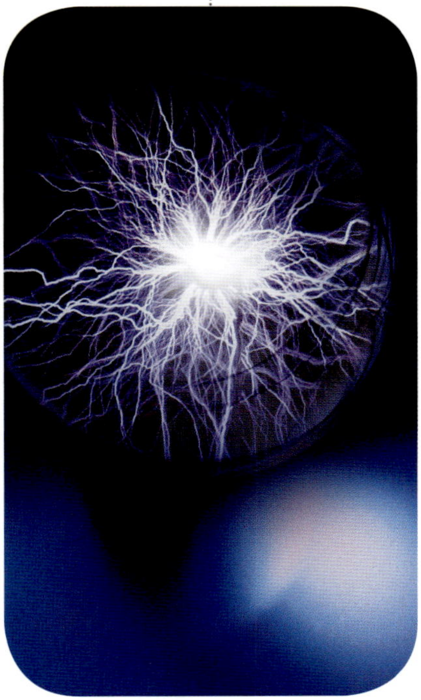

A l'échelle humaine, changer l'énergie en matière ne peut se faire qu'à l'intérieur d'un accélérateur de particules.

La réponse se trouve dans l'équation $E = mc^2$. Celle-ci établit que les transformations respectives d'énergie en matière sont possibles du moins en théorie… Dans le sens matière-énergie, nous sommes familiers de la fission des atomes (dans les centrales nucléaires), ainsi que de la fusion atomique (dans les étoiles). Une formidable énergie s'y libère en « cassant » des liaisons subatomiques. Il se crée donc bel et bien de l'énergie au cœur même de la matière. La transformation inverse est moins commune, quoique possible. Elle s'est produite de façon naturelle à l'échelle de l'Univers puisque ce dernier n'était, au départ, qu'un conglomérat d'énergie. Toute la matière — et l'antimatière — de l'Univers est née de cette énergie, peu après le big bang. A l'échelle humaine, c'est dans les accélérateurs de particules que les physiciens tentent de reproduire ces mécanismes. A l'aide de champs magnétiques très puissants, on y accélère des particules, dotées d'une masse, à une vitesse très élevée, qu'on fait alors entrer en collision. L'énergie produite par le choc remplace les particules initiales par d'autres, d'une masse supérieure ! De la matière est ainsi créée à partir de l'énergie dont les premières particules sont chargées. En 1998, à Stanford (États-Unis), des chercheurs créent un électron et un positron — dotés d'une masse — à partir d'un photon, de masse nulle. Il s'agit là de la première création de matière *ex nihilo* à partir de pure énergie ! L'expérience a toutefois nécessité l'énergie de lasers très puissants. Pour information : toute la puissance du Soleil concentrée en un seul point ne créerait même pas 100 g de matière !

75 POURQUOI la pilule accroît-elle le risque de cancer du sein ?

En juin 2005, le Centre international de recherche sur le cancer (Circ) — agence intergouvernementale appartenant à l'Organisation mondiale de la santé (OMS) — signait un rapport concluant que les contraceptifs œstroprogestatifs augmentent légèrement le risque de cancer du sein, du col utérin et du foie. La pilule a donc été classée comme cancérigène de groupe 1, catégorie la plus dangereuse, correspondant aux produits pour lesquels on dispose d'indications suffisantes de cancérogénicité pour l'homme. « Même si l'augmentation de ce risque est considérée comme faible, précise Françoise Clavel-Chapelon, directrice de l'unité Inserm Nutrition, Hormone et Cancer, le seul fait de comparer le nombre de femmes qui prennent la pilule et l'incidence du cancer du sein laisse à penser que cela peut engendrer un nombre de cas non négligeable. »

Et pour cause, plus de 100 millions de femmes prennent la pilule dans le monde. L'usage de ces œstroprogestatifs sous forme de pilule, mais aussi de patch, d'anneau vaginal ou d'injection, ne cesse d'augmenter. Il y a 20 ans, 40 % des Françaises de 20 à 44 ans utilisaient la pilule, contre 60 % aujourd'hui. Par ailleurs, le cancer du sein est, de loin, le plus fréquent en Europe et le plus meurtrier. Il affecte une femme sur huit au cours de son existence, et est en nette augmentation dans les pays développés. En France, le nombre de cas a doublé en 20 ans, passant de 21 200 en 1980 à 41 800 en 2000. Quel est le rôle de la pilule dans ce fléau ? Le Circ a montré que l'utilisation d'hormones de synthèse (œstroprogestatifs) augmentait la prolifération des cellules épithéliales du sein. Pour tempérer cette multiplication, des mécanismes de régulation se mettent en place. Mais ceux-ci peuvent être exposés à une défaillance induite par des facteurs comme la pollution ou le tabac. Ce sont ces défaillances qui engendrent des cellules tumorales.

La pilule engendre la prolifération de cellules épithéliales, ce qui nécessite un mécanisme de régulation… exposé à des défaillances.

Par ailleurs, les cellules épithéliales sont exposées aux hormones pendant 3 semaines par mois, au lieu de 10 à 14 jours pour un cycle naturel, et cela souvent dès l'adolescence, alors même que la pilule repousse la ménopause, ce qui augmente encore la durée de l'exposition. Enfin, les hormones de synthèse sont moins bien éliminées que les hormones naturelles : stockées dans les tissus graisseux, elles continuent à être libérées dans le sang longtemps après l'arrêt de la pilule. Est-ce assez pour la tenir responsable de l'augmentation des cancers du sein ? La question est d'autant plus complexe que, selon le rapport rédigé par le Circ, la consommation d'œstro-progestatifs diminue paradoxalement le risque de cancer de l'endomètre (la paroi de l'utérus) et de l'ovaire en réduisant les cycles de destruction et de réparation de l'épithélium ovarien. Pour statuer, l'OMS a préconisé des études approfondies sur le sujet, afin de déterminer si les bénéfices de la pilule excèdent finalement les risques.

76 Pourquoi le patin à glace est-il une si vieille invention ?

Les premiers patins à glace sont apparus, il y a 3 000 ans, dans le nord de l'Europe et de la Russie. Les peuples nomades de ces régions froides ont créé ce moyen de locomotion pour éviter de faire le tour des lacs lors de leurs déplacements et ainsi augmenter leurs chances de survie. Comment le sait-on ? Grâce à deux chercheurs de l'université de Manchester et de l'université de Milan, qui ont mené en 2007 une étude sur le sujet. Ils ont mesuré le rythme cardiaque, la consommation d'oxygène et la vitesse de cinq volontaires se déplaçant avec l'ancêtre du patin : des lamelles d'os animal surmontées de lanières de cuir s'accrochant autour des pieds. Ils ont ensuite fait des simulations informatiques. Résultat : avec une vitesse moyenne de 8 km/h, nos lointains aïeux économisaient, grâce aux patins à glace, 10 % d'énergie. Un gage de survie pendant la saison froide.

Les premiers patins sont apparus à l'homme nomade des régions froides comme une nécessité pour sa survie.

77 POURQUOI est-il préférable d'utiliser une **batterie** au **lithium** ?

Commercialisée en 1991 par la marque Sony, la batterie à ions lithium (Li+) s'est, depuis, largement imposée face aux autres technologies, nickel-cadmium (Ni-Cd) et nickel-hydrure métallique (Ni-MH). En 2005, pas moins de 1,7 milliard d'unités (soit 43 % du secteur) ont ainsi été écoulées.

Son atout ? L'endurance. Comme le lithium est l'élément le plus apte à donner des électrons, il permet de stocker de deux à trois fois plus d'énergie. L'autonomie de l'ordinateur atteint ainsi 3 h, et celle du téléphone plusieurs jours. Pour réussir cette performance, la batterie utilise l'affinité plus ou moins marquée de deux matériaux pour les ions lithiums (Li+). Ces derniers sont retenus dans l'électrode négative, en graphite, comme l'eau dans un barrage. Lorsqu'on ouvre le circuit, les ions se ruent vers l'électrode positive constituée d'un oxyde métallique de lithium pour laquelle ils ont davantage d'affinité.

Le « flot » d'ions entraîne les électrons et génère un courant électrique de 3,7 V, alors qu'il est de 1,5 V pour les autres batteries ! Outre ses performances élevées, la Li+ bénéficie aussi d'un faible taux d'autodécharge (proportion d'énergie perdue spontanément sans utilisation) : pas plus de 10 %, voire 5 % ,par mois, là où le taux les Ni-Cd et les Ni-MH atteint 20 voire 30 %. Cerise sur le gâteau, la batterie Li+ ne souffre pas de l'« effet mémoire », un phénomène qui freine la capacité des batteries à se recharger complètement lorsqu'elles ne sont pas encore totalement épuisées.

Cependant, la Li+ n'est pas exempte de défauts. Deux fois plus coûteuse que les Ni-MH, elle a une durée de vie limitée à 3 ans. Ainsi, elle s'use — même si l'on ne s'en sert pas — par simple vieillissement de ses composants. En outre, en cas de détérioration, l'oxyde métallique de lithium peut libérer de l'oxygène, qui risque d'enflammer l'électrolyte. Sans compter que des impuretés se déplaçant d'une électrode à l'autre peuvent causer un court-circuit. La solution ? Remplacer l'électrolyte par des composés moins inflammables. C'est d'ailleurs l'objectif des chercheurs, qui travaillent aussi à améliorer les performances de la batterie *via* de nouveaux matériaux pour les électrodes. A terme, la pile à combustible (PAC), alimentée par de l'hydrogène et aisément rechargeable grâce à une cartouche, pourrait concurrencer la Li+, mais cette dernière a encore une belle décennie devant elle !

78 Pourquoi la crevette devient-elle rose quand on la fait cuire ?

Un pigment dans la carapace de la crevette lui donne, avec la chaleur de la cuisson, sa couleur rose.

C'est d'ailleurs quand elle est rose que l'on sait que la crevette est cuite ! Pour trouver l'explication de ce changement de couleur il faut quitter le domaine culinaire et plonger dans… la physique quantique. En effet, la couleur rose de la crevette cuite est due à la présence d'un pigment dans sa carapace nommé l'astaxanthine ($C_{40}H_{52}O_4$) et chimiquement synthétisée à partir d'un autre pigment : le carotène.

Dans son état naturel, l'astaxanthine absorbe toutes les longueurs d'ondes de la lumière visible, à l'exception du rouge qu'il réfléchit totalement. Tant que la crevette est en vie, ce pigment est lié à différentes protéines et forme des complexes qui sont de couleur bleue, brune, jaune ou verte. Ces chaînes de protéines, façonnent une enveloppe contraignant les molécules du pigment à se croiser. Ce croisement modifie l'état d'énergie des molécules, qui absorbent alors la plupart des photons du spectre visible, d'où la couleur gris-noir transparent de la crevette vivante. Mais, avec la chaleur de la cuisson, les chaînes de protéines d'enveloppe sont dénaturées. Elles se déroulent, libérant la molécule d'astaxanthine qui retrouve sa configuration normale et sa couleur… donnant ainsi à la crevette cuite, mais aussi au homard, sa couleur caractéristique rose.

Le vertige est dû à une discordance
entre ce que nous voyons
et ce que notre cerveau analyse.

79 Pourquoi certains sont-ils sujets au **vertige** ?

Au sommet d'un building ou simplement juché sur un tabouret, soudain une sensation fort désagréable survient face au vide, une sorte de fascination, une peur de tomber qui tétanise. C'est ce qu'on appelle communément le « vertige des hauteurs ». Ce phénomène, auquel chacun est plus ou moins sensible, est dû à une discordance entre les données visuelles que nous percevons et les informations sur nos mouvements qui sont analysées par notre cerveau. Ce vertige se fait ressentir dès que nous percevons visuellement le vide et prend fin sitôt que cette vision disparaît. Ce phénomène est lié à notre sens de l'équilibre. Cette fonction complexe résulte d'interactions entre les stimuli visuels, les sensations psychiques et les informations provenant de l'oreille interne et de notre système locomoteur. En analysant et comparant ces multiples données, notre cerveau ajuste et coordonne la posture et le mouvement du corps. Lorsqu'une de ces informations est en dissension avec les autres, une sensation d'instabilité peut s'imposer à nous.

Pour comprendre, il faut plonger dans l'oreille interne, qui régule les mécanismes de l'équilibration. Elle est constituée de trois canaux semi-circulaires remplis d'un liquide contenant des cristaux de carbonate de sodium : les otolithes. Ces cristaux se déplacent selon l'inclinaison du corps, la vitesse, les accélérations : ils transmettent ainsi une information sensorielle au cerveau. Mais ce n'est pas tout. Pour assurer notre équilibre, l'information visuelle est tout aussi déterminante. Ainsi, lorsqu'on s'avance vers un tableau, son image grossit progressivement. Cet « agrandissement » constitue une information cohérente avec celles provenant de notre oreille interne — qui perçoit le déplacement vers le tableau — et celles issues du contact de nos pieds sur le sol. Le système conserve alors l'équilibre, et tout va bien. Il en va tout autrement lorsque l'on s'approche du bord d'une falaise et que l'on regarde l'horizon. Si l'oreille interne détecte bien les déplacements du corps, l'œil, lui, ne perçoit pas de changement dans le paysage, même si l'on bouge la tête. On ne voit donc qu'un paysage parfaitement fixe, alors que nos pieds et notre oreille interne reçoivent des informations de mouvement sans aucun obstacle qui viendrait l'entraver. Habituellement, ce type de conflit est contrôlé par le cerveau : il choisit l'information la plus adaptée et élimine les autres. Mais la conscience du danger que représente le vide suffit à donner plus d'importance à l'information visuelle, ce à quoi le cerveau répondra par des réactions physiologiques de panique : nausées, sueurs, mouvements incontrôlés ou bloqués… Les personnes qui parviennent à privilégier les informations corporelles plutôt que visuelles échappent ainsi au vertige.

80 Pourquoi le charbon a tout pour s'imposer au XXIe siècle ?

Le 23 avril 2004 fermait la dernière mine de charbon française, à La Houve, en Moselle. Depuis des décennies, l'Hexagone s'est converti à l'énergie nucléaire. *A priori,* le charbon semble donc loin d'être une solution d'avenir. Mais en matière d'énergie, la France fait en réalité figure d'exception : partout ailleurs, la houille continue d'être exploitée, et même de plus en plus ! Des chiffres ? Depuis 30 ans, son utilisation croît au même rythme que la consommation d'énergie, c'est-à-dire environ 3 % par an.

La faiblesse relative de ce pourcentage dissimule une croissance considérable. « Au cours des trois dernières décennies, précise Milton Catelin, président du World Coal Institute (une association de producteurs basée à Londres), la production de charbon est passée de 2 à 5 milliards de tonnes annuelles ! », soit de quoi fournir, à lui seul, essentiellement par combustion dans des centrales thermiques, 25 % des besoins d'énergie primaire de la planète (contre 33 au pétrole) et 40 % de son électricité.

Indispensable aujourd'hui, le charbon le sera encore plus demain, car derrière l'envol planétaire de la houille se cache celui de la consommation électrique, qui s'accroît de 1,9 % par an depuis 30 ans, une consommation qui est loin de recouvrir la même réalité au nord et au sud.

Dans les pays riches, son accroissement résulte, pour beaucoup, de la multiplication des appareils électroménagers ou électroniques. Dans les pays du Sud, 1,5 milliard d'humains n'ont pas accès au courant, et des pays comme l'Inde ou l'Afrique du Sud font d'énormes efforts pour apporter l'électricité à leurs populations. Le problème, c'est que ce boum de la consommation électrique intervient au moment où s'accumulent les nuages sur les hydrocarbures (pétrole et gaz naturel), qui représentent aujourd'hui la moitié de l'énergie mondiale.

Sur le plan géologique, d'abord : selon les estimations, le monde ne peut plus compter que sur quarante à soixante années de pétrole, le pic de production (c'est-à-dire le moment où celle-ci cesse d'augmenter et ne suit plus la demande) devant être atteint entre 2015 et 2020. Quant au gaz naturel, ce n'est guère mieux : de 70 à 90 années sont escomptées, tout au plus. Conséquence inévitable, pétrole et gaz sont voués à devenir hors de prix. Sur le plan géopolitique, la situation n'est pas moins incertaine. De fait, plus de 70 % du pétrole mondial et 66 % du gaz naturel se trouvent concentrés dans des régions plus ou moins instables : au Moyen-Orient, en Russie et en Asie centrale ex-soviétique. La moindre ►

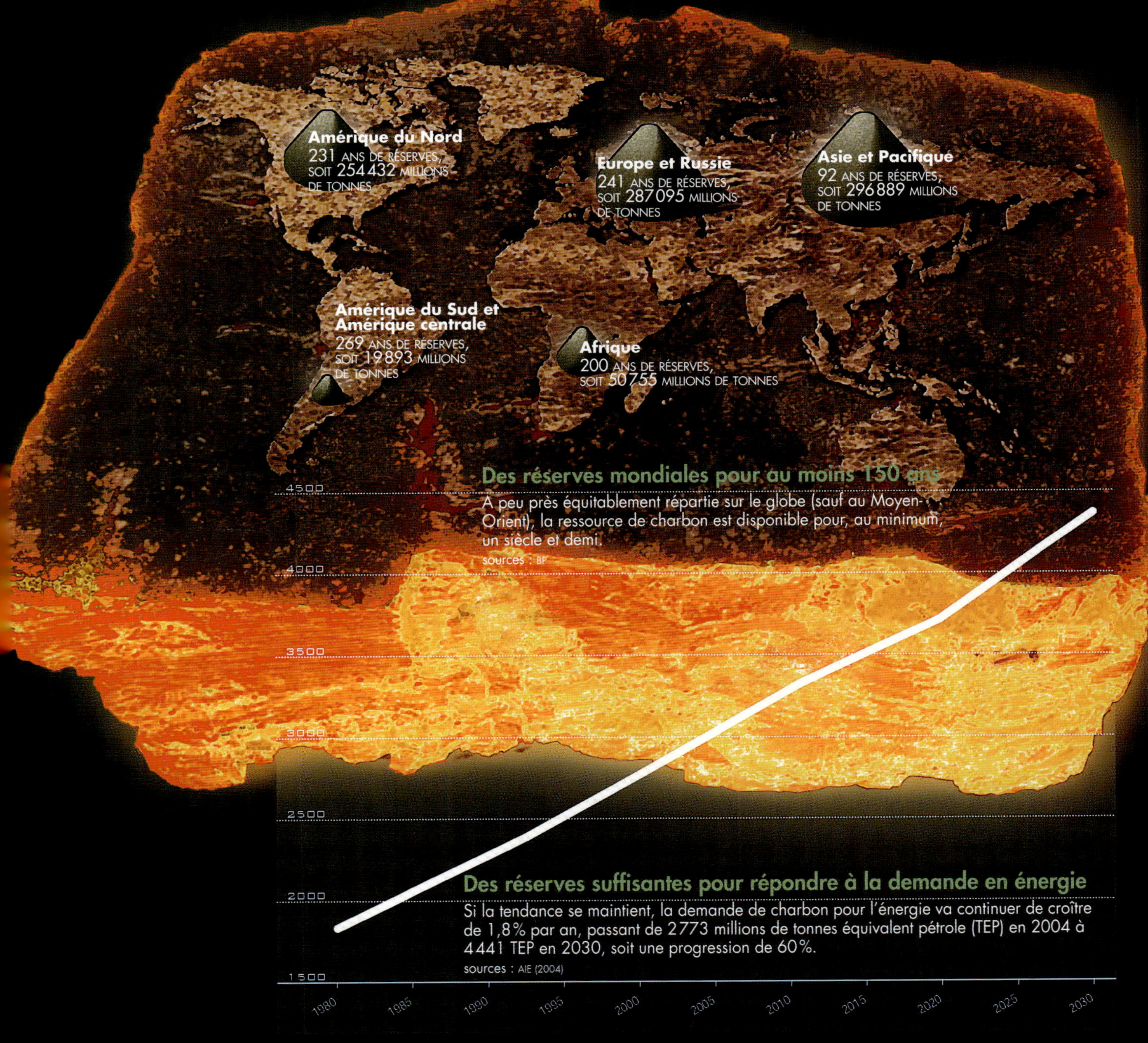
Amérique du Nord
231 ans de réserves, soit 254 432 millions de tonnes
Europe et Russie
241 ans de réserves, soit 287 095 millions de tonnes
Asie et Pacifique
92 ans de réserves, soit 296 889 millions de tonnes
Amérique du Sud et Amérique centrale
269 ans de réserves, soit 19 893 millions de tonnes
Afrique
200 ans de réserves, soit 50 755 millions de tonnes
Des réserves mondiales pour au moins 150 ans
À peu près équitablement répartie sur le globe (sauf au Moyen-Orient), la ressource de charbon est disponible pour, au minimum, un siècle et demi.
sources : BP
4500
4000
3500
3000
2500
2000
1500
Des réserves suffisantes pour répondre à la demande en énergie
Si la tendance se maintient, la demande de charbon pour l'énergie va continuer de croître de 1,8 % par an, passant de 2773 millions de tonnes équivalent pétrole (TEP) en 2004 à 4441 TEP en 2030, soit une progression de 60 %.
sources : AIE (2004)
1980
1985
1990
1995
2000
2005
2010
2015
2020
2025
2030

tension peut se révéler catastrophique pour les opérateurs. Dans ces conditions, on comprend mieux que tous les regards se tournent vers le charbon. Car avec lui, pas de problèmes de ressources, au moins à l'horizon d'un siècle : les réserves dont nous disposons aujourd'hui s'avèrent déjà suffisantes pour tenir entre 150 et 170 ans au rythme actuel. Et si on y ajoute les gisements à découvrir et ceux qui semblent aujourd'hui économiquement inexploitables (c'est le cas en France), on peut même parler d'une ressource disponible pour au moins 2 siècles. Côté risques géopolitiques, le charbon donne de vrais gages. En effet, la houille se trouve répartie en quantité à peu près égale dans les grandes régions de consommation : un tiers pour l'Amérique, l'Eurasie et l'Asie-Océanie, seul le Moyen-Orient se trouvant ici lésé. Autant d'arguments de poids pour le lobby charbonnier, notamment américain, qui fait valoir que plus on accroît la part du charbon dans le bouquet énergétique national, mieux on se protège des risques géopolitiques, mais également des attaques terroristes. L'exploitation du charbon met aussi à l'abri de catastrophes naturelles comme Katrina, dévastatrices pour les plateformes pétrolières dans le golfe du Mexique (33 % de la production annuelle ont été perdus) et les raffineries (43 % des installations américaines se concentrent au Texas et en Louisiane). La liste des atouts du charbon ne s'arrête pas là. En effet, il se prête à certaines métamorphoses particulièrement bienvenues. Par exemple : bien que sa forme soit solide, des procédés, dits « CTL » (*coal to liquids*), permettent de le transformer en carburant destiné, notamment, aux automobiles ! Le système a déjà fait ses preuves : c'est grâce au procédé d'hydrogénation du charbon, dit « Fischer-Tropsch », inventé dans les années 1920, que l'Allemagne nazie a lutté jusqu'en 1945 pratiquement sans aucun accès au pétrole. Enfin, en réagissant avec l'eau dans de futures centrales, il pourrait se muer en fournisseur… d'hydrogène, un autre successeur potentiel du pétrole *via* la pile à combustible. Hélas, toute médaille a son revers, et celui de la houille est sombre : sa combustion émet 35 % de gaz carbonique en plus par rapport au pétrole et 72 % de plus que le gaz naturel. Autrement dit, basculer du charbon au pétrole conduirait à une catastrophe climatique, à moins que l'on parvienne à débarrasser le charbon de son encombrant CO_2.

Ce défi, chercheurs et industriels commencent à le relever. Plusieurs techniques donnent déjà des résultats, notamment dans le captage postcombustion, où il reste un problème de taille : réduire la facture salée (pour l'instant, 60 euros la tonne de CO_2 capturée). Il existe aussi la « gazéification intégrée à un cycle combiné » (IGCC), qui consiste à brûler incomplètement du charbon pulvérisé en présence d'oxygène et de vapeur d'eau pour former un gaz de synthèse. Autant d'innovations techniques qui œuvrent à résoudre la quadrature du charbon propre.

Seuls les photons, particules dénuées de masse, peuvent voyager à la vitesse de la lumière.

81 Pourquoi voyager plus vite que la lumière est-il impossible ?

La théorie de la relativité restreinte rend impossibles des vitesses « superluminiques », car elle prévoit que plus on se rapproche de la vitesse de la lumière (environ 300 000 km/s), plus l'énergie nécessaire à l'accélération est grande. C'est pourquoi seuls les photons se déplacent à la vitesse de la lumière. Pour gagner du temps sur un trajet interstellaire, il faut espérer croiser et emprunter un « trou de ver ». Dès 1936, Einstein envisage l'existence de trous de ver reliant deux points très distants de l'Univers. Celui-ci serait composé d'un trou noir aspirant la matière et d'un trou blanc la recrachant. Reste à former et à entretenir de tels passages… Mais, même à l'intérieur du trou de ver, le déplacement ne s'effectuerait pas à une vitesse supérieure à celle de la lumière. D'ailleurs, la piste ténue des trous de ver s'estompe de plus en plus. Selon les derniers calculs du physicien anglais Stephen Hawking, tout ce qui pénètre dans un trou noir ressort par la porte d'entrée, sous la forme de particules élémentaires. Le trou noir ne serait donc pas un passage intergalactique, mais un broyeur absolu où même un Jedi n'oserait s'aventurer.

82 Pourquoi souffrons-nous parfois de maux de tête ?

Souffrir de céphalées peut effectivement sembler un phénomène paradoxal puisque le cerveau ne possède pas de récepteurs de la douleur, ces terminaisons nerveuses, dites « nociceptives », sensibles aux stimulations douloureuses. Autrement dit, le cerveau perçoit les messages douloureux acheminés jusqu'à lui par les nerfs, mais il ne les génère pas lui-même. On peut ainsi planter des électrodes dans le cerveau sans provoquer la moindre douleur...

L'origine des maux de tête est donc à chercher ailleurs, du côté des récepteurs nociceptifs des nerfs situés dans les muscles de la tête et les parois des vaisseaux sanguins à la surface et à la base du cerveau. Reste que le fonctionnement de ces récepteurs demeure flou. Il faut dire que les maux de tête sont divers : selon la classification établie en 1988 par la Société internationale des céphalées, il en existe 120 types ! Parmi eux, la migraine se caractérise par des pulsations ou des martèlements insupportables, parfois accompagnés de nausées et d'une intolérance à la lumière ou au bruit. Entre 10 à 15 % des Français y sont sujets selon une expertise de l'Inserm datée de 1998. Plus modérés, les maux de tête les plus fréquents, qui touchent deux tiers des hommes et plus de 80 % des femmes, selon l'OMS, sont les céphalées dites « de tension ». Enfin, on trouve aussi des céphalées d'origine cervicale survenant après une longue immobilisation dans une position fatiguant le cou, et les maux de tête dits « secondaires », dus à un traumatisme crânien, à une maladie comme la sinusite ou à la prise de certains médicaments.

Le problème, c'est qu'aucun de ces maux n'est encore bien compris. Ainsi, pendant longtemps, les céphalées de tension ont été attribuées à des contractions des muscles de la tête, du haut du cou et des épaules. Sauf qu'en 2001, l'Allemand Jens Rollnik, de la Medical School of Hannover, a bloqué ces contractions par des injections de la toxine botulique... sans pour autant atténuer la douleur.

Aujourd'hui, la neurologie suit la piste d'une défaillance des mécanismes de contrôle de la douleur, telle une excitabilité anormale de neurones situés dans le tronc cérébral et le thalamus. Mal de tête le mieux étudié à ce jour, la migraine serait le fruit d'une cascade de réactions, impliquant une dilatation des artères entourant le cerveau, une inflammation locale à l'origine des sensations douloureuses, et une stimulation des nerfs innervant la paroi des artères de la tête et responsables de la transmission des influx douloureux : les nerfs trijumeaux. Reste à identifier clairement la cause de ces réactions, ainsi que les raisons de la survenue périodique de la migraine et de la résolution spontanée des crises. Seule une meilleure compréhension des mécanismes à l'origine des maux de tête permettra la mise au point de traitements plus ciblés. Pour l'instant, la meilleure arme reste la prévention, *via* l'élimination de facteurs déclenchants de la vie quotidienne, notamment stress et bruit. Mais en cas de maux de tête, on peut toujours se rendre aux consultations spécifiques des services hospitaliers de neurologie. Enfin, pour les céphalées brutales et intenses, il existe le Centre d'urgences céphalées à l'hôpital Lariboisière de Paris.

La dilation des vaisseaux est à l'origine de la douleur.

1 Les vaisseaux sanguins de la tête se dilatent.
La migraine débute par la dilatation des vaisseaux sanguins, à la suite d'un manque d'oxygène, par exemple. Les globules rouges sécrètent alors des prostaglandines, molécules de la douleur, et une réaction inflammatoire s'amorce dans les tissus environnants.

2 Les nerfs sont stimulés.
Les vaisseaux dilatés sont localisés notamment dans les méninges, constituées de la dure-mère, l'arachnoïde et la pie-mère, qui entourent et protègent le cerveau. Ces vaisseaux, très innervés, sont reliés au système nerveux central par le nerf trijumeau.

3 La douleur se déclenche.
Le nerf trijumeau provoque l'activation du thalamus, siège de la douleur dans le cerveau.

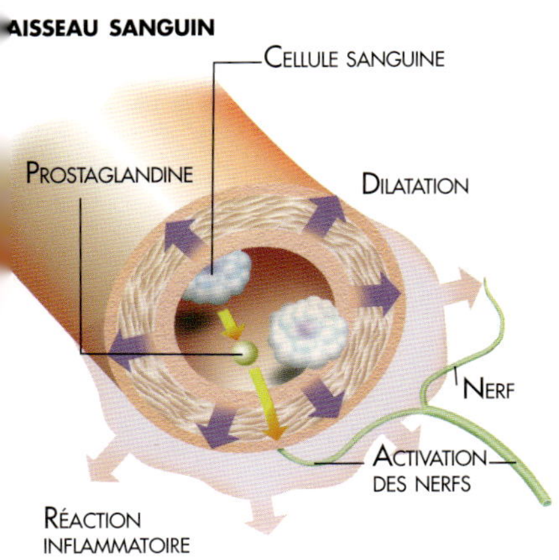

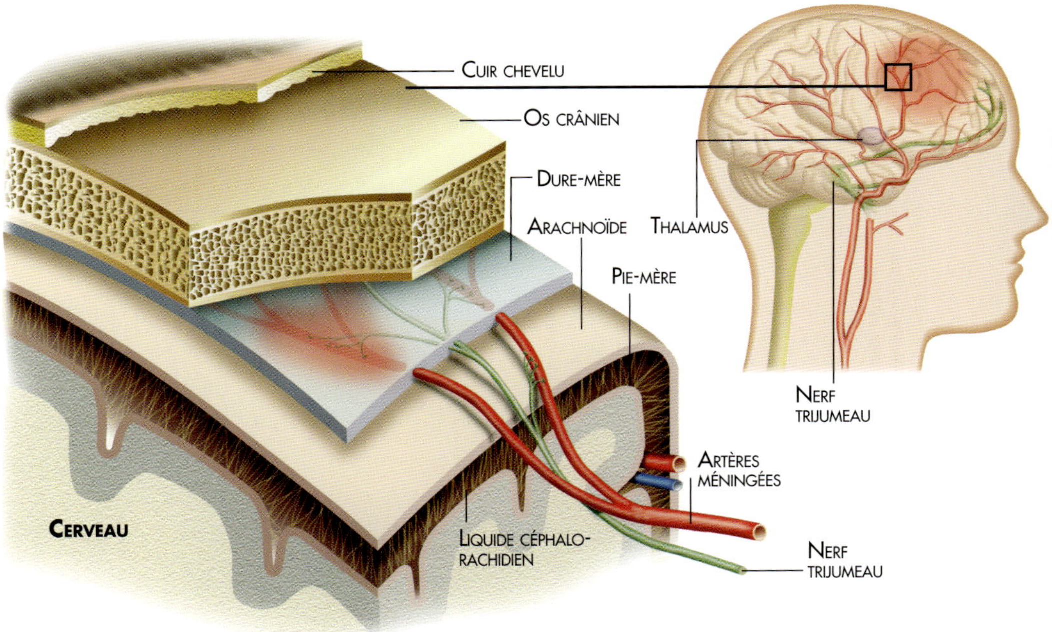

83 POURQUOI le **clonage animal** est-il autant pratiqué ?

Parce que, derrière la recherche fondamentale, se cache un indéniable filon commercial. La preuve : le 5 août 2008, une Américaine a reçu en cadeau cinq petits clones de son regretté pitbull. Cette offre commerciale, facturée 50 000 $, est l'œuvre de la société sud-coréenne de clonage canin RNL Bio en association avec l'université nationale de Séoul. La société s'est depuis déclarée capable de cloner quelque 300 chiens en 2009 pour des clients fortunés et éplorés. Mais le marché du clonage ne repose pas seulement sur le chagrin des propriétaires d'animaux domestiques : les éleveurs sont aussi de la partie. Rappelons-nous que l'idée de cloner des animaux fut d'abord une aventure menée par les chercheurs en biologie fondamentale : en obtenant la copie génétique d'un individu, ils espéraient ainsi étudier le développement précoce de l'embryon, ou la différenciation cellulaire et ses dérèglements, à l'origine notamment des cancers.

La naissance, en 1996, de la brebis Dolly — après tout de même 277 échecs ! — change la donne. A la suite de ce premier clone animal, veaux, vaches, chèvres, cochons… ont suivi. Et si les chercheurs continuent de leur trouver un grand intérêt, les industriels de l'élevage se sont vite montrés intéressés, et pour cause ! « L'idée est d'utiliser le clonage afin de créer des copies d'un reproducteur ou d'une reproductrice de haute qualité génétique, par exemple une vache donnant une viande tendre et peu grasse ou beaucoup de lait », explique Yvan Heyman, spécialiste du clonage à l'Institut national de recherche agronomique (Inra). Sachant que ces animaux reproducteurs sont eux-mêmes issus d'une sélection raisonnée qui existe depuis des siècles. De fait, les éleveurs ont commencé par croiser les mâles et les femelles présentant des caractéristiques spécifiques (poids, qualité de viande, de lait…). Sont ensuite arrivées les techniques de reproduction assistée : insémination artificielle, puis fécondation *in vitro*.

Aujourd'hui, le clonage représente un complément à ces méthodes, avec plusieurs avantages à la clé. D'abord, il permet d'obtenir un animal ayant toutes les caractéristiques du reproducteur retenu, et non un mélange des caractéristiques du mâle et de la femelle. De plus, il facilite la diffusion, d'un pays à l'autre, du patrimoine génétique du reproducteur d'élite, puisqu'un embryon cloné est plus facilement transportable que de la semence congelée, interdite d'importation dans certains pays.

Pas question pour autant de consommer directement les animaux clonés. « L'idée est de les utiliser pour la reproduction, et de vendre le lait et la viande de leurs descendants », précise Yvan Heyman. Ce marché alimentaire, s'il venait à être autorisé en Europe, comme c'est déjà le cas aux Etats-Unis et au Japon, serait toutefois faible (environ 5 %) et concernerait surtout les bovins. Car un taureau d'élite destiné à la reproduction *via* l'insémination artificielle peut revenir à 400 000 €, contre 15 200 € à l'achat pour un clone. Pour le consommateur, le coût de la viande ou du lait des descendants de clones devrait être sensiblement le même que les aliments classiques.

Quant aux risques pour la santé humaine, les études menées en 2007 par des chercheurs de l'Inra, n'ont pas révélé, chez les rats, de problème d'allergie ou de toxicité. Toutefois, ils soulignent un retard dans la maturation des muscles des clones et quelques différences marginales dans la composition des acides gras de leurs muscles et de leur lait.
Des constats suffisants pour demander des analyses plus fines afin d'exclure tout risque pour la consommation de ces produits.

Un atout de plus pour la sélection d'animaux de qualité

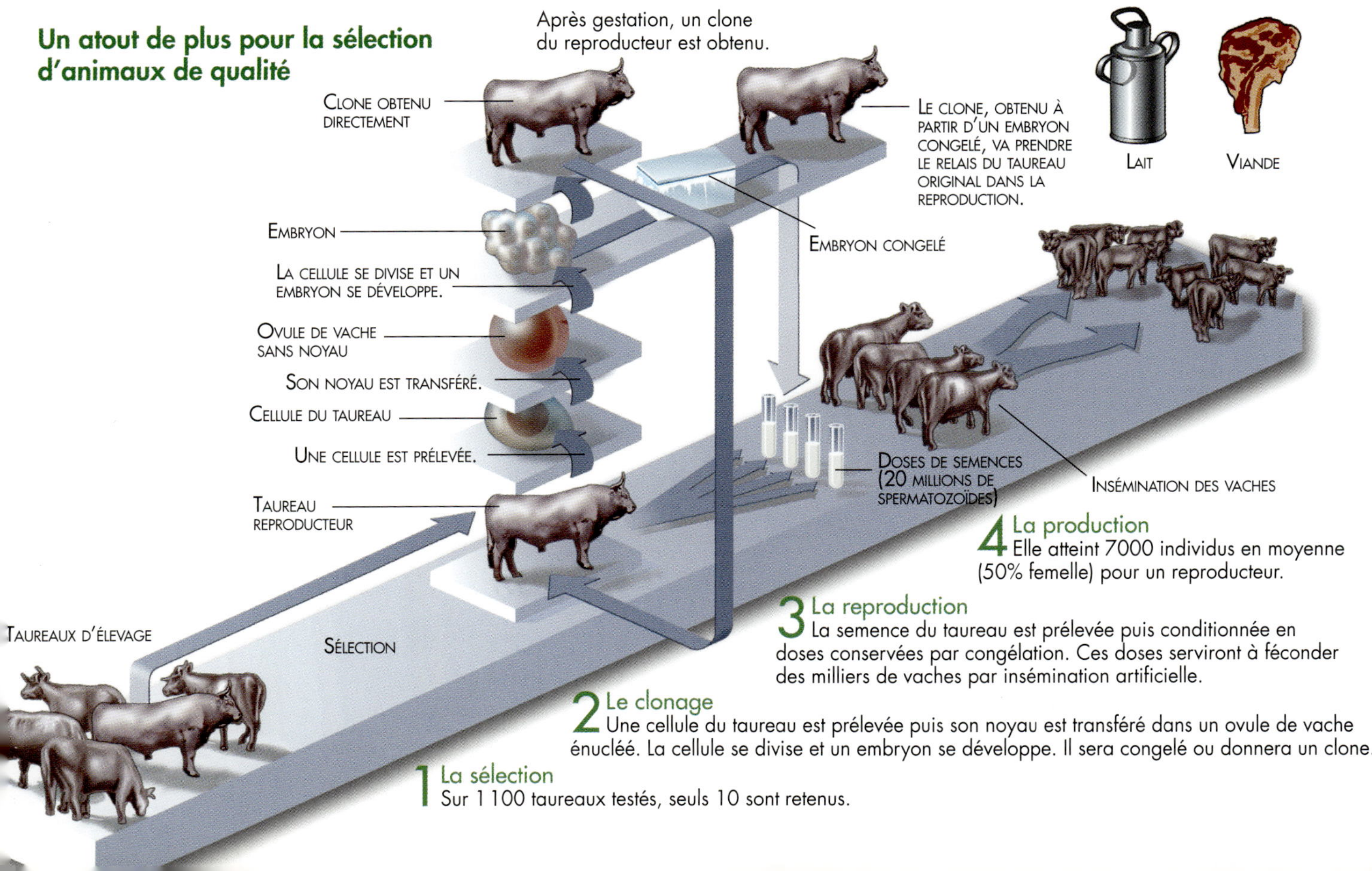

C'est l'atmosphère gazeuse terrestre qui nous fait percevoir le ciel de couleur bleue.

84 Pourquoi le ciel est-il bleu ?

C'est avant tout l'atmosphère gazeuse autour de la Terre qui rend notre ciel bleu dans la journée, et non noir, comme celui que peuvent observer les astronautes. Lorsque la lumière solaire traverse le vide spatial, elle se propage en ligne droite, car rien ne vient perturber son trajet. Arrivée dans l'atmosphère, elle se heurte aux molécules d'azote (78 %), d'oxygène (21 %), de gaz carbonique et d'eau, ainsi qu'à toute sorte de particules (poussières, cendres, pollens) qui la composent. Ces molécules sont agitées d'une vibration naturelle qui diffuse la lumière dans toutes les directions jusqu'à notre rétine. Mais elle n'en diffuse qu'une partie, qui dépend de la nature des molécules. Les rayons solaires visibles sont en effet des ondes électromagnétiques de longueur d'onde comprise entre 400 nanomètres (nm) pour le violet et 700 nm pour le rouge. Or, les molécules de l'air diffusent mieux les longueurs d'ondes les plus courtes. Ce phénomène obéit à une loi physique, établie par Robert John Rayleigh (1875-1947) : le bleu est diffusé seize fois plus que le rouge par les particules de l'atmosphère. Théoriquement, on devrait ainsi voir le ciel en violet, de longueur d'onde encore plus courte que le bleu, mais l'œil humain perçoit assez mal cette couleur. En outre, les particules de poussières blanches qui flottent dans l'atmosphère atténuent le violet.

85 Pourquoi les femmes vivent-elles plus longtemps ?

C'est un fait : les femmes vivent en moyenne 4,2 ans de plus que les hommes. Cet écart atteint même 6 ans, voire 8 ans, dans les pays industrialisés. Certes, les hommes prennent plus de risques : ils sont plus enclins à fumer, boire, conduire vite, pratiquer des sports et des métiers dangereux, sont moins attentifs à leur santé... Mais les particularités sociologiques ne suffisent pas à expliquer cet écart car il existe un réel avantage biologique à être une femme.
Côté hormones, tout d'abord, les femmes semblent mieux loties. Les hormones féminines, les œstrogènes, limitent la formation du « mauvais » cholestérol, responsable de l'accumulation de graisse obstruant les vaisseaux (athérosclérose) ; or, ce sont d'abord ces plaques de graisse qui sont en cause dans les crises cardiaques et les accidents vasculaires cérébraux. Conséquence : les maladies cardiovasculaires, première cause de mortalité en France, tuent cinq fois moins de femmes que d'hommes !
Les œstrogènes favorisent également la cicatrisation de la paroi des vaisseaux et stimulent la libération d'oxyde d'azote, gaz « dilatateur » qui augmente le diamètre vasculaire, diminuant le risque de formation de caillot sanguin. En outre, le taux d'œstrogènes subit d'importantes variations au cours du cycle menstruel et peut être multiplié par 70 lors de la grossesse. Résultat : les vaisseaux des femmes sont constamment sollicités, le débit cardiaque augmente de 20 % dans la deuxième phase du cycle et de 40 % pendant la grossesse, ce qui a presque l'effet d'un entraînement sportif ! Ce n'est qu'à partir de la ménopause, quand le taux d'œstrogènes chute considérablement, que leur risque cardio-vasculaire rattrape celui des hommes... N'arrivant alors à égalité qu'à partir de 75 ans.
Enfin, les œstrogènes stimulent la production de molécules antioxydantes qui neutralisent les radicaux libres, ces éléments chimiques impliqués dans le vieillissement cellulaire qui endommagent les parois des cellules, des protéines ou de l'ADN. Mais c'est aussi une affaire de chromosomes. Alors que les hommes possèdent un X et un Y, les femmes ont deux X. A mesure qu'elles vieillissent, leur second X peut ainsi s'activer, permettant de remplacer les gènes détériorés par des « neufs ». Et cela concerne une quantité non négligeable de gènes : le chromosome X contient 5 % du génome (de 900 à 1 200 gènes), contre 0,4 % pour le Y (moins de 80 gènes). Par ailleurs, l'ADN féminin semble mieux protégé des dégradations liées au vieillissement : chez les femmes, les extrémités des chromosomes,

ou télomères, sont plus longues et peuvent être rallongées, ce qui protège les gènes plus longtemps. Ajoutons que le système immunitaire féminin est plus performant que le masculin pour produire des anticorps contre les infections. Le « sexe faible » est donc biologiquement le plus fort. Pour Thomas Perls, spécialiste du vieillissement à l'université de Boston (Etats-Unis), la raison évolutive est très simple : « Vivre plus longtemps permet aux femmes d'élever le plus d'enfants possible. »

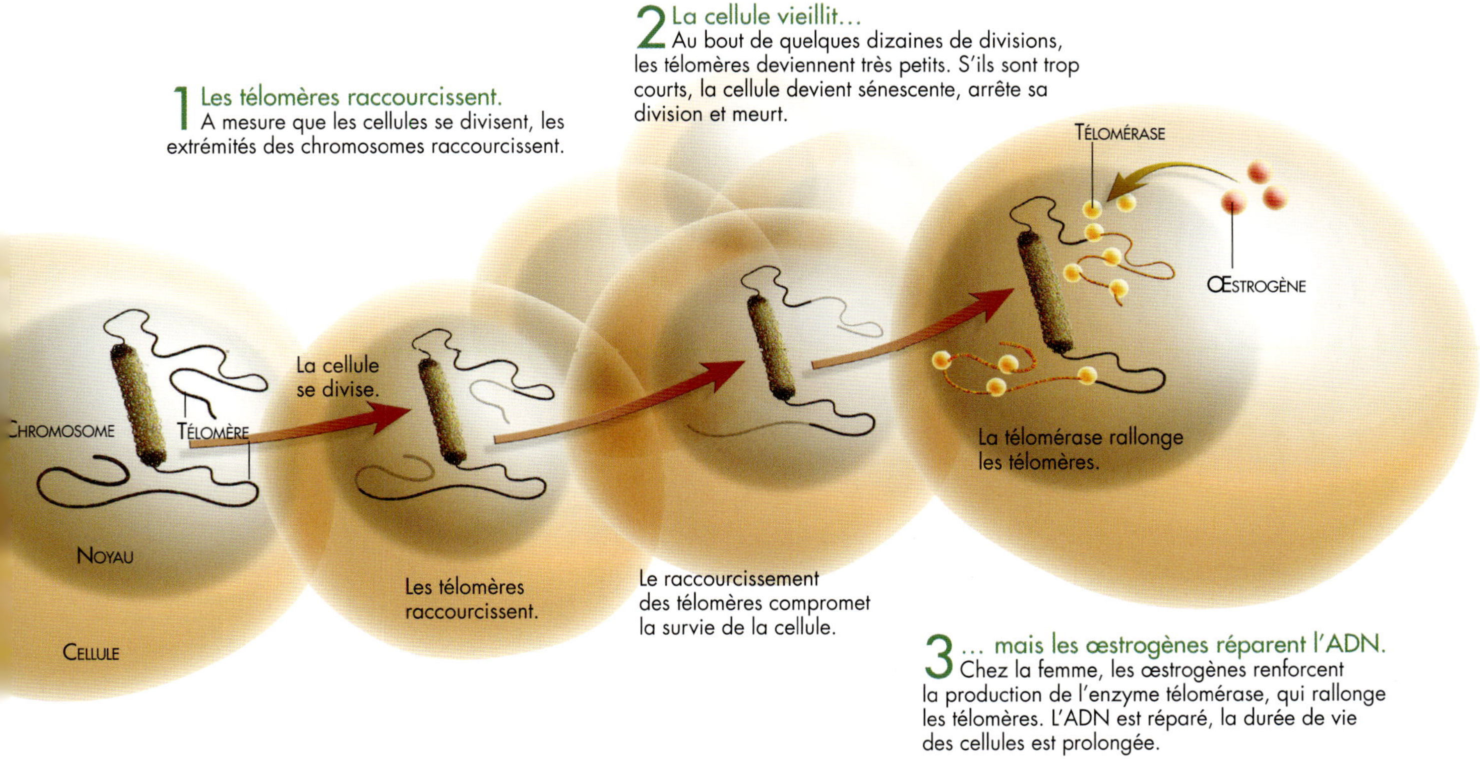

Les chromosomes des femmes sont mieux entretenus.
Une partie de la réponse réside dans le fait que les œstrogènes, les hormones féminines, renforcent la maintenance des chromosomes. En accentuant la production de télomérase — une enzyme chargée de réparer les extrémités des chromosomes (ou télomères) —, ils protégeraient l'ADN des dégradations liées au vieillissement.

86 Pourquoi les montres électroniques marchent-elles au quartz ?

Parce que ce cristal bat la mesure mieux que n'importe quel mécanisme ! Encore fallait-il le découvrir... En 1880, Pierre et son frère Jacques Curie étudient un barreau de dioxyde de silicium (SiO_2), le nom savant du quartz. Or, le duo observe un phénomène jusqu'alors inconnu : la piézoélectricité. Traduction : quand on lui impose une déformation mécanique, le quartz génère un courant électrique. Inversement, si on lui applique un champ électrique, il vibre à une certaine fréquence, propre à sa forme et à ses dimensions. Autre constat : les oscillations du quartz sont d'une remarquable régularité, tant ce cristal dissipe peu d'énergie. De quoi faire une base de temps d'une fiabilité inédite à l'époque. Mais il faudra attendre 1967 pour voir le premier prototype de montre-bracelet à quartz, conçu par les chercheurs du Centre électronique horloger de Neuchâtel. Sauf que les Suisses n'y croient pas du tout ! Au contraire des Japonais de Seiko, en 1969, qui lancent le modèle Astron, et ouvre ainsi l'ère de la montre électronique.

Le principe de fonctionnement de ces montres n'a jamais varié : fourni par une batterie, le courant fait d'abord vibrer un minuscule diapason en quartz. Chaque oscillation émet une impulsion électrique envoyée dans un circuit relié au moteur guidant les aiguilles. Mais pourquoi un tel monopole du quartz alors que ce n'est pas le seul matériau piézoélectrique connu ? « Parce qu'il conserve sa forme, donc des vibrations très stables, de 0 à 60 °C ; or, au poignet, la montre atteint les 30 °C », répond François Gueissaz, du laboratoire de recherche chez Swatch.

En fait, seules quelques impuretés ou imperfections dans la découpe du cristal peuvent le perturber. Ainsi, alors que les ruineuses montres à échappement mécanique perdent quelque 30 s par jour, une montre à quartz bas de gamme dévie de moins de 1 min par an, une précision toutefois loin d'égaler celle d'une horloge atomique : 1 s tous les 3 000 ans.

Enfin, le quartz est synthétisé pour presque rien, à partir de germes extraits au Brésil. Il est ensuite sculpté sous forme de diapason selon les mêmes procédés de fabrication — très rentables — que ceux des puces informatiques.

87 Pourquoi ne faut-il pas recongeler un aliment décongelé ?

Pour deux raisons. La première est d'ordre sanitaire. Quand un aliment est congelé, les bactéries qu'il contient ne sont pas tuées ; elles sont juste endormies. Lors de la décongélation, elles se réveillent et peuvent se multiplier. Ainsi à chaque décongélation, la qualité hygiénique du produit diminue, le risque étant d'atteindre un seuil de contamination dangereux pour la santé. Ce seuil est variable et dépend du type de bactérie, de l'environnement et, surtout, de l'état du consommateur. Les sujets fragiles (nourrissons, femmes enceintes, malades...) risquent plus facilement une intoxication alimentaire. Parmi les bactéries incriminées, quatre dominent : *Salmonella, Staphylococcus aureus, Clostridium perfringens* et *Clostridium botulinum.* Enfin quelques germes peuvent être responsables de désordres gastriques bénins : *Campylobacter, Aeromonas hydrophila...*

Une telle manipulation entraîne non seulement des risques sanitaires, mais également une perte de qualité nutritionnelle de l'aliment.

La seconde raison est d'ordre nutritionnelle. Lors du processus de recongélation, l'aliment subit un stress physique qui entraîne une perte de qualité. Si elle ne s'effectue pas dans les bonnes conditions, des cristaux de glace se forment et dissocient la paroi des cellules de l'aliment. D'où une perte d'eau qui entraîne avec elle une diminution des vitamines, du jus et des nutriments. De fait, plus un produit est congelé et décongelé, plus sa structure est modifiée, plus il perd en goût, en odeur, et en qualité nutritionnelle.

88 Pourquoi les feuilles des arbres tombent-elles en automne ?

Printemps comme été, les feuilles des arbres sont le siège d'une intense activité photochimique, la photosynthèse : le CO_2 de l'atmosphère et la lumière réagissent avec l'eau véhiculée par la sève brute (provenant des racines) pour former des sucres, indispensables au développement de l'arbre. Car de la synthèse de ces derniers dépend la fabrication de la lignine, constituant du bois.

L'automne arrivant, les jours raccourcissent et le mécanisme de la photosynthèse devient donc de moins en moins productif, alors même que les feuilles continuent de solliciter les minéraux de la sève brute. La photosynthèse est de plus en plus « coûteuse » pour les feuilles, qui, alors, deviennent le siège d'un processus de vieillissement, les conduisant, en quelques jours, à tomber. Ce processus est initié par les phytochromes, protéines dotées de propriétés photoréceptrices présentes dans les feuilles, qui détectent rapidement l'allongement des nuits. Deux hormones, l'éthylène et l'acide abscissique, sont alors sécrétées par les cellules de la feuille qui entraîneront progressivement la destruction des pigments ayant jusqu'alors permis d'absorber les rayons lumineux dans le cadre de la photosynthèse. Parmi eux, la chlorophylle, majoritaire, de couleur verte, rend invisible les autres pigments que sont les carotènes (rouge orangé) ou les xanthophylles (jaunes, dérivés des carotènes). Plus fragile, la chlorophylle est en fait la première à disparaître, leur cédant peu à peu la place... avant qu'eux-mêmes disparaissent aussi.

Rouge vif, or, orangé, marron... les feuilles passent ainsi par de multiples stades de coloration, selon le rythme de disparition de leurs pigments. Les sécrétions d'éthylène et d'acide abscissique provoquent aussi la formation d'une zone de fragilité à la base du pétiole (c'est-à-dire la partie rétrécie de la feuille qui la relie à la tige), conduisant à la formation de crevasses de plus en plus profondes. Un « bouchon » de subérine (une substance constitutive du liège) s'y forme, achevant de séparer le pétiole de la branche. Un coup de vent suffit bientôt à emporter les feuilles les unes après les autres. L'arbre cesse alors de se développer pendant tout l'hiver.

Ce phénomène automnal, caractéristique des feuillages caducs des zones tempérées, n'atteint pas les arbres à feuillage persistant dont la physiologie autorise la production constante de chlorophylle.

Quand les jours raccourcissent,
la photosynthèse devient trop
coûteuse pour la feuille.

89 Pourquoi certains cheveux sont-ils raides et d'autres bouclés ?

C'est dans la racine que tout se passe, quelle que soit la chevelure ! « La forme du bulbe détermine l'orientation de la pousse ; cette déformation se retrouvant tout au long du cheveu », explique Marie-Christine Auzou, pharmacienne et directrice scientifique de l'Oréal France. Ainsi, si vous avez les cheveux frisés ou bouclés, c'est parce que leur racine est incurvée.

Le cheveu est constitué de deux parties principales : la tige et la racine (ou follicule pileux), incluse (à 4 mm) dans le cuir chevelu. Au fond du follicule se situe le bulbe pilaire, siège d'une intense activité biochimique qui fait croître le cheveu — par la base, contrairement aux végétaux — d'environ 1 cm par mois ! Les cheveux frisés ont des bulbes incurvés en forme de crosse. Et c'est toute la différence avec un bulbe « droit » qui, lui, donne des cheveux raides. Quant à la tournure du bulbe, ce sont les gènes qui la déterminent. La forme des cheveux est un héritage de nos parents, tout comme la couleur des yeux ou de la peau. Il faut aussi savoir que les quelque 120 000 cheveux qui recouvrent notre crâne, qu'ils soient raides ou bouclés, peuvent adopter une multitude de formes après une « permanente » (traitement chimique appliqué aux cheveux pour les onduler) ou tout simplement après un brossage.

Dans les deux cas, ce sont les liaisons chimiques à l'intérieur de la tige du cheveu qui sont impliquées. Ainsi, la tige du cheveu est constituée de trois parties concentriques : la moelle, partie centrale creuse ; la cuticule, couche la plus externe qui constitue une sorte d'enveloppe protectrice composée de cellules ressemblant à des écailles ; et entre les deux, le cortex contenant les chaînes de kératine, une protéine qui compose 90 % du cheveu !

Cette protéine se présente sous la forme de quatre chaînes d'acides aminés, alignées dans le sens de la longueur. Des liaisons chimiques entre ces chaînes assurent la cohésion et l'élasticité de l'ensemble. Il en existe plusieurs types, plus ou moins résistants. Les liaisons dites faibles (hydrogènes ou salines) sont facilement déplacées par brossage. En se mouillant les cheveux, on les rompt, mais lors d'un « brushing » (une mise en plis réalisée à l'aide d'une brosse ronde et d'un sèche-cheveux) on les reconstitue afin de maintenir temporairement la forme voulue. C'est pourquoi il est difficile de garder les cheveux coiffés plus d'une journée ! Lors d'une permanente en revanche, ce sont d'autres liaisons, dites « ponts disulfures », bien plus fortes, qui sont modifiées. « Ces liaisons sont aussi résistantes que les barreaux d'une échelle », précise Marie-Christine Auzou. Elles s'établissent entre deux acides aminés soufrés (appelés cystine), d'où leur nom. Il faut un produit chimique alcalin réducteur pour casser ces « barreaux », puis un oxydant pour ressouder les ponts dans la forme souhaitée. Et si les cheveux permanentés ne restent bouclés que quelques semaines, c'est tout simplement parce qu'ils poussent… et que le « nouveau » cheveu n'a pas adopté la forme de la permanente, mais celle, naturelle, imposée par la forme du bulbe pilaire.

C'est dans la racine que se détermine la forme naturelle du cheveu.

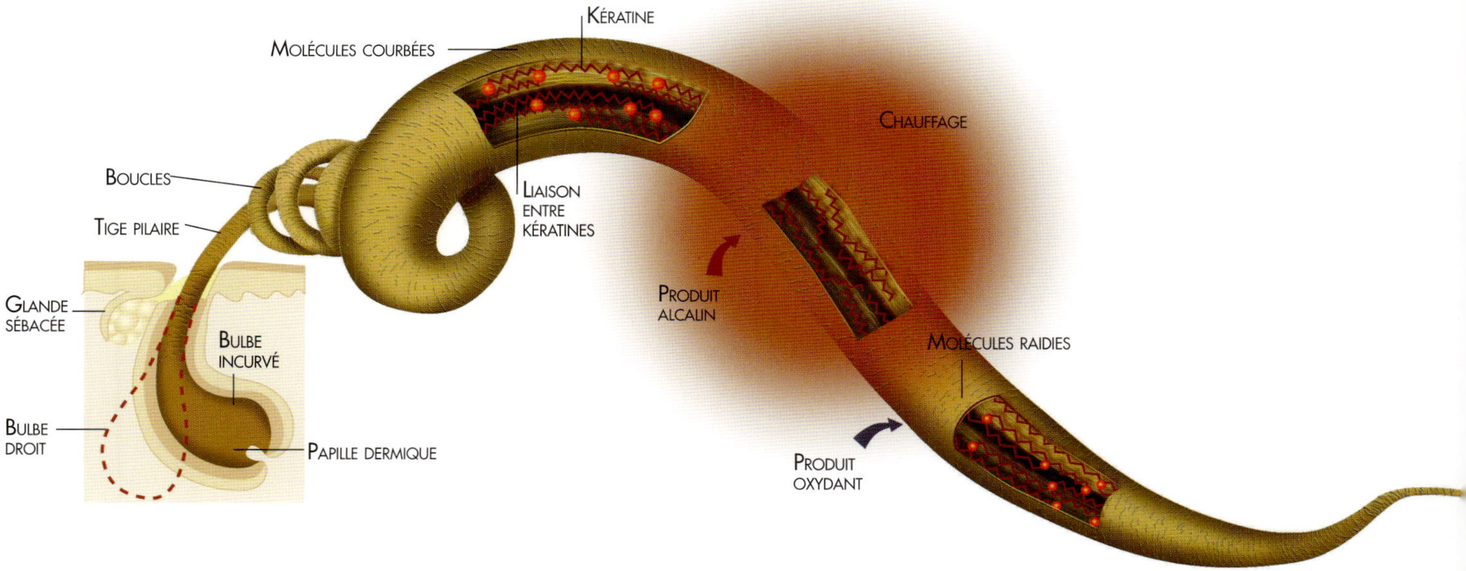

1 Le bulbe détermine la forme. La forme naturelle du cheveu dépend de la forme du bulbe pilaire dans lequel il est enraciné. Si le bulbe est droit, le cheveu est raide ; si le bulbe est incurvé, le cheveu est bouclé. La tournure du bulbe est déterminée par les gènes.

2 La kératine la fige chimiquement. Sous les écailles, le cheveu est constitué à 90% de kératine, une longue molécule assemblée en faisceaux *via* de solides liaisons chimiques. Le faisceau adopte sa forme dans le bulbe et ne bouge plus ensuite.

3 Le chauffage rompt les liaisons. Si l'on chauffe tout en appliquant un produit alcalin (dans le cas d'une permanente), on rompt les liaisons entre kératines. Une fois refroidi et oxydé, le cheveu reste modelé selon la forme voulue grâce aux nouvelles liaisons ainsi créées.

90 Pourquoi dit-on que l'arc-en-ciel a sept couleurs ?

Newton, dans son *Traité d'optique* (1704), parle bien des « sept couleurs de l'arc-en-ciel », alors qu'un arc-en-ciel est, en réalité, trop étroit pour qu'on y distingue plus de quatre ou cinq teintes ! En fait, le savant anglais, en étudiant la décomposition de la lumière par un prisme, y avait distingué sept couleurs (violet, bleu, vert, jaune, orange, rouge et indigo), réparties en un « cercle chromatique ». Mais ce qui servit sa démonstration masque la réalité physique : le spectre de la lumière blanche présente autant de nuances qu'il existe de longueurs d'onde dans le blanc. C'est-à-dire une infinité. L'arc-en-ciel étant le produit de la décomposition de la lumière dans les prismes que constituent les gouttes de pluie, le nombre de couleurs qu'il présente est donc démultiplié. D'autre part, tout le monde ne voit pas la même chose dans le spectre décomposé. Et, même sans être atteint de « dyschromatopsie » (ou daltonisme), chacun a une manière personnelle de délimiter les parties du spectre de la lumière

Un arc-en-ciel est trop étroit pour qu'on y distingue plus de quatre ou cinq couleurs.

décomposée, même si la plupart d'entre nous distinguons plus de sept couleurs dans le spectre. Pourquoi une telle disparité ? C'est que notre système visuel repose sur trois types de cellules sensibles à la couleur : les cônes de la rétine. Chaque type réagit différemment selon le pigment qu'il contient. Ainsi, les cônes « S » (*small*) ont des courbes d'absorption centrées sur le bleu, les « M » (*medium*) sur le vert et les « L » (*large*) sur le rouge. L'information reçue par notre cerveau est la somme des signaux lumineux captés par ces trois types de cônes. La combinaison du bleu, du vert et du rouge suffit en effet à reconstituer l'essentiel des nuances du spectre. Ainsi, un individu pourrait tout à fait dénombrer entre 150 et 200 teintes du spectre de la lumière blanche. Capable d'être éduqué et amélioré, comme chez les peintres, notre système visuel est en tout cas très variable d'une personne à l'autre. Résultat : chacun voit une gamme de couleurs différente dans l'arc-en-ciel.

91 Pourquoi a-t-on parfois la chair de poule ?

Parce qu'il existe, à l'intérieur de notre peau, de petits récepteurs sensoriels, sensibles au chaud ou au froid. Dès qu'ils détectent une baisse de la température extérieure, ils envoient des signaux vers l'hypothalamus, région du cerveau qui contrôle la température intérieure du corps. Une fois alerté d'un changement de température, le cerveau envoie à son tour des signaux, au travers de la moelle épinière et des fibres nerveuses périphériques jusqu'aux petits muscles fixés aux poils — les muscles arrecteurs, ou horripilateurs — qui, en se contractant, font se dresser les poils… et provoquent la chair de poule. Voilà pour l'interprétation physiologique du phénomène. Cela étant, il s'agit en fait d'un réflexe ancestral, souvenir des temps anciens où nos ancêtres avaient le corps recouvert de poils. La chair de poule permettait d'élever la température de leur organisme en augmentant l'épaisseur de la couche d'air emprisonnée sous les poils, comme un isolant. Chez les animaux, le phénomène fait se hérisser leur pelage, ce qui entraîne l'augmentation de leur volume corporel, non pas pour élever leur température interne mais afin d'impressionner un rival ou un prédateur.

92 Pourquoi le glaçon craque-t-il quand on le plonge dans un liquide ?

Ce petit craquement tient au « stress » du glaçon confronté à une différence de température. Car, tout bon spécialiste des matériaux le dira, cette différence de température crée dans le petit cube des tensions intenses. Plongeons donc au cœur du glaçon, et imaginons les molécules d'eau (H_2O) à l'intérieur. Dans les conditions de refroidissement lent et faible imposées par le congélateur, elles ont adopté une structure cristalline : les atomes d'oxygène (O) et d'hydrogène (H) s'y sont répartis de manière périodique, en fonction des attractions et des répulsions qui jouent entre les particules chargées constituant les atomes (protons et électrons). La glace s'apparente ainsi à une succession de mailles tridimensionnelles, comme tous les cristaux. Dans l'immense majorité des matériaux, la maille se dilate quand la température augmente. Pour la glace, c'est l'inverse : plus il fait chaud, plus elle est contractée ! Conséquence : un glaçon plongé dans de l'eau contient des mailles relativement larges, tandis que ses couches superficielles, soudain réchauffées par le liquide alentour, voient leurs mailles se contracter. D'où des tensions dans le réseau cristallin, qui tend à se fracturer. Et plus le glaçon contient d'imperfections, comme par exemple des bulles d'air, plus le phénomène est renforcé. Ainsi, lorsque l'eau est placée au congélateur, la surface, en contact direct avec l'atmosphère froide, commence à se solidifier en premier. L'air dissous dans l'eau est alors chassé vers l'intérieur au fur et à mesure que l'eau gèle. Il se trouve ainsi piégé au milieu du glaçon. Lorsque le glaçon, sorti du congélateur (autour de – 20 °C), est ensuite plongé dans de l'eau, les bulles d'air se réchauffent jusqu'à 0 °C. Or l'air, comme tous les gaz, se dilate beaucoup à la chaleur. De l'air en expansion et des mailles en contraction ne font pas bon ménage. C'est le craquement assuré !

C'est le « stress » causé par la différence de température qui fait craquer le glaçon.

93 Pourquoi Mars est-elle appelée la planète rouge ?

Si l'on posait cette question à un Martien, voici ce qu'il répondrait : « A cause du ciel. Mais attention, sa couleur dépend des jours, et de la région où vous contemplez nos beaux paysages, ainsi que de la saison pendant laquelle vous visitez notre planète ! »
Car le ciel de Mars, comme celui de la Terre, est très changeant… Pour essayer de s'en faire une idée, on peut, dans un premier temps, contempler les magnifiques paysages martiens photographiés par les cinq sondes de la Nasa — Viking 1 et 2, Mars Pathfinder, Spirit et Opportunity — qui ont eu l'occasion de se poser aux quatre coins de la planète rouge. Sauf que, même avec ces sublimes images, il n'est pas facile d'avoir une représentation précise car, en fonction de l'éclairage, le ciel apparaîtra ici franchement orangé, là rose saumon, ailleurs encore jaune pâle ou brun clair, voire, sur certaines images, argenté ou même bleuté… Pour donner une vision plus claire de la couleur du ciel de Mars, il faudrait que les caméras se redressent bien au-dessus des paysages, ce qu'elles ne font pour ainsi dire jamais. Ensuite, nos Martiens ont déjà partiellement répondu à la question : « Ça dépend des jours. » En fait, la couleur du ciel martien dépend de la transparence de son atmosphère (principalement composée de dioxyde de carbone) et celle-ci est liée à la météo. Lorsque

Tout dépend de l'altitude à laquelle on observe le ciel.

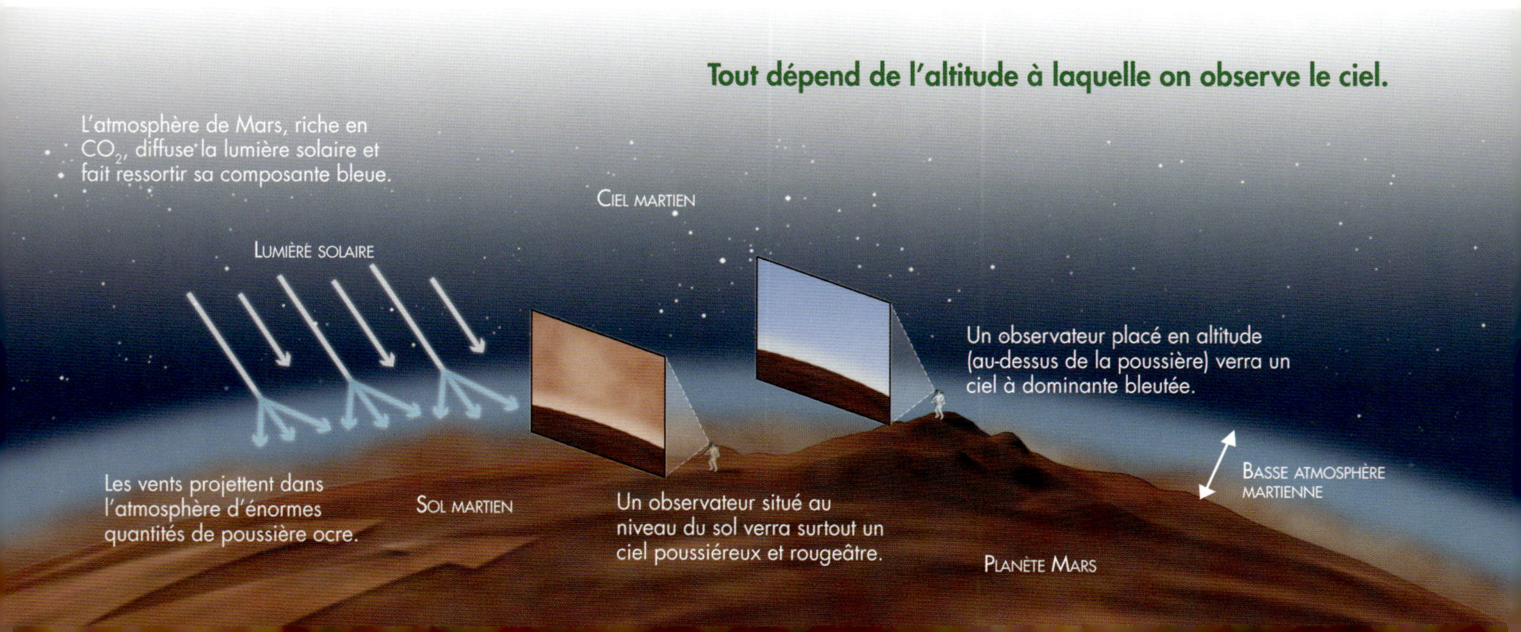

le vent souffle, il soulève la poussière du désert. Riche en oxydes de fer, elle est de couleur orangée, brune, rouille : c'est elle qui donne alors sa couleur rouge au ciel de Mars. Parfois, au cours de violentes tempêtes, l'atmosphère martienne est tellement chargée en poussière que le Soleil n'est même plus visible ! Ainsi, à cause de son atmosphère, le plus souvent poussiéreuse, le ciel de Mars nous apparaît de couleur « chaude » : rosé, jaune, brun, orangé… Mais ce camaïeu subtil de teintes fauves se modifie en fonction de la hauteur à laquelle on lève les yeux ou les antennes, sur Mars. Au zénith, par exemple, le ciel doit être très souvent bleu pastel, voire bleu nuit, violine…

Les caméras des sondes martiennes nous révèlent un ciel dont la couleur varie, suivant l'éclairage, du rose orangé au bleu.

94 Pourquoi attrape-t-on des coups de soleil ?

Attention à ce phénomène, que les savants nomment « érythèmes actiniques ». On a tendance à penser qu'ils surviennent suite à une exposition prolongée au soleil, et pourtant, il suffit parfois d'une dizaine de minutes pour que la peau se mette à rougir, qu'elle gonfle légèrement, se fasse douloureuse… tant et si bien que, dans les jours qui suivent, elle se desquame.

Les responsables ? Des rayons solaires invisibles, les ultraviolets (UV), surtout les UVB, dont la longueur d'onde est comprise entre 280 et 315 nanomètres (nm), et, dans une moindre mesure, les UVA (entre 315 et 400 nm). Ces rayons sont des ondes électromagnétiques très énergétiques de longueurs plus courtes que celles de la lumière visible et qui peuvent provoquer des lésions au-delà de l'épiderme. L'énergie apportée par les UV parvient à détruire les bases de l'ADN et les acides aminés aromatiques des protéines. Ce qui entraîne la formation de radicaux libres (composés très réactifs impliqués dans le vieillissement) qui s'attaquent aux tissus par oxydation. Les cellules agressées libèrent alors des substances aux effets inflammatoires, comme l'histamine. Celles-ci provoquent une dilatation des vaisseaux sanguins du derme (la peau rougit) et une accélération du fonctionnement cellulaire, afin d'assurer les réparations.

Si l'exposition au soleil se prolonge, les lésions deviennent irréversibles, conduisant à la mort des kératinocytes, qui représentent 95 % des cellules de l'épiderme. Les rougeurs s'accentuent et, stimulées par des substances chimiques libérées par les cellules mortes (ions K+, sérotonine…), des terminaisons nerveuses spécialisées, les nocicepteurs, envoient des messages qui déclenchent la sensation de douleur. Cela dit, les effets d'une exposition prolongée au soleil dépendent de la quantité de mélanine (un pigment brun ou rouge) présente dans la peau. Cette dernière est produite par les mélanocytes, des cellules dispersées à la base de l'épiderme, puis transférée aux kératinocytes. Responsable de la couleur de la peau et des cheveux, la mélanine absorbe les UV. Ainsi, plus la peau est mate — donc riche en mélanine — moins elle souffre des affres des rayons solaires.

Et la peau claire ? Elle a la possibilité de s'adapter au soleil car l'exposition prudente et progressive active la production de mélanine, procurant un bronzage protecteur. Les crèmes solaires, elles, protègent en filtrant plus ou moins efficacement certains UV. Enfin, l'accélération du vieillissement cutané est surtout le fait d'expositions, fréquentes et souvent répétées, aux rayons ultraviolets tout au long de la vie.

95 Pourquoi l'or ne s'oxyde-t-il pas ?

L'or est un métal incorruptible, insensible à son environnement, que seule l'« eau régale » peut altérer.

Parce qu'il est quasiment insensible à son environnement.

En effet, l'oxydation se produit lorsqu'un élément réagit avec l'oxygène. Par exemple, la rouille qui apparaît sur le fer se forme par combinaison spontanée de molécules d'oxygène de l'air avec des atomes de fer, qui en « mettant en commun » leurs électrons, forment de l'oxyde de fer (Fe_2O_3). Le fer a été « oxydé », perdant des électrons (pour se transformer en ions Fe^{2+}), tandis que l'oxygène a été « réduit », gagnant des électrons.

L'or, lui, reste parfaitement stable dans l'air, dans l'eau et dans la quasi-totalité des acides. Seule la solution dite « eau régale », un mélange d'acides chlorhydrique et nitrique, peut l'altérer. En effet, ce métal (mais aussi le platine ou le tantale) en présence de ce mélange hautement corrosif, peut perdre 3 électrons pour se transformer en ion Au^{3+}. Si l'or est incorruptible, c'est que son potentiel redox, c'est-à-dire sa capacité à garder ses électrons, est bien plus élevé que celui de l'oxygène (et des autres oxydants classiques), ce qui interdit toute combinaison entre ces deux éléments. La disposition des électrons autour du noyau de l'atome d'or est de fait extrêmement stable. Les électrons sont en effet dans un état quantique qui interdit de les arracher, à moins d'apporter une forte quantité d'énergie, que l'oxygène n'est pas capable de fournir. Alors que les électrons du fer s'arrachent facilement, moyennant une faible quantité d'énergie.

Et pourtant, les bijoux en or « brunissent » parfois. En effet, l'or pur étant trop malléable pour constituer des objets solides, il est allié à d'autres métaux (cuivre, zinc ou nickel par exemple) qui eux réagissent avec l'oxygène, et donc s'altèrent.

Albert Einstein aurait prophétisé
la fin de l'homme 5 ans après
celle des abeilles.

96 Pourquoi dit-on que l'homme serait condamné si les abeilles disparaissaient ?

En fait, c'est Albert Einstein lui-même qui aurait dit : « Si l'abeille venait à disparaître, l'homme n'aurait plus que 5 années à vivre. » Ou peut-être « 4 années » seulement. Ici, les versions divergent… d'autant qu'il n'est pas certain que le physicien ait un jour formulé cette prophétie ! Ce qui est sûr, en revanche, c'est le rôle clé des abeilles dans la biosphère. Elles sont essentielles à la pollinisation de nombre d'espèces végétales ; leur disparition serait fatale à ces dernières et, partant, aux espèces animales qui s'en nourrissent. Au point de menacer, *in fine*, l'humanité ?

La question n'est pas si absurde : les abeilles sont mal en point. Entre virus, pesticides et autres prédateurs, le nombre de ruches dans l'Hexagone est passé de 1,5 million en 1994 à 1 million en 2005. Aux Etats-Unis, près d'un tiers des abeilles a disparu. Le jour s'approche-t-il, où faute d'abeille, le temps sera compté à l'humanité ? Nous n'en sommes pas là ; mais surtout, la disparition des abeilles n'est pas en mesure de compromettre la survie de l'homme. Et pour cause : en volume, notre alimentation dépend principalement de céréales (maïs, riz, blé) qui sont pollinisées par le vent ! Cela dit, la disparition des butineuses serait malgré tout une catastrophe car, sur 1 330 espèces de plantes utilisées par l'homme, plus de 75 % nécessitent l'intervention d'un pollinisateur : depuis les fruitiers ligneux (cerisier, pommier…) et les fruitiers à petits fruits (framboises, groseilles), jusqu'à nombre de cultures maraîchères (melons, courgettes…). En outre, beaucoup de légumes dont nous ne consommons pas les fruits doivent être pollinisés pour former leurs graines : salades, poireaux, oignons… Certes, une partie de ces espèces peut s'autoféconder, ou se faire polliniser par le vent ; mais au prix d'une chute considérable du rendement : –88 % pour la fraise, –65 % pour l'oignon… Enfin, la disparition des abeilles se traduirait aussi par une profonde modification des écosystèmes. On pourrait assister à un retour en force des conifères, pollinisés par le vent. Tandis que des milieux comme la garrigue disparaîtraient. Reste que les études ne portent que sur l'abeille domestique *Apis mellifera,* alors qu'il y a, rien qu'en France, plus de mille espèces sauvages. « Nous avons toutes les raisons de penser que les problèmes de l'abeille domestique frappent aussi, et même plus, les abeilles sauvages, affirme Bernard Vaissière, chercheur au laboratoire de pollinisation entomophile de l'Inra. Elles ont en effet des cycles de vie analogues et la même alimentation, mais la structure sociale d'*Apis mellifera* la protège davantage. »

97 Pourquoi garde-t-on la sensation d'un membre qu'on a perdu ?

L'étrange phénomène du « membre fantôme » touche 90 % des personnes amputées. Elles ont la sensation — désagréable et souvent douloureuse — que leur membre est toujours présent. Après une amputation, les nerfs repoussent de façon anarchique au niveau du moignon pour former un « névrome ». Les chercheurs ont supposé que celui-ci transmettait des informations au cerveau qui les interpréterait comme venant du membre amputé. Oui, mais les paraplégiques ressentent aussi des « douleurs fantômes »... Les chercheurs postulent alors l'existence d'un réseau de neurones génétiquement prédéterminés, émettant un signal d'intégrité corporelle, même en l'absence d'informations venant des membres. Ce qui donnerait l'impression d'avoir un bras ou une jambe, même en son absence.

Environ 90% des personnes amputées connaissent le phénomène des « douleurs fantômes ».

Aujourd'hui prévaut une autre théorie : celle de la plasticité corticale. A chaque partie du corps est associée une zone du cortex, formant une carte mentale, l'« homoncule ». Lors d'une amputation, celle-ci n'est pas détruite mais remodelée. Les territoires corticaux laissés vacants par l'absence de signaux issus du membre manquant sont colonisés par les neurones des zones adjacentes. Si le cerveau ne reçoit plus d'informations du membre amputé, il en reçoit en revanche d'autres, interprétées comme issues du membre absent. Et c'est donc l'incohérence entre l'intention du cerveau de bouger le membre et l'absence de réponse qui induit la sensation douloureuse. Malgré tout, si la plasticité corticale est en grande partie responsable des sensations fantômes, leur origine est sans doute multiple, à la fois cérébrale et périphérique. Les chercheurs sont donc loin d'avoir trouvé toutes les réponses, même si leurs découvertes permettent heureusement de soulager les patients.

98 POURQUOI certains **animaux** se mettent-ils à **muer** ?

Peau, plumes, poils, carapace… Tous les types de revêtements externes sont touchés par la mue, et donc quasiment tous les animaux. Même l'homme, d'une certaine manière, puisque sa peau, ses poils et ses cheveux sont renouvelés en continu, à la différence de bien des animaux. Les invertébrés dotés d'un squelette externe articulé, comme les insectes, les araignées ou les crustacés, se débarrassent de leur carapace à mesure qu'ils grandissent. Les serpents et les lézards muent également pour se régénérer, car leur tégument formé d'écailles les protégeant des agressions (température, déshydratation, prédateur…) s'abîme au contact de l'environnement.

Chez les oiseaux, les plumes endommagées ne pouvant se réparer sont renouvelées une ou deux fois par an (au printemps et à l'automne). La mue régénère, mais permet aussi aux animaux de s'adapter à l'environnement. Lorsque les facteurs extérieurs sont modifiés, le tégument change pour maintenir son rôle protecteur. Ainsi les mammifères ont-ils un pelage épais pour affronter l'hiver et perdent-ils leurs poils ensuite. Les oisillons, eux, voient leur duvet disparaître pour pouvoir quitter le nid.

Plus une planète est éloignée du Soleil, plus elle est gazeuse et énorme, comme ici Jupiter, qui pèse l'équivalent de 318 Terre.

99 Pourquoi les petites planètes sont-elles rocheuses, et les grosses gazeuses ?

Lorsque le Soleil s'est « allumé », il y a 5 milliards d'années, il a soufflé les éléments qui l'entouraient. Les légers (l'hydrogène et l'hélium) ont été éjectés très loin, tandis que les plus lourds sont restés à proximité. Là, ces débris de gaz et de poussières se sont entrechoqués, formant des corps d'une centaine de kilomètres de diamètre : des planétésimaux. Autour de leur cœur en fusion, des éléments plus volatils forment un manteau surplombé d'une croûte solide. Les composés encore plus légers (eau et gaz) constituent une atmosphère quand la gravité de la planète les retient. En grossissant, la planète attire de plus en plus de matière. Or, près de l'étoile, la matière est trop rare pour enclencher ce processus. Résultat : ces planètes sont plutôt denses, rocheuses et petites. Au-delà de 600 millions de kilomètres environ, les matériaux légers sont abondants. Du coup, le phénomène d'accumulation se déroule tant qu'il y a de la matière disponible. Au final, les grosses planètes éloignées sont surplombées d'une épaisse couche atmosphérique représentant jusqu'à 95 % de leur masse. Jupiter pèse ainsi l'équivalent de 318 Terre !

100 Pourquoi apprécie-t-on tellement de manger **sucré** en **fin** de **repas** ?

On peut en effet se demander si ce goût pour le sucré en fin de repas est biologique — induit par les besoins de notre métabolisme — ou s'il s'agit d'une simple habitude d'ordre « culturel ». Eh bien, la réponse des spécialistes du comportement alimentaire, tels que le Pr Marian Apfelbaum de l'Inserm, est très claire : c'est un acte purement culturel que rien de physiologique ne fonde. Pour preuve, les Romains consommaient des mets sucrés (des fruits, du miel) en entrée, tandis qu'en Chine les plats sucrés peuvent s'enchaîner d'un bout à l'autre du repas, sans une once de saveur salée.

Autres contrées, autres époques, autres mœurs donc...

Cela dit, l'apparition et l'usage massif du sucre dans l'alimentation sont des phénomènes récents dans l'histoire de l'humanité. Et pour cause : jusqu'à ce que l'homme soit capable de l'extraire de la canne à sucre au cours du XVIe siècle, puis de la betterave au XIXe siècle, les ressources en sucre se cantonnaient surtout à celles contenues dans les fruits et le miel. Mais pour être un comportement culturel récent, le sucre n'en a pas moins été très vite associé à la notion de plaisir. Non sans raison !

Les expériences menées depuis plus de 50 ans à travers le monde sur le comportement de nouveau-nés montrent qu'ils préfèrent de l'eau un peu sucrée à de l'eau légèrement salée. L'industrie agroalimentaire l'a, du reste, bien compris. Le sucre se retrouve partout au menu aujourd'hui : charcuterie, sauces d'accompagnement, fromages, gâteaux apéritifs et autres fast-food... Tous contiennent des quantités plus ou moins importantes de sucres, dont l'objectif est souvent, selon l'Institut du goût de Tours, de « susciter le plaisir » !

La sensation de sucré est tellement associée à des sensations de bien-être et de douceur que dans les décennies à venir, les aliments courants dans les pays occidentaux devraient être encore plus doux, plus colorés et surtout plus sucrés. Ce sera le cas, par exemple, des fromages ou des vins. Mais cette tendance n'est pas sans contrepartie. De fait, toujours selon l'Institut du goût, ce faible pour le sucré serait en partie responsable de l'épidémie de diabète et d'obésité qui sévit dans les pays occidentaux. Autrement dit, s'il n'y a pas de contre-indications à manger sucré en début, au milieu ou en fin de repas, les doses que nous pouvons absorber de façon raisonnable dépendent, elles, de la physiologie de chacun.

101 Pourquoi notre pouce n'a-t-il que deux phalanges ?

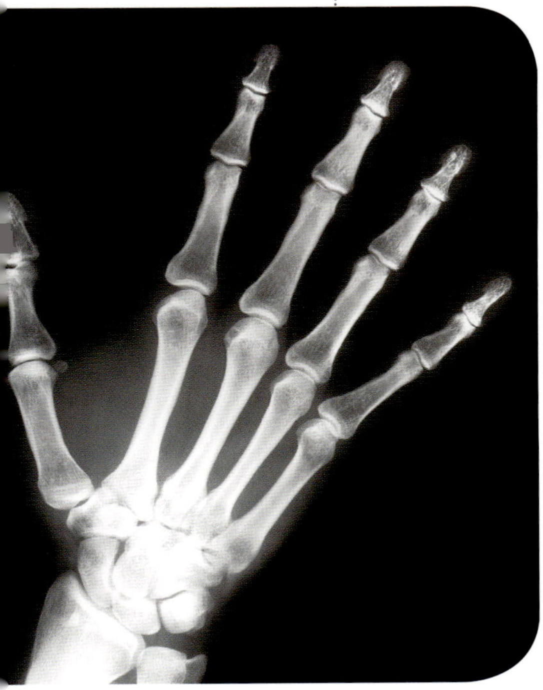

La quantité de protéines architectes est inférieure dans le pouce à celle des autres doigts, ce qui explique sa morphologie.

Notre système génétique est asymétrique. Les responsables de cette bizarrerie morphologique sont les gènes Hox, ou gènes architectes, qui codent pour des protéines… architectes. Celles-ci s'occupent de l'organisation du plan corporel. Elles dirigent l'action de protéines ouvrières durant le développement embryonnaire et fixent le nombre de vertèbres, phalanges, etc. « Dans le pouce embryonnaire, la quantité de protéines architectes est inférieure à celle des autres doigts, explique le généticien suisse Denis Duboule. Produire un long pouce avec trois phalanges devient alors trop compliqué. Comme la nature va toujours au plus simple, il en résulte un pouce avec une phalange de moins. » Pourquoi une telle différence de quantité de protéines ? A cause de la régulation de l'expression des gènes. Au nombre de 39, les Hox sont répartis en quatre groupes (A, B, C, D) sur quatre chromosomes. Quand les doigts sortent, les quatre derniers gènes architectes du groupe D s'activent pour produire quatre protéines architectes dans les doigts embryonnaires. Cette activation est régulée par un autre gène, sorte de « tour de contrôle » localisée hors du groupe, elle-même activée, en amont, par une molécule distribuée en gradient du futur auriculaire au futur pouce. Résultat : dans le pouce, doigt à l'extrémité de la main, seul le gène Hox le plus proche de la « tour de contrôle » est exprimé, alors que dans les autres doigts, les quatre gènes Hox sont exprimés. Bon compromis entre les contraintes de construction et la sélection naturelle qui, en le rendant opposable, lui a permis de perdurer avec sa phalange de moins.

102 Pourquoi est-on plus léger à l'équateur qu'aux pôles ?

Cela tient à deux raisons : on y est plus loin du centre de la Terre, et on y subit une force centrifuge plus importante. Tout d'abord, notre planète n'est pas aussi sphérique qu'elle en a l'air : son diamètre est de 12 714 km aux pôles, contre 12 756 km à l'équateur. Résultat : un observateur situé à l'équateur se trouve plus loin du centre de la Terre de 21 km qu'une personne qui se tient aux pôles. Il subit par conséquent une gravité moindre, une force chère à Newton qui fait tomber les pommes et nous attire vers le sol. Or cette fameuse force, qui est générée par les 6 000 milliards de milliards de tonnes de matière qui composent notre planète, a la particularité de perdre de son intensité à mesure que l'on s'éloigne du centre de gravité.

Si la gravité est le principal facteur, la force centrifuge, ou plus exactement « axifuge » dans le cas de la Terre, joue aussi un rôle, mais inverse. De fait, la rotation de la Terre autour de l'axe qui passe par les pôles géographiques produit le même effet que sur un manège : plus on s'éloigne de l'axe de rotation, plus on ressent la force centrifuge. Concrètement, au niveau de l'équateur, nous tournons, sans nous en rendre compte, à 1 670 km/h. Mais la force centrifuge n'in-

tervient sur le poids que de manière infime : elle est 300 fois plus faible que la gravité à l'équateur. Au final, la somme de la gravité et de la force centrifuge donne la pesanteur. Elle est ainsi de 9,83 m/s^2 aux pôles, mais seulement de 9,78 m/s^2 à l'équateur. « Cette différence fait qu'une balance de pesée indiquerait une réduction de 400 g pour une personne de 80 kg entre les pôles et l'équateur », chiffre Jacques Hinderer, directeur de l'Institut de physique du globe de Strasbourg. Et, bien sûr, vous perdrez encore quelques grammes en prenant de l'altitude : environ 1 g tous les 45 m. Mais attention, si le poids change selon la position sur le méridien, la masse, elle, reste la même ! Car la masse, exprimée en kilogrammes, mesure une grandeur physique dont la valeur est identique quel que soit l'endroit où l'on se trouve, alors que le poids évalue la force que subit un objet du fait de la gravité. Exprimé en newtons (contrairement à nos balances, graduées en kilogrammes), le poids est le produit de la masse par la pesanteur.

103 Pourquoi les ongles ne s'arrêtent-ils jamais de pousser ?

Les ongles des doigts s'allongent d'environ 0,1 mm par jour (soit 4 cm par an), contre en moyenne 1 cm par mois pour les cheveux. Plongeons sous la lunule, cette partie blanchâtre en forme de demi-lune située à la base de l'ongle. C'est là, au niveau de la racine proximale, que se trouve une zone d'intense prolifération cellulaire, la « matrice unguéale ». Celle-ci produit continuellement des cellules synthétisant de la kératine, protéine qui confère à l'ongle sa rigidité. C'est par un mouvement de poussée continue vers l'avant des cellules kératinisées et de leur agencement sur la hauteur que pousse l'ongle. Il faut environ 6 mois pour que ce dernier pousse entièrement de la racine jusqu'à l'extrémité, et c'est entre 20 et 30 ans que les ongles poussent le plus. Enfin, vous l'avez peut-être remarqué, l'ongle du pouce droit des personnes droitières pousse plus vite que le gauche. La cause : un afflux sanguin supérieur au niveau de la main qui travaille le plus.

104 Pourquoi les **aimants** attirent-ils les **métaux** ?

Le « moment magnétique » d'un matériau — en clair, son aimantation — se joue à l'échelle microscopique. Car sa propension à engendrer une force magnétique dépend en fait de la somme des aimantations de chacun de ses électrons, ou plus précisément de celle de ses électrons externes.

Dans un aimant, du fait de sa structure atomique, les orientations magnétiques de chacun des électrons sont naturellement parallèles. Ces moments individuels s'ajoutent et constituent un moment global, générant un champ magnétique responsable de l'attraction à distance que produit l'aimant sur les objets alentour. Dans un simple morceau de métal, en revanche, les moments magnétiques des électrons s'orientent *a priori* dans toutes les directions, sans en privilégier aucune. Mais si ce morceau de métal est placé près d'un aimant, le champ magnétique de ce dernier agit sur les électrons externes du métal. Telles de minuscules boussoles, ceux-ci tendent à s'aligner dans la même direction que le moment magnétique de l'aimant. C'est le phénomène de l'aimantation. Cependant, dans le métal, les atomes et leurs électrons ne peuvent pas se disposer n'importe comment. C'est l'état de plus basse énergie, soit la configuration la plus stable, qui est privilégiée, en tenant compte de l'influence du champ magnétique bien sûr, mais surtout de l'arrangement des atomes dans le métal. Or dans le fer, au contraire de l'aluminium, par exemple, la configuration la plus stable pour les atomes consiste à aligner leur moment magnétique parallèlement à celui de l'aimant. Résultat : globalement, le fer s'aimante, l'aluminium, non. Les métaux dits « ferromagnétiques » (comme le fer, le nickel et le cobalt pour l'usage industriel) ont une « susceptibilité magnétique » forte : non seulement les moments magnétiques de leurs atomes s'alignent avec celui de l'aimant, mais de plus, ils conservent cette orientation particulière une fois le champ magnétique de l'aimant disparu. Autrement dit, ces matériaux deviennent des aimants eux-mêmes...

Toutefois, sous l'effet d'une très forte chaleur (au-delà de 770 °C pour le fer), ces métaux peuvent perdre leurs propriétés ferromagnétiques pour devenir paramagnétiques, comme l'aluminium. On peut ajouter à la liste des matériaux magnétiques des liquides (celles utilisées dans l'industrie automobile), des alliages supraconducteurs capables de lévitation, exploités notamment pour le transport de l'électricité, et même des plastiques.

Dans le fer, la configuration la plus stable pour les atomes consiste à aligner leur moment magnétique parallèlement à celui de l'aimant.

105 POURQUOI les planètes tournent-elles toutes autour d'un soleil ?

« Et pourtant, elle tourne. » Sur son lit de mort, Galilée restait convaincu que son idée était la bonne. La Terre tourne autour du Soleil. Comme les sept autres planètes du système solaire. Concrètement, toutes suivent des orbites légèrement elliptiques dans un même plan, comme si elles étaient posées sur un disque invisible. Et toutes tournent dans le même sens. Mis au jour par Copernic, Galilée et Kepler à l'aube du XVIIe siècle, ce manège céleste n'a commencé à trouver une explication qu'au XVIIIe siècle. Les travaux du philosophe Emmanuel Kant puis du mathématicien Pierre-Simon de Laplace imaginent qu'un gigantesque nuage de gaz interstellaire (une nébuleuse) s'effondre sur elle-même sous l'action de sa propre masse, ce qui donne naissance à une étoile entourée d'un disque gazeux en rotation au sein duquel vont se former des planètes. Une idée suggérée par l'observation de « nébuleuses à spirales » à partir de 1845. On voyait alors, dans ce qui était en fait des galaxies, des systèmes planétaires en formation. On pensait que les bras spiraux de ces galaxies représentaient la matière nécessaire à la fabrication de futures planètes, en rotation autour d'une étoile centrale. Mais pourquoi l'effondrement d'une nébuleuse vers un point central donnerait-il naissance à un mouvement de rotation ? Parce que dans l'Univers, initialement, rien n'est fixe. Depuis le big bang, la matière en expansion a subi d'infimes fluctuations, de minuscules turbulences. Lesquelles ont engendré des « grumeaux » gazeux, plus denses, qui ont à leur tour attiré plus de matière, jusqu'à former les galaxies. Or, dans les galaxies, les nébuleuses sont également constituées de régions plus ou moins denses. « Il suffit que l'une de ces régions dépasse une masse critique, appelée masse de Jeans, pour que la force de gravité l'emporte sur la pression, l'agitation interne du gaz, précise Alfred Vidal-Madjar, de l'Institut d'astrophysique de Paris. Elle commence alors à s'effondrer sur elle-même. »

La somme des mouvements, même infimes, agitant la sphère en contraction finit par déterminer un axe de rotation, axe propre à chaque système solaire en formation. Tandis que la contraction gravitationnelle se poursuit et que les dimensions du nuage diminuent, la rotation s'accélère, en vertu de la loi du « moment cinétique », qui stipule que plus la masse d'un système s'approche de l'axe de sa rotation, plus il tourne vite. Une loi que les patineurs appliquent à merveille. Dès lors, à mesure que l'effondrement se poursuit, le nuage sphérique s'aplatit. En 1995, le télescope Hubble a observé pour la première fois ce stade d'évolution, atteint au bout de 1 million d'années environ, dans la nébuleuse d'Orion autour d'étoiles naissantes. Or, ce qui est valable pour le gaz l'est aussi pour les petits corps solides, que ce soient des poussières ou des astéroïdes. Le disque protoplanétaire ainsi constitué est animé d'un mouvement de rotation contre lequel aucun objet ne peut aller. Molécules et poussières se côtoient, se collent et forment progressivement des corps de plus en plus gros qui conservent évidemment le même sens de rotation. Il faut environ 10 millions d'années pour que se forment des planètes géantes comme Jupiter. On connaît au moins un disque dans cet état : celui qui entoure l'étoile HR 4796A, dans la constellation du Centaure. Il faut ensuite 100 millions d'années pour que des planètes similaires à la Terre se constituent. Le disque de poussière observé autour de l'étoile Bêta Pictoris témoigne de cet état d'avancement. Quels qu'ils soient, tous les objets tournent alors dans le même sens. En supposant qu'au hasard des collisions ou des trajectoires initiales, un corps tourne autour de l'étoile en sens inverse, il ne le ferait pas longtemps. Tel un individu qui marcherait à contre-courant au milieu d'une foule dense, sur un rond-point, finirait par être influencé par la multitude, et par marcher dans le même sens que les autres.

1 Au commencement, une nébuleuse s'effondre sur elle-même.

A l'origine d'un système solaire, une nébuleuse s'effondre sous l'effet de sa propre masse. Elle est constituée de gaz, animée de mouvements, infimes et désordonnés, qui empêchent la sphère gazeuse de s'effondrer de manière parfaitement symétrique.

2 Un axe de rotation principal se dégage.

A mesure que la contraction de la nébuleuse se poursuit, les mouvements du gaz, sous l'effet de l'attraction gravitationnelle, déterminent un axe de rotation principal. La majeure partie de la matière tourne dans un plan perpendiculaire à cet axe.

3 Un disque en rotation se forme.

La force centrifuge s'oppose à la chute, due à la gravitation, des molécules gazeuses situées dans le plan perpendiculaire à l'axe de rotation (A). Les molécules proches de cet axe (B) subissent une force centrifuge moindre et sont attirées vers le centre du nuage. Plus la sphère s'aplatit, plus la rotation est accrue.

4 Les planètes et le soleil apparaissent.

Dans ce disque en rotation, le gaz et les poussières s'agglomèrent pour former des grains de sable, des rochers, des astéroïdes et finalement des planètes. Toutes ayant été formées dans le même plan, elles tournent dans le même sens. Au centre de la nébuleuse, le soleil apparaît.

5 Le système solaire est constitué.

Les planètes attirent ensuite à elles la matière restante, « nettoyant » ainsi l'espace du gaz et des poussières... Depuis quelque 3,5 milliards d'années, notre système solaire, avec le mouvement de ses planètes, a peu changé.

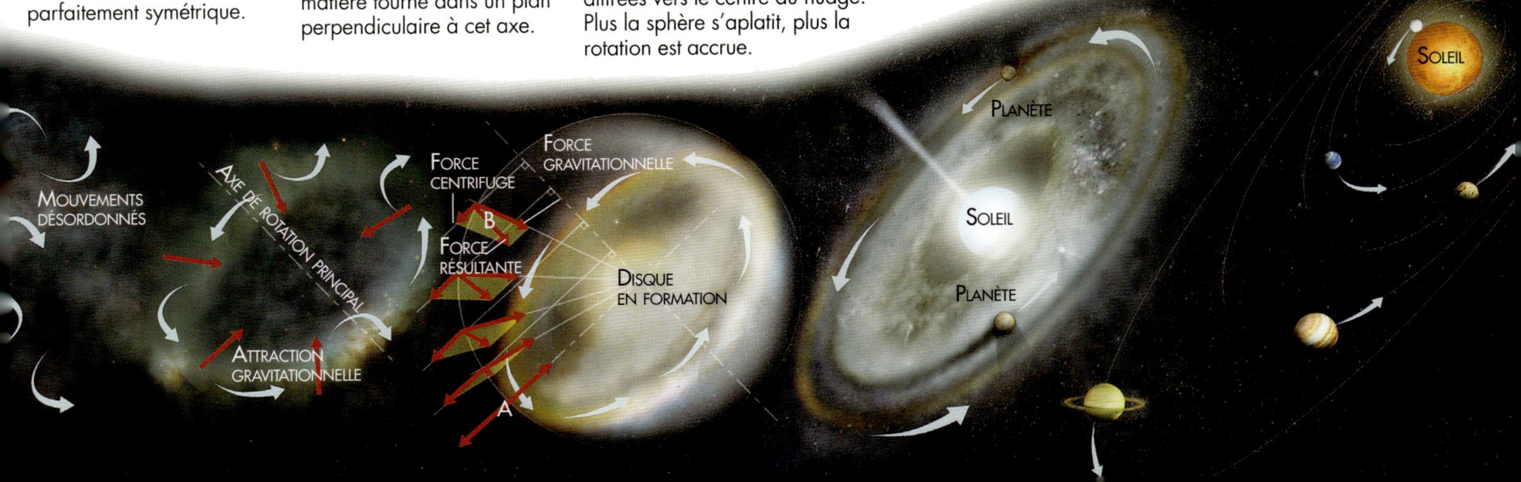

106 Pourquoi se chatouiller soi-même ne provoque-t-il aucune hilarité ?

Cela est dû à notre cervelet ! Une expérience l'a prouvé, où six volontaires étaient chatouillés par un robot. Le protocole a consisté en trois épreuves. Dans la première, le robot est actionné de l'extérieur. Résultat : le sujet perçoit la sensation, il rit et son cortex somatosensoriel s'active. Dans le deuxième test, le sujet actionne lui-même le robot. Cette fois, il ne ressent rien, mais son cortex reste activé. Nuance : son cervelet entre aussi en action, inhibant l'activité du cortex, et le sujet reste de marbre. C'est que le cervelet détermine si nos sensations sont issues de nos propres actions ou de l'extérieur. Dans le premier cas, le cervelet censure l'action du cortex, et la sensation n'est pas prise en compte… D'où l'absence d'intérêt à s'autochatouiller ! Mais on peut tromper ce mécanisme, comme dans la troisième épreuve, le sujet contrôle le robot, mais les chatouillis sont subtilement différés : à partir d'un délai d'un cinquième de seconde, le sujet réagit à la stimulation ! Passé ce délai, le cervelet ne peut plus prévoir ce qui va se passer ni « ordonner » au reste du cerveau d'ignorer les sensations ! Le cerveau peut ainsi se consacrer exclusivement au traitement des stimulations externes.

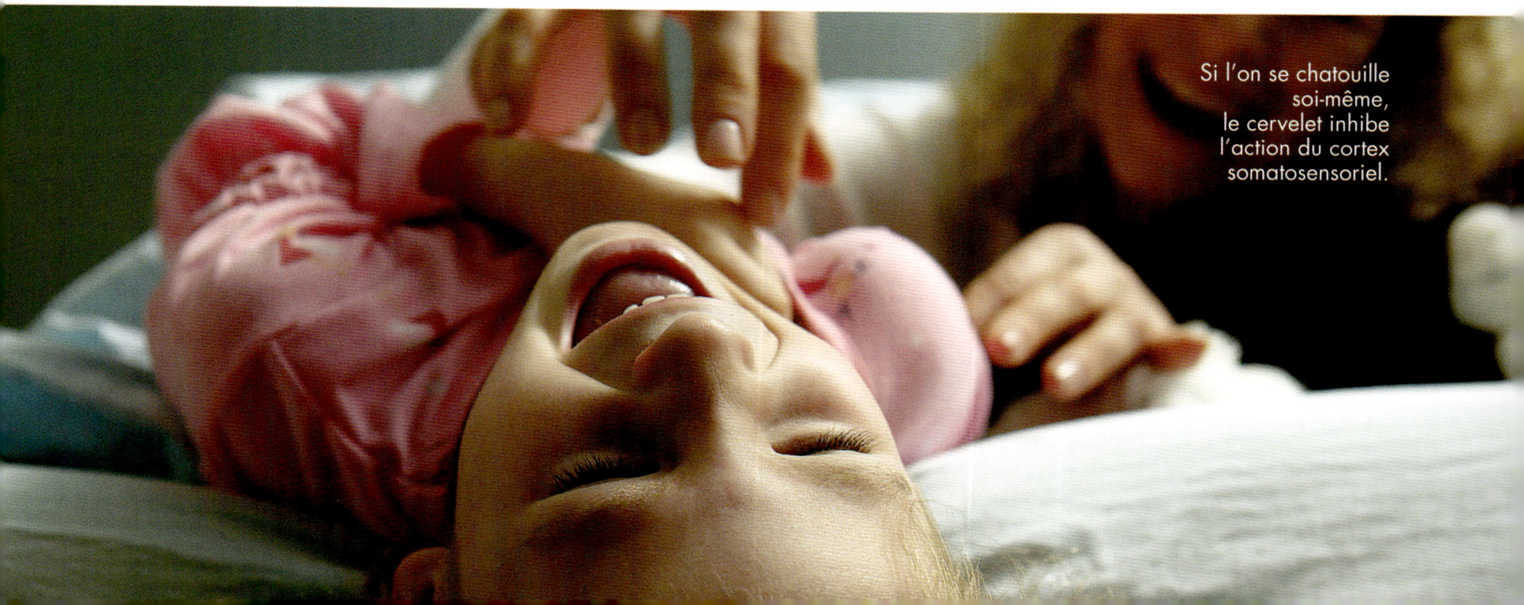

Si l'on se chatouille soi-même, le cervelet inhibe l'action du cortex somatosensoriel.

107 Pourquoi le miroir n'inverse-t-il pas aussi les images de haut en bas ?

En réalité, le miroir n'inverse pas l'image dans l'axe de la largeur ou de la hauteur, mais dans celui de la profondeur.

Tout simplement parce qu'un reflet est une pure illusion d'optique qui n'inverse pas plus la gauche et la droite que le haut et le bas. Il faut cependant reconnaître que cette illusion est puissante car quiconque se rase ou se maquille avec la main droite devant un miroir a bel et bien l'impression de voir, en face de lui, une main gauche réaliser ces délicates opérations. Pour dissiper l'illusion, il suffit de regarder une flèche, parallèle à ce miroir, tournée vers la gauche : son image pointe dans la même direction ! Car la réalité géométrique du miroir n'est pas d'inverser l'image dans l'axe de la largeur ou de la hauteur, mais… dans l'axe de la profondeur. C'est en effet seulement si on regarde une flèche qui pointe vers le miroir que l'image est inversée. D'où vient alors cette illusion persistante que le miroir inverse la droite et la gauche ? Elle est liée à notre symétrie corporelle. La moitié gauche de notre corps est en effet approximativement semblable à notre partie droite. Une particularité qui donne le sentiment que notre double dans le miroir est un véritable humain tourné de 180°. Nous avons beau savoir que ce corps face à nous est un être qui n'existe pas, nous ne pouvons pas nous empêcher de nous comporter avec cette chimère comme si nous avions un humain en face de nous. Pourtant, c'est abusivement que nous considérons que la main qu'il lève est la gauche car ce n'est qu'une représentation mentale. Si cette illusion ne survient jamais avec le haut et le bas, c'est parce que notre tête et nos pieds ne sont pas les symétriques l'un de l'autre et qu'aucune ambiguïté ne se pose alors à notre système de perception.

Au fur et à mesure qu'elle s'abaisse sur la table, la pièce tourne de plus en plus vite avant de s'arrêter brutalement.

108 Pourquoi une pièce en rotation se met-elle à tourner de plus en plus vite ?

Derrière cette question en apparence anodine se cache un sérieux problème de physique, qui résiste à la sagacité des chercheurs. Ce n'est pourtant pas faute d'essayer de le résoudre ! En avril 2000, cette question a trouvé une réponse… qui s'est révélée fausse par la suite ! Keith Moffatt publie alors la première étude théorique décrivant la rotation d'une pièce de monnaie sur une table horizontale. Le physicien anglais a tout d'abord remarqué que si aucune énergie ne se dissipait lors de cette rotation, la pièce ne s'arrêterait théoriquement jamais de tourner, sa vitesse de rotation restant constante. Puisque, en pratique, on constate que la pièce tourne de plus en plus vite au fur et à mesure qu'elle s'abaisse sur la table pour, finalement, s'arrêter brutalement, Keith Moffatt en a déduit l'existence d'un processus de dissipation d'énergie. Grâce à quelques calculs mécaniques, il a alors montré que « la dissipation de la couche d'air coincée entre le disque et la table est suffisante pour rendre compte du comportement observé ». Six mois plus tard, cette conclusion est invalidée ! Reproduisant l'expérience sous vide et avec un anneau, le chercheur américain Ger van den Engh est, en effet, parvenu à la conclusion que « la présence ou l'absence d'air a peu d'effet sur ce mouvement tournoyant ». De quoi fonder une nouvelle discipline, qui pourrait s'appeler, par exemple, « dynamique numismatique ». Car, depuis, les travaux se sont multipliés pour connaître le fin mot de l'histoire. En supposant que la pièce roule sur la table au lieu de glisser, les physiciens américains Alexander et Kirk McDonald ont montré, fin 2000, que les frottements induits sont théoriquement compatibles avec les observations expérimentales. En février 2001, les scientifiques polonais Alexander Stanislavsky et Katarzyna Weron s'attaquent au problème, mais leur analyse du spectre du son produit par la rotation de la pièce ne permet pas de faire avancer le débat. Enfin, en janvier 2002, les physiciens américains Patrick Kessler et Olover O'Reilly ont suggéré, calculs à l'appui, que les déformations de la pièce et du support devraient aussi être prises en compte. Entre le mouvement de l'air, le frottement de la pièce, les déformations élastiques des matériaux, comment clarifier les effets de ces mécanismes de dissipation d'énergie qui participent tous à l'accélération de la rotation de la pièce ? « Je ne connais pas la réponse à cette question, avoue Kirk McDonald, mais je sais qu'elle est plutôt compliquée. » Voilà au moins une certitude…

109 POURQUOI le **galet** fait-il des **ricochets** ?

Deux forces se disputent la vedette dans cet étrange ballet de pierres qui rebondissent sur l'eau. La première est le propre poids du caillou : cette force due à l'attraction terrestre s'exerce sur tous les objets, proportionnellement à leur masse. C'est elle qui nous cloue au sol et fait couler les cailloux au fond des lacs... Oui, mais l'eau exerce aussi une force dite « de poussée », dirigée vers le haut, perpendiculairement à la surface de contact entre l'eau et le galet. Le problème, c'est que cette force, qui renferme le secret des ricochets, est bien difficile à mettre en équation. Concrètement, quand un galet entre en contact avec l'eau, il est pris entre deux feux. Si son poids se fait la force prépondérante, il coule. Au contraire, si la force de poussée l'emporte, il rebondit, avec une vitesse légèrement inférieure du fait du contact avec l'eau : la force de poussée, perpendiculaire à la surface du galet, le fait rebondir (*via* sa composante verticale) en même temps qu'elle le ralentit (*via* sa composante horizontale). Mais la gravité ne tarde pas à le ramener à l'eau, où recommence alors ce rapport de forces... Ces « rebondissements » se répètent tant que la poussée de l'eau domine le poids du caillou.

Tout le problème tient, dès lors, aux autres facteurs qui influent sur cette force de poussée. Tout d'abord, les lois de la mécanique des fluides prévoient que la réaction de l'eau sur un caillou est proportionnelle au carré de sa vitesse et à la surface de contact entre le caillou et l'eau.

Un jeu de lancer, de poussée et de rebonds

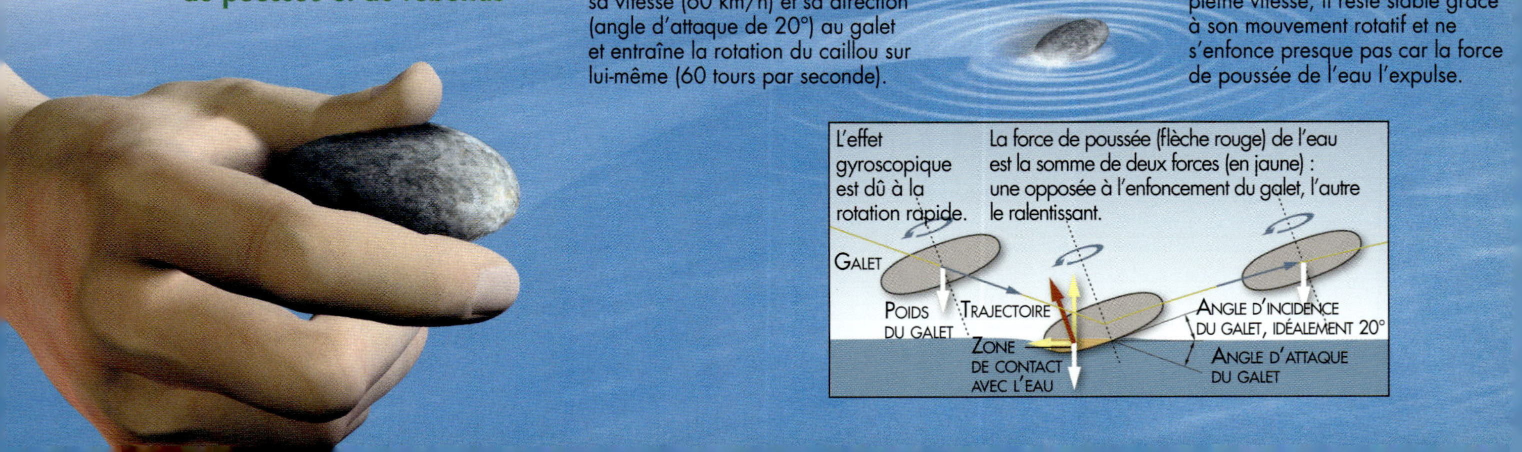

1 Le galet est lancé. Le mouvement du bras donne sa vitesse (60 km/h) et sa direction (angle d'attaque de 20°) au galet et entraîne la rotation du caillou sur lui-même (60 tours par seconde).

2 Il ricoche. Quand le galet heurte l'eau à pleine vitesse, il reste stable grâce à son mouvement rotatif et ne s'enfonce presque pas car la force de poussée de l'eau l'expulse.

Pour faire un ricochet, il faut lancer le caillou avec une vitesse permettant à la force de poussée d'être supérieure à la gravitation. Mieux vaut donc avoir choisi un caillou léger, large, plat (cela augmente la surface de contact entre le caillou et l'eau, donc la force de poussée). De plus, pour que le galet ne soit pas déstabilisé par le contact de l'eau, il doit tourner sur lui-même. De fait, la rotation du galet stabilise son mouvement, comme elle assure l'équilibre d'une toupie tournant à toute vitesse. C'est l'effet gyroscopique. Ainsi, le galet conserve sensiblement le même angle d'incidence avec l'eau à chaque ricochet, d'autant plus s'il est rond… à condition de lancer avec la bonne vitesse ! Lancer vite augmente la force de poussée et donc le nombre de rebonds, mais une vitesse trop élevée peut déstabiliser le galet, que sa rotation gyroscopique ne suffit plus à maintenir à plat. Cependant, deux paramètres demeurent encore inconnus pour le lanceur : l'angle d'attaque entre la trajectoire du galet et l'eau, ainsi que l'angle d'incidence entre la surface du galet et cette même eau. On ne sait pas encore précisément comment ces deux angles doivent être intégrés dans la formule de la force de poussée. D'après les calculs effectués en laboratoire par des chercheurs français, un angle d'incidence « magique » de 20° donne des chances de ricochets maximales. Reste à savoir si l'Américain qui détient le record mondial de ricochets avec ses 40 rebonds d'affilée s'est soucié de tous ces paramètres pour réaliser son exploit !

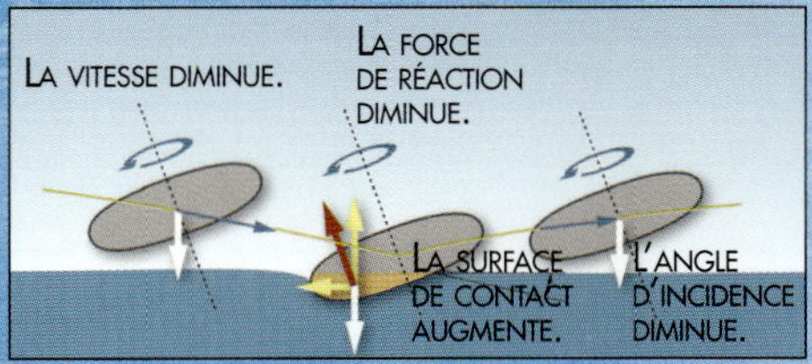

3 La vitesse diminue.
En perte de vitesse, le galet heurte l'eau moins violemment. Il s'y enfonce plus profondément, jusqu'à ce que la surface de contact soit suffisante pour générer une force capable de faire redécoller le galet. En revanche, les frottements augmentent, et ralentissent d'autant plus la vitesse.

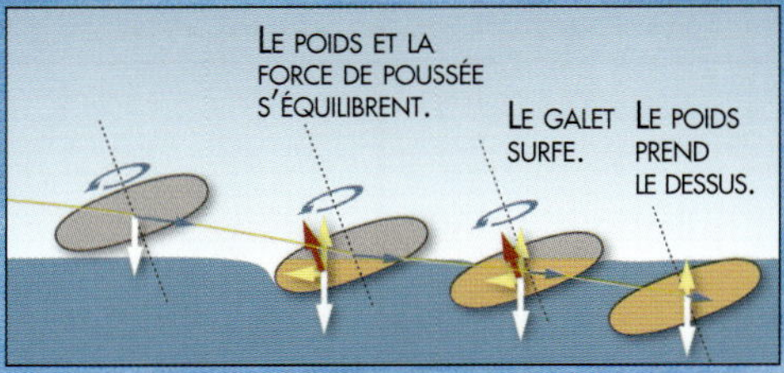

4 Le caillou coule.
Lorsque la vitesse est trop faible, le galet ne redécolle plus, mais la force de réaction de l'eau reste suffisante pour que le galet continue de surfer. A l'arrêt, le galet n'est plus maintenu que par la seule pression d'Archimède, qui ne suffit plus à compenser son poids. Il plonge alors.

110 POURQUOI les canes possèdent-elles un utérus en forme de tire-bouchon ?

Pour se protéger… du viol ! Si la monogamie est de mise pour 95 % des oiseaux, elle ne l'est pas pour certaines espèces de canards ou d'oies. Chez ces derniers, les viols sur des femelles par des mâles autres que leur partenaire sont monnaie courante. Bien sûr, les femelles se débattent pour échapper aux accouplements forcés, et parfois collectifs, mais elles disposent aussi d'une adaptation physiologique pour contrecarrer les violeurs !

Patricia Brennan, chercheuse de l'université Yale (Etats-Unis), a disséqué des femelles et des mâles de 16 espèces de canards et d'oies pour examiner leurs organes génitaux. Elle fut intriguée par les variations importantes de morphologie des phallus chez les mâles de la famille des anatidés (dont font partie oies et canards), qui semblaient corrélées à la fréquence des viols. Ces mâles appartiennent aux 3 % d'espèces d'oiseaux équipés d'un phallus suffisamment long pour pénétrer les canes même non consentantes. Mais la nature a trouvé la parade : plus le phallus des mâles est long et élaboré, plus le vagin des femelles est grand et complexe. Certains sont ainsi en tire-bouchon, spiralés dans le sens inverse à celui des phallus afin d'entraver par torsion la pénétration. D'autres vagins comportent jusqu'à huit conduits en cul-de-sac qui détournent le sperme. Ces barrières anatomiques limitent la fécondation si la femelle n'est pas consentante. Une véritable course évolutive pour le contrôle de la reproduction se joue donc entre les deux sexes !

111 Pourquoi les insectes nocturnes sont-ils attirés par les ampoules ?

Se repérant d'habitude à la clarté des astres, le papillon de nuit est dupé par une lumière artificielle.

En général, c'est parce que ces insectes, comme les papillons de nuit, se repèrent grâce à la clarté générée par les astres. Du coup, lorsqu'une source de lumière artificielle se trouve sur leur route, ils sont dupés. En effet, ils perçoivent le spectre lumineux ultraviolet spécifique des astres, même à travers les nuages. Ainsi, même dans les ténèbres les plus obscures, un papillon de nuit distingue parfaitement une fleur. La violente lumière du jour, elle, lui indique qu'il est temps de dormir. Une source de lumière artificielle crée donc un éblouissement qui bouleverse son système de navigation et l'attire inexorablement. Sa trajectoire normalement linéaire devient circulaire, autour de la source artificielle. C'est une question de géométrie : la nuit, les insectes nocturnes se déplacent dans un environnement éclairé par la voûte céleste dont les rayons, de provenance infinie, peuvent être considérés comme parallèles. En revanche, en présence d'une source lumineuse intense et proche, comme un lampadaire ou des phares de voiture, l'insecte, cherchant à maintenir un angle constant avec les rayons, se voit condamné à tourner autour de la lumière, jusqu'à mourir brûlé, d'épuisement ou écraser sur les phares.

Dans les faits, les papillons de nuit sont particulièrement attirés par les éclairages urbains au mercure (sous forme de gaz), proche du bleu et qui produisent une quantité importante d'ultraviolet. L'utilisation d'éclairages au sodium (du gaz également) de rayonnement jaune, permet au contraire de les tenir à distance et donc de leur éviter une mort certaine.

La chlorophylle capte l'énergie solaire de certaines longueurs d'onde de la lumière, mais pas les radiations vertes, qui sont réfléchies vers notre œil.

112 Pourquoi la plupart des plantes sont-elles vertes ?

Parce que les organites cellulaires des feuilles qui renferment des pigments, notamment les chlorophylles a et b, n'absorbent pas les radiations vertes du soleil, qui sont réfléchies vers notre œil. Mais pourquoi une telle discrimination au sein du spectre lumineux ? La réponse se situe au niveau moléculaire. La chlorophylle a est constitué d'un noyau de magnésium entouré par quatre groupements chimiques. Ceux-ci possèdent des liaisons électroniques dont les électrons, excités par les rayons lumineux, accèdent à des niveaux d'énergie déclenchant la photosynthèse. Mais, le passage d'un électron de l'état « fondamental » à un état « excité » ne se fait qu'après absorption d'un photon… et pas n'importe lequel ! L'énergie apportée par le photon doit être exactement la même que celle nécessaire pour déplacer l'électron. Or, les différents états d'excitation de la chlorophylle sont atteints par l'absorption de multiples longueurs d'onde, sauf celles du vert. Quant aux plantes qui ne sont pas vertes, elles ne sont pas démunies de chlorophylle, mais celle-ci est masquée par d'autres pigments chargés de collecter l'énergie lumineuse et de la transmettre à la chlorophylle a.

113 Pourquoi **brosser** un **ballon** lui donne-t-il une **trajectoire courbe** ?

Souvenez-vous : 1997, au tournoi de France, coup franc du Brésilien Roberto Carlos contre les Bleus. Un modèle du genre ! Alors que le ballon semble se diriger hors de la cage, il bifurque violemment vers le poteau pour, finalement, venir s'écraser au fond des filets, à la surprise du gardien de but français, Fabien Barthez. « La première explication de la déflexion latérale d'un objet tournant sur lui-même est due au physicien allemand Gustav Magnus, en 1852, expliquent Take Asai et Takao Akatsuka, chercheurs à l'université Yamagata, au Japon. A l'époque, il s'intéressait surtout aux trajectoires des obus et des balles, mais les mécanismes fondamentaux sont les mêmes en football. »

Le principe ? Un ballon qui tourne sur lui-même entraîne l'air de son voisinage de façon dissymétrique : au point de la surface du ballon qui tourne dans le sens inverse à sa trajectoire, l'air alentour est accéléré par le mouvement du ballon, alors qu'au point opposé l'air est ralenti. Or, d'après le principe de Bernoulli, formulé par le savant suisse en 1738, plus la vitesse d'un fluide est grande, moins forte est la pression qu'il exerce sur les corps.

Pour le vérifier, il suffit de placer le bord d'une feuille de papier horizontalement devant son menton : si

Un déséquilibre des forces de pression

Lorsqu'il est brossé, le ballon accélère l'air au point A (où la pression de l'air baisse) et le ralentit au point B (où la pression augmente). Les forces de pression sont alors dissymétriques, ce qui fait que la trajectoire du ballon s'incurve.

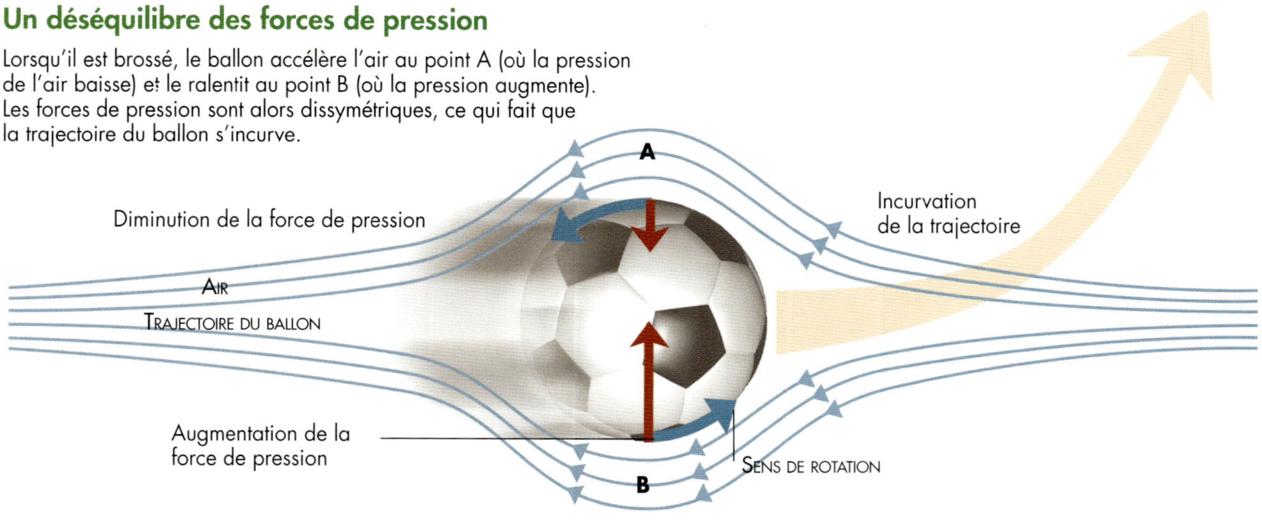

l'on souffle fort sur le dessus de celle-ci, la pression baisse et la feuille se soulève. Dans le cas du ballon, la différence de vitesse de l'air crée un déséquilibre des forces latérales : sa trajectoire s'incurve. Des expériences sur des balles de golf ont montré que plus le projectile tourne vite sur lui-même et se déplace lentement, plus l'effet lifté est important. « Au foot, lors d'un tir brossé, la vitesse de rotation reste à peu près constante, soulignent les chercheurs japonais. La courbe est donc de plus en plus prononcée vers la fin de sa trajectoire, lorsque la balle ralentit. » Et le tir de Roberto Carlos de finir dans les filets...

114 Pourquoi une explosion atomique dessine-t-elle dans le ciel un champignon ?

Lorsque la bombe explose, 15 % de son énergie est dégagée sous forme de rayonnement radioactif, 35 % sous forme de chaleur et 50 % sous forme d'une onde de choc. Durant la microseconde de l'explosion, un intense rayonnement X réchauffe l'air. Il se forme une bulle d'air incandescent de 1 km de diamètre ! L'air chaud étant plus léger que l'air froid, cette boule de feu s'élève en quelques dixièmes de seconde, et engendre un fort courant d'air ascensionnel aspirant la matière pulvérisée par l'explosion. Cela crée la « tige » du champignon atomique. Elle prend forme dans la troposphère (jusqu'à 15 km d'altitude), où la température décroît de 6 °C en moyenne par kilomètre. Au-dessus, dans la tropopause, se forme le « chapeau » du champignon. La boule de feu s'étant en effet refroidie, elle n'a plus assez d'énergie pour poursuivre son expansion dans la stratosphère (de 18 à 50 km de haut). Elle se répand donc sur les côtés, ce qui forme le « chapeau » du champignon, avant que la matière refroidie retombe ensuite progressivement.

Une boule de feu s'élève, créant un courant d'air ascensionnel (la tige) qui, en altitude, se refroidit et se répand sur les côtés, formant le « chapeau ».

115 Pourquoi parle-t-on de bon et de mauvais cholestérol ?

En fait, cette distinction n'est pas réellement pertinente. En effet, le cholestérol, substance grasse indispensable à la vie, ne possède qu'une seule forme. Elle est le composant essentiel des membranes cellulaires et de la bile, ainsi que le précurseur des hormones stéroïdes. Son origine : pour un quart l'alimentation et pour trois quarts le foie, qui le synthétise en quantité importante. Mais voilà, pour parvenir à tous les tissus qui en ont besoin, le cholestérol doit circuler dans le sang. C'est là qu'entrent en jeu ses « transporteurs », vrais responsables de la distinction usuelle entre « mauvais » et « bon » cholestérol. Concrètement, après avoir synthétisé le cholestérol, le foie l'empaquette dans de petites billes, les LDL, ou lipoprotéines de faible densité. Ce sont elles qui lui permettent d'intégrer librement la circulation sanguine et de se diffuser dans l'organisme.

Revers de la médaille : « Lorsqu'il est en grande quantité dans le sang, le cholestérol-LDL peut franchir la paroi des artères », indique Patrick Duriez, de l'université de Lille. Il se glisse sous la couche de cellules qui tapisse l'intérieur des parois du cœur et des vaisseaux. Là, il s'accumule et subit l'action de radicaux libres (molécules oxydantes très réactives) qui l'oxydent. C'est le début d'une réaction en chaîne conduisant à la formation d'une plaque jaunâtre, dite d'athérome, de dépôt graisseux pouvant se calcifier et entraîner le durcissement de l'artère, jusqu'à parfois l'obstruer. En fait, c'est ce cholestérol-LDL que l'on qualifie de « mauvais » cholestérol. Face à cela, l'organisme dispose heureusement d'une parade : les HDL, soit des lipoprotéines de haute densité, chargées de transporter elles aussi le cholestérol dans le sang. Fabriquées également par le foie, elles se fixent à la paroi des cellules et pompent littéralement le cholestérol en excès. Elles le ramènent ensuite au foie, seul capable de l'éliminer de l'organisme en l'excrétant dans la bile (sans le modifier ou en le transformant en sels biliaires pour l'éliminer du corps par les selles). Ainsi, le « bon » cholestérol est le cholestérol-HDL, qui n'est autre que celui qui part à la décharge.

116 Pourquoi y a-t-il plus d'orages le soir ?

La différence de température entre deux masses d'air, à l'origine des orages, est plus forte en fin de journée.

En fin de journée, mais aussi au moment des changements de saison (fin de l'été et automne), il se crée une différence importante de température entre deux masses d'air, or cet écart est le moteur des orages. En plaine, le scénario est le suivant : si la température a été élevée pendant la journée, les rayons du soleil ont chauffé le sol. Celui-ci libère alors de la vapeur d'eau, qui s'élève dans l'atmosphère. Cette vapeur gagne des régions plus froides de l'atmosphère où elle va se condenser : l'eau passant d'un état gazeux à un état liquide sous forme de gouttelettes. Un nuage se forme, avec à sa base, des gouttelettes plus chaudes et plus légères, qui ont tendance à monter. A mesure que le soleil se rapproche de l'horizon, les couches supérieures du nuage se refroidissent, tandis que le sol continue de restituer la chaleur emmagasinée durant la journée, réchauffant ainsi la base des nuages. La condensation de la vapeur d'eau se poursuit. Le nuage gonfle jusqu'à devenir un énorme cumulo-nimbus qui peut atteindre une altitude de 8 à 15 km. A cette hauteur, les gouttelettes s'agrègent, et parfois gèlent. Alourdies, elles finissent par tomber, traversant la masse du nuage vers le bas. La friction entre les flux ascendants et descendants crée des charges électriques qui s'accumulent. Quand la différence de potentiel entre le haut et le bas du nuage, ou entre le bas du nuage et le sol, est trop forte, le courant passe : c'est l'éclair. Il s'agit en fait d'air ionisé chargé qui voyage dans le nuage, du nuage vers le sol, ou du sol vers le nuage. Cette décharge électrique réchauffe l'air, qui se dilate très vite, comme si une minibombe explosait. Il se forme alors une onde de choc qui se propage dans l'air jusqu'à faire vibrer les tympans : c'est le tonnerre.

117 Pourquoi les taches du léopard dessinent-elles des motifs aussi réguliers ?

Pour Rudyard Kipling, l'auteur du *Livre de la jungle,* ce sont les rayons du soleil qui, à travers le feuillage d'un arbre, auraient donné ses taches au léopard. Moins poétique, la vérité n'en est pas pour autant moins étonnante. En effet, les taches du léopard ou les rayures du zèbre s'expliquent par des… lois mathématiques. Certes, biologiquement, ces motifs sont dus à la présence d'une molécule colorée — la mélanine — produite par les mélanocytes, des cellules de la peau. Ce mécanisme chimique est encore mal connu, mais on sait qu'il intervient lors des premiers stades de la vie embryonnaire. Or, des mathématiciens ont montré que l'apparition de tel ou tel motif suit un modèle bien connu : celui des équations de Turing.

Pour comprendre, il faut se tourner vers le léopard et le tigre : ils possèdent des corps similaires, mais des dessins différents. Les biologistes ont observé que les taches apparaissaient plus tard sur les embryons de léopard que les rayures sur ceux de tigre. Pour les mathématiciens, cette chronologie est cruciale : en simulant les motifs naturels à l'aide des équations de Turing, ils ont établi que si les motifs apparaissent quand l'embryon est très petit, l'animal est rayé ; mais tacheté si l'embryon est plus développé. Les équations montrent même qu'entre deux espèces de zèbres, plus les rayures apparaissent tard sur l'embryon, plus elles sont serrées. Ce n'est pas tant le degré de développement de l'embryon que sa forme et sa grosseur au moment de l'activation des mélanocytes qui sont ici en jeu.

En testant les équations de Turing sur des cylindres, James Murray, biomathématicien à l'université de Washington, a montré qu'ils se parent de taches lorsque leur rayon est assez important et de rayures dès que leur forme est plus étroite. L'embryon du zèbre, assimilable à un long cylindre, est ainsi rayé, tandis que celui du léopard, plus trapu, donne des taches. Et les léopards peuvent même avoir une queue rayée en raison de la forme cylindrique plus étroite de cet appendice caudal. En bref, les motifs des animaux dépendent uniquement de la taille et de la forme de la surface à couvrir. Et même chez les coccinelles. Des physiciens taïwanais ont expliqué le mystère de leurs taches en appliquant le modèle de Turing à la surface d'une demi-sphère.

Les taches du léopard, comme les rayures du zèbre, ont deux explications : une biologique et une mathématique.

118 Pourquoi la lutte contre l'obésité reste une gageure ?

En 1997, l'Organisation mondiale de la santé (OMS) décrétait l'état d'urgence face à l'« épidémie » mondiale d'obésité. Bilan : entre 1995 et 2005, le nombre d'obèses dans le monde est passé de 200 millions à 400 millions, sachant qu'est obèse quiconque affiche un indice de masse corporelle (soit la masse en kilogrammes divisée par la taille en centimètres au carré) supérieur à 30. Si les Etats-Unis sont un des pays les plus touchés (de 20 à 30 % d'obèses), la France n'est pas épargnée. En 1980, l'Insee évaluait la proportion d'obèses à 6,1 % pour la population de plus de 18 ans ; elle atteignait 8,5 % en 1997 (étude ObEpi) et 12,4 % en 2006 (ObEpi). Cette inquiétante progression cache trois mécanismes. Le premier concerne la capacité de notre organisme à stocker sous forme de graisse l'excès d'énergie apportée par l'alimentation. Cet atout a permis à nos ancêtres de résister aux famines, mais il est devenu un handicap dans nos sociétés sédentaires et d'abondance. De plus, l'appétence naturelle pour les aliments gras et sucrés, devient néfaste maintenant que l'offre est pléthorique. Enfin, des facteurs génétiques peuvent favoriser la prise de poids et se conjuguer à des facteurs psychologiques et culturels. Au final, la vie moderne favorise l'obésité en incitant au grignotage. Or, l'obésité est très difficile à traiter. La prévention semble

L'épidémie progresse mondialement.

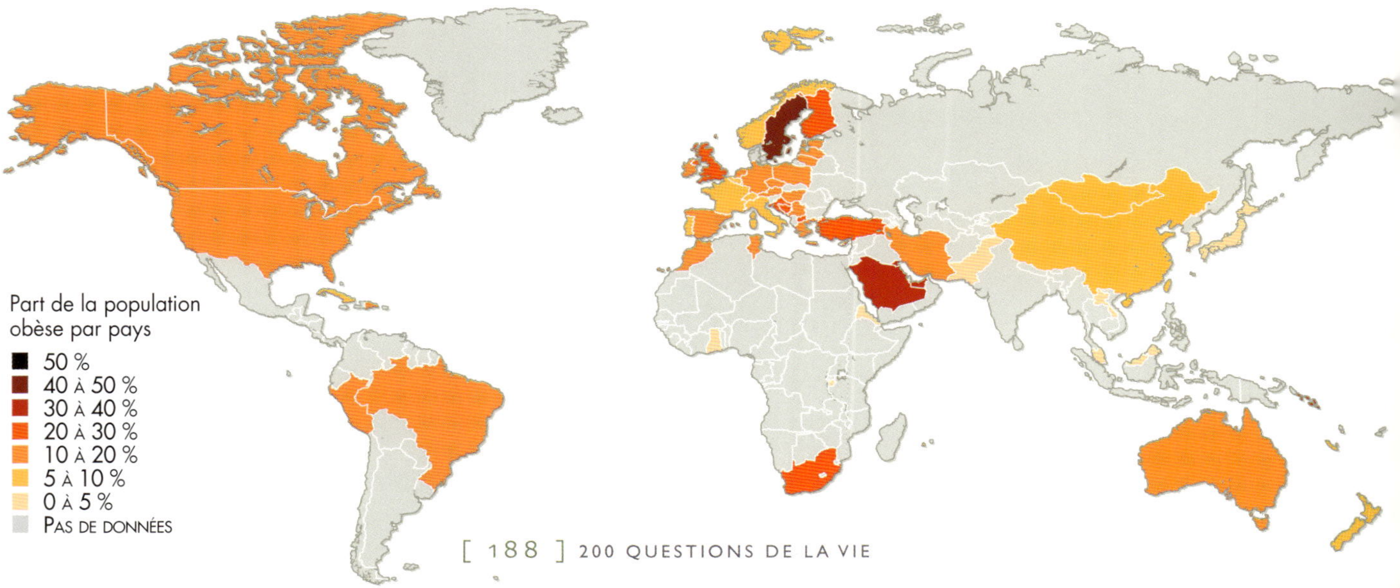

donc le seul levier pour lutter contre ce fléau. En France, les plans « Programme national nutrition santé » initiés en 2001 puis en 2006 n'ont pas eu les effets escomptés : l'obésité a progressé, et touche à présent quelque 5,9 millions d'adultes. En adhérant en 2006 à la Charte européenne sur la lutte contre l'obésité, la France a confirmé la nécessité de s'attaquer en priorité à l'obésité infantile et a défini des moyens de prévention : réglementer la promotion des boissons et des aliments énergétiques, réduire graisses, sel et sucres dans les produits transformés, faciliter la consommation de fruits et de légumes par des prix attrayants, mais aussi favoriser l'activité physique… L'avenir dira si ces mesures parviennent à inverser la tendance. Rien n'est moins sûr, mais les pouvoirs publics n'ont pas le choix. L'obésité fait le lit de nombreuses pathologies… Résultat : les coûts des soins médicaux liés à l'obésité représentent déjà de 2 à 6 % des dépenses nationales de santé. L'urgence est donc sanitaire, mais aussi sociale et économique.

119 Pourquoi s'évanouit-on ?

La forme la plus fréquente, et bénigne, de l'évanouissement est ce que les médecins appellent le « malaise vagal ». Canicule, fatigue, émotions fortes sont autant de facteurs susceptibles de déclencher cette perte de connaissance, dont la durée ne dépasse pas quelques minutes. Dans ce cas, c'est le système nerveux, dit parasympathique, impliqué dans la régulation du système cardiovasculaire (en diminuant, notamment, le rythme cardiaque) qui est en jeu. Plus précisément, en situation de stress émotionnel ou physiologique, le nerf vague qui part du bulbe rachidien vers tous les organes du thorax et de l'abdomen libère de fortes doses d'acétylcholine, une substance neuromédiatrice régulatrice du rythme cardiaque. Sous son effet, le cœur bat moins vite, ce qui réduit le débit sanguin. Le cerveau est alors mal irrigué, et l'oxygène, qui lui fournit une partie de son énergie, vient à manquer. Dépourvues du gaz vital, nombre de cellules du cerveau sont alors incapables de fonctionner, quoique toujours vivantes. L'activité du cerveau ralentit, les messages des organes sensitifs ne sont plus traités, tandis que, privés de stimulation nerveuse, les muscles se relâchent ; la victime perd alors connaissance et s'effondre. Mais attention, quand un évanouissement ne semble pas avoir de cause manifeste, il faut consulter un médecin pour rechercher son origine physiologique.

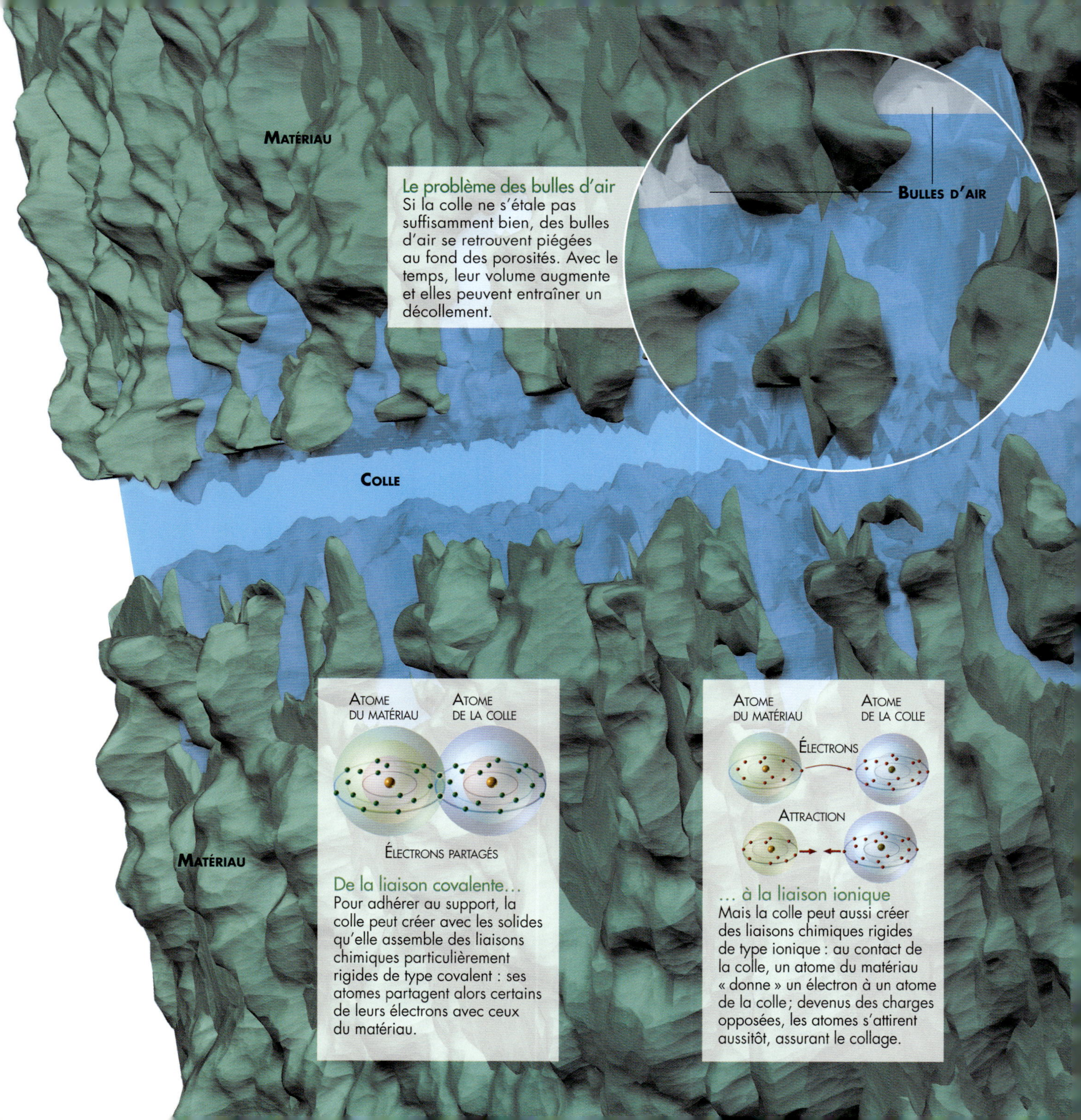

Le problème des bulles d'air

Si la colle ne s'étale pas suffisamment bien, des bulles d'air se retrouvent piégées au fond des porosités. Avec le temps, leur volume augmente et elles peuvent entraîner un décollement.

De la liaison covalente...

Pour adhérer au support, la colle peut créer avec les solides qu'elle assemble des liaisons chimiques particulièrement rigides de type covalent : ses atomes partagent alors certains de leurs électrons avec ceux du matériau.

... à la liaison ionique

Mais la colle peut aussi créer des liaisons chimiques rigides de type ionique : au contact de la colle, un atome du matériau « donne » un électron à un atome de la colle ; devenus des charges opposées, les atomes s'attirent aussitôt, assurant le collage.

120 Pourquoi la colle colle ?

Parce qu'elle se glisse dans les pores et les aspérités des solides à assembler, formant ainsi entre eux des liaisons chimiques fortes et stables. La colle se présente comme une bande fluide dont les tentacules maintiennent les deux pièces en un contact intime, et dont la résistance à l'arrachement après durcissement sera d'autant plus grande que la pénétration de la colle est profonde. En s'infiltrant dans chaque pore et aspérité, la colle augmente la surface réelle de contact entre les deux solides que l'on souhaite unir. La longueur totale des surfaces à assembler peut ainsi être doublée ! Pour être efficace, la colle doit donc avant tout bien s'étaler. Mieux elle y parvient, moins elle risque de piéger des bulles d'air au fond des porosités. Car si des bulles d'air restent coincées, elles seront sous pression, ce qui risque d'entraîner, *in fine,* un décollement. On dit ici que la colle doit « mouiller ». La rugosité des matériaux à coller a également sa part de responsabilité dans la réussite du collage : elle doit être régulière, car si des écarts trop importants se forment entre les solides à encoller, plus grand devient le risque de créer des poches d'air, et donc des fronts de fissures. Concrètement, la colle réalise donc un ancrage mécanique en créant des liaisons chimiques avec les solides qu'elle assemble.

Ces liaisons rigides sont de deux types — covalent ou ionique —, le collage pouvant faire appel aux deux à la fois. Dans la liaison covalente, les atomes de colle partagent certains de leurs électrons avec ceux du matériau ; la liaison ionique, elle, s'établit quand deux atomes de charge électrique opposée s'attirent. De la même manière, c'est en créant des liaisons covalentes et ioniques que les balanes, ces coquillages qui ressemblent à des chapeaux chinois, se fixent sur les rochers, les crustacés ou la coque des bateaux. C'est aussi ce type de liaisons qui permet à la colle blanche d'assembler carton, bois et papier. De même pour les métaux, dont les colles dites « époxy » attaquent chimiquement la surface et créent des liaisons covalentes et ioniques. Si ces liaisons sont de loin les plus rigides, certains matériaux nécessitent pourtant d'autres modes de collage. Pour fixer un polymère (du plastique) sur une plaque de verre, on utilise ainsi des molécules de silane, une substance contenant du silicium (Si). Le verre étant également formé de silicium, il met en commun avec la colle ses atomes de silicium et crée de nouvelles molécules qui adhèrent au polymère par des liaisons ioniques et covalentes classiques.

Et dans le cas où l'on veut coller deux polymères ? Pour percer ce mystère, Pierre-Gilles de Gennes a dû décrire ce qui se passe à l'échelle moléculaire et a reçu pour cela, en 1991, un prix Nobel de physique. Résultat : pour être efficaces, les colles doivent être formées des mêmes molécules que celles des polymères à assembler. Sous une forme liquide, les ▶

Pourquoi la colle colle ?

▶ molécules de la colle pénètrent dans les deux solides, se mêlant intimement à eux et réagissant avec leurs molécules pour créer de nouvelles longues chaînes moléculaires. Dès lors, ce phénomène, dit d'interdiffusion, voit ces chaînes passer d'un solide à l'autre et former de cette manière une sorte de tricot extrêmement rigide. Le collage des polymères est essentiel dans de nombreuses industries, notamment la construction d'avions ou de voitures, où l'on recherche l'allégement maximum des structures métalliques. Les ingénieurs multiplient les sandwichs métal-polymère, collant une structure plastique en nid-d'abeilles entre deux couches métalliques. La colle prend ici la place des soudures et autres rivetages. Elle forme des joints continus et permet de conserver les dimensions des pièces à assembler.

Reste à comprendre la solidification de la colle. Pour réaliser cette transformation, le chimiste connaît trois moyens, correspondant chacun à un type de colle. D'abord, la dissolution du principe collant dans un solvant (molécules d'eau, d'alcool ou d'éther) qui rend la colle la plus fluide possible lors de l'application avant de s'évaporer. Ces colles à solvant, comme la colle à papier liquide transparente, utilisent un solvant organique (alcool ou un éther) souvent odorant. C'est également parce que le solvant s'évapore qu'un tube de colle laissé ouvert sèche.

La deuxième possibilité, c'est la fusion d'une colle solide suivie d'un refroidissement. Il s'agit des colles thermofusibles. C'est avec elles que l'on colle, par exemple, les pages d'un livre, les semelles de chaussures, ou du contreplaqué. Dans ce cas-là, la colle reste relativement visqueuse et elle ne devient jamais tout à fait solide. Comme de la graisse en fusion donne de l'huile qui, en se refroidissant, redonne de la graisse… Sous une semelle, la colle visqueuse peut ainsi se déformer et suivre la forme de la chaussure lorsque l'on marche.

Enfin, le dernier type de solidification induit le mélange de deux liquides conduisant à la formation d'un matériau solide. Ce sont les colles dites à réaction de polymérisation ou polycondensation. Le premier liquide est le polymère, le principe collant proprement dit ; le deuxième fait office de « durcisseur » : il s'agit d'un produit chimique qui permet d'ouvrir les liaisons des molécules qui forment la colle et celles des solides à assembler. Le mélange de la colle et de ce durcisseur crée un réseau de liaisons à la fois covalentes et ioniques. Encore faut-il, quel que soit le mode de solidification, que les coefficients de dilatation de la colle et des solides à assembler soient relativement proches. Autrement dit, qu'ils évoluent avec le temps de la même manière.

Il n'existe pas de colle universelle : à chaque matériau correspond une colle bien précise. Pour avoir ignoré ce principe, l'architecte de l'Opéra Bastille dut finalement rajouter des filets sur son édifice : les plaques de marbres collées sur la façade ayant un coefficient de dilatation différent de celui de la colle utilisée, l'ancrage mécanique, avec le temps, s'est fragilisé, et les plaques de marbre se sont mises à tomber les unes après les autres…

121 Pourquoi la Lune paraît-elle plus grosse à l'horizon ?

La Lune grosse à l'horizon est une pure illusion. Elle devrait même y paraître plus petite, car elle est plus loin de nous que lorsqu'elle se trouve au zénith.

En effet, la Lune peut paraître plus grosse à l'horizon que lorsqu'elle est haut dans le ciel, mais les mesures et les prises de vue sont formelles : le diamètre apparent de la lune est sensiblement le même lorsqu'elle se lève à l'horizon et lorsqu'elle parvient au zénith. Mieux : elle devrait même être plus petite à l'horizon, car elle se trouve alors à une distance supérieure de nos yeux que lorsqu'elle est au zénith. Quelle est donc l'explication de cette illusion lunaire, connue des hommes depuis l'Antiquité, puisque, des Babyloniens à Ptolémée et Aristote, les Anciens se posaient déjà la question ? Cette illusion est double. Abusé par le paysage, le cerveau voit la Lune au lever plus lointaine qu'en plein ciel. Et c'est curieusement parce qu'elle apparaît plus lointaine qu'il la voit plus grosse.

Paradoxe ? Pas du tout. Prenons deux objets placés l'un à proximité de l'observateur, l'autre à grande distance. S'ils paraissent de même taille, c'est que le plus éloigné est plus grand. Ainsi, bien que l'œil perçoive la Lune à la même taille, le cerveau extrapole : puisque le paysage lui indique qu'elle se trouve à très grande distance, c'est donc qu'elle est très grosse. Inversement, quand il n'a plus d'information sur la distance — quand la Lune culmine dans le ciel —, le cerveau n'extrapole plus. C'est la loi dite d'Emmert. Mais un autre phénomène intervient aussi : la micropsie. En l'absence de repères environnants, notre système visuel réalise en effet une accommodation dite en mode « nocturne », c'est-à-dire à moins de 2 m devant les yeux. La lune étant au-delà, un phénomène de « suraccommodation » la fait paraître petite.

122 Pourquoi certains animaux en arrivent-ils à se suicider ?

Un scorpion encerclé par les flammes qui se pique jusqu'à la mort ? Des hordes de lemmings sautant du haut des falaises ? Au vrai, ces « suicides » n'en sont pas : il s'agit de mythes, nés d'interprétations anthropomorphiques des comportements animaux. Le scorpion meurt en fait de se déshydrater et de se recroqueviller sous l'effet de la chaleur (il est d'ailleurs insensible à son propre venin). Quant aux lemmings, en cas de surpopulation, des groupes partent conquérir de nouveaux territoires et, s'ils se jettent du haut d'une falaise, c'est qu'ils assimilent la mer à une rivière qu'ils vont pouvoir franchir à la nage… En réalité, aucune espèce animale n'est capable de se suicider. Ce serait contraire au principe fondamental de la sélection naturelle : sur-

Les termites défendent leur colonie au prix de leur vie, mais c'est au bénéfice du groupe.

vivre pour transmettre ses gènes. Toutefois, certains comportements semblent échapper à cet instinct de survie, comme chez les termites ou les fourmis, où « soldats » et ouvrières sont programmés pour sacrifier leur reproduction, voire leur vie. Par exemple, les soldats termites de l'espèce *Globitermes sulphureus* se comportent en vrais kamikazes : pour défendre leurs colonies, ils éjectent un liquide gluant immobilisant l'adversaire, or cette éjection est parfois si violente que les termites explosent. Mais c'est toujours au bénéfice du groupe. C'est ce qu'on appelle la sélection de parentèle : les termites d'une même colonie étant très proches génétiquement, le fait que le termite lui-même ou son frère se reproduise revient finalement au même. En mourant pour sa colonie, l'individu « suicidé » favorise la reproduction de ses sœurs, frères ou cousins.

123 Pourquoi les vrais jumeaux ne possèdent pas les mêmes empreintes digitales ?

Avec les grains de beauté, elles sont un des moyens infaillibles de distinguer des jumeaux homozygotes (issus du même œuf). Ces sillons au bout des doigts sont inscrits dans les gènes de notre espèce, mais leur dessin est unique pour chacun, et lié au fait que nos gènes ne commandent pas tout. Le dessin des empreintes dépend de l'organisation des papilles de Malpighi, terminaisons des nerfs de la peau situées juste sous de l'épiderme. Elles forment des crêtes séparées par des sillons, et le dessin visible à la surface de la peau est le reflet de ce schéma profond. C'est à la huitième semaine de gestation que les premières lignes s'esquissent, mais un simple mouvement peut modifier le tracé des crêtes et des sillons. La pression sanguine du cordon ombilical jouerait aussi un rôle de perturbateur, or on sait que les cordons des jumeaux sont de longueur et de diamètre différents.

Comparer les empreintes digitales est un moyen infaillible pour distinguer des jumeaux homozygotes.

124 Pourquoi le sourire de la Joconde est-il si énigmatique ?

Depuis sa naissance au début XVIe siècle, la question anime ses admirateurs. Car si on observe Mona Lisa de loin, elle semble sourire ; pourtant, si on fixe attentivement sa bouche, celle-ci n'apparaît nullement souriante. En 2000, Margaret Livingstone, une neurologue américaine de l'université Harvard, révèle l'illusion d'optique à laquelle le chef-d'œuvre de Léonard de Vinci nous soumet depuis cinq siècles. Pour comprendre, il faut savoir que l'homme possède deux systèmes distincts de traitement de l'information visuelle. Et cette division du travail se retrouve à chaque étape du transfert de l'information. Ainsi, lorsque l'image lumineuse vient s'imprimer sur la rétine, elle est traitée par deux régions. Une aire centrale, appelée « fovéa », capte les couleurs tandis que la zone périphérique se charge des différences de luminosité. A partir de là, l'information qui provient de la fovéa et celle recueillie à sa périphérie sont envoyées vers deux couches différentes du cerveau consacrées à l'information visuelle. Celle dédiée à la fovéa se charge de reconnaître les objets, les visages, les couleurs et les détails. Celle de la périphérie se consacre à la perception du mouvement, de l'espace, de la position, de la profondeur. Résultat : grâce à la superposition de ces deux systèmes visuels, nous avons à la fois, une vision nette et en couleur des points que nous fixons et une vision floue mais organisée de la périphérie. Pour la neurologue américaine, ce tableau est une illustration idéale de cette caractéristique. Lorsqu'on regarde la Joconde, nos yeux se posent instinctivement sur les siens. La bouche est vue par le système périphérique, qui perçoit un sourire en raison de l'ombre au coin gauche des lèvres. En revanche, lorsqu'on fixe la bouche de la Joconde, c'est le système central qui la perçoit. Et là, point de sourire !

Le fameux sourire de Mona Lisa cache une illusion d'optique, décryptée cinq siècles après que Vinci eut peint son chef-d'œuvre.

COMM

ENT ?

COMMENT ?

Comment...

COMMENT ?

Comment...

COMMENT ?

Comment…

COMMENT ?

Comment…

125 Comment sait-on que les **plantes communiquent** entre elles ?

Pour « se parler », les plantes s'envoient de savants cocktails chimiques, qui ont complètement échappé à l'observation jusque dans les années 1980.

Un des cas les mieux décrits est celui de l'acacia. Typique de la savane africaine, cet arbre attire les antilopes koudous, qui se délectent de ses feuilles. C'est en trouvant des antilopes mortes de faim à côté d'acacias pourtant encore verts que des chercheurs sud-africains ont suspecté des mécanismes de défense inédits. Ils ont donc procédé à une expérience : fouetter vigoureusement les feuilles et les analyser. Au bout de 2 heures, leur teneur en tanins avait atteint jusqu'à deux fois et demie la quantité initiale, et elles étaient devenues immangeables ! Plus fort : des mesures effectuées sur des acacias voisins ont montré qu'il y avait aussi eu transmission d'un message d'alerte d'arbre à arbre *via* un gaz ! Ainsi, une feuille agressée, en étant mordue ou déchiquetée, libère un gaz, l'éthylène, qui, diffusant dans un rayon de 6 m, se dépose sur les feuilles voisines et déclenche la sécrétion de tanins chez les acacias récepteurs. Plus près de nous, les peupliers réagissent dans les 50 heures qui suivent une agression en doublant la teneur en tanins de leurs feuilles. Dans le même temps, les arbres voisins non agressés augmentent de près de 60 % leur proportion de tanins. Le responsable : l'éthylène, encore. C'est lui qui permet également à nos pommes et à nos bananes de s'échanger des informations, non pas d'alerte, mais de croissance. Professeur de biologie végétale à l'université de Metz et auteur des *Langages secrets de la nature,* Jean-Marie Pelt observe ainsi que « des pommes en train de mûrir hâtent le jaunissement de bananes vertes situées à proximité ». Pour se défendre, les plantes peuvent aussi dialoguer avec certains insectes prédateurs. Un exemple ? La chenille *Manduca sexta* affectionne les feuilles de tabac, où, tandis qu'elle s'en nourrit, elle dépose sa salive, qui agit comme un signal. La plante produit alors une hormone (l'acide jasmonique) qui, combinée à l'éthylène et libérée ainsi dans l'air, attire une guêpe de la famille des ichneumons. Cette guêpe reconnaît dans la chenille une proie de choix, fond sur elle, la paralyse et y pond un œuf : le tabac est ainsi sauvé.

Le chou, le maïs ou encore la tomate n'hésitent pas non plus à provoquer l'attaque des ennemis de leurs ennemis. La loi de la jungle n'exclut pas la solidarité, bien au contraire.

C'est l'éthylène qui permet aux plantes de s'envoyer des messages complexes de défense ou de croissance.

126 COMMENT les cellules meurent-elles ?

Pour une simple cellule, la mort se présente sous deux visages : la nécrose, désintégration due à une agression violente, ou l'apoptose, processus d'autodestruction induit par l'organisme pour assurer sa propre survie. Ainsi, l'apoptose permet à l'organisme d'éliminer les cellules abîmées et contrebalance la centaine de milliards de divisions cellulaires qui le régénèrent chaque jour. Concrètement, parmi tous les signaux qui sont envoyés à la cellule, certains peuvent lui intimer un ordre du style : « Tue-toi ! » Plus subtilement, d'autres vont court-circuiter les processus qui la poussaient à se maintenir en vie. Lorsque ces signaux lui intiment l'ordre de s'autodétruire, la cellule se contracte ; son noyau se fragmente ; sa membrane reste intacte mais forme des boursouflures qui, finalement, se détachent. Il ne reste plus aux nettoyeurs de l'organisme qu'à faire place nette en absorbant et en digérant la moribonde…

Dès le milieu du XIXe siècle, les scientifiques ont observé que, chez toutes les espèces étudiées, la formation même de l'embryon est ponctuée d'extinction massive de cellules. Un siècle plus tard, ce phénomène trouve son explication : la mort cellulaire fait partie intégrante du programme de développement de l'embryon. Elle est le moyen de « sculpter » l'organisme. Par exemple, chez l'embryon humain, c'est elle qui détache les doigts en programmant la mort des tissus qui, au départ, les « collent » ensemble.

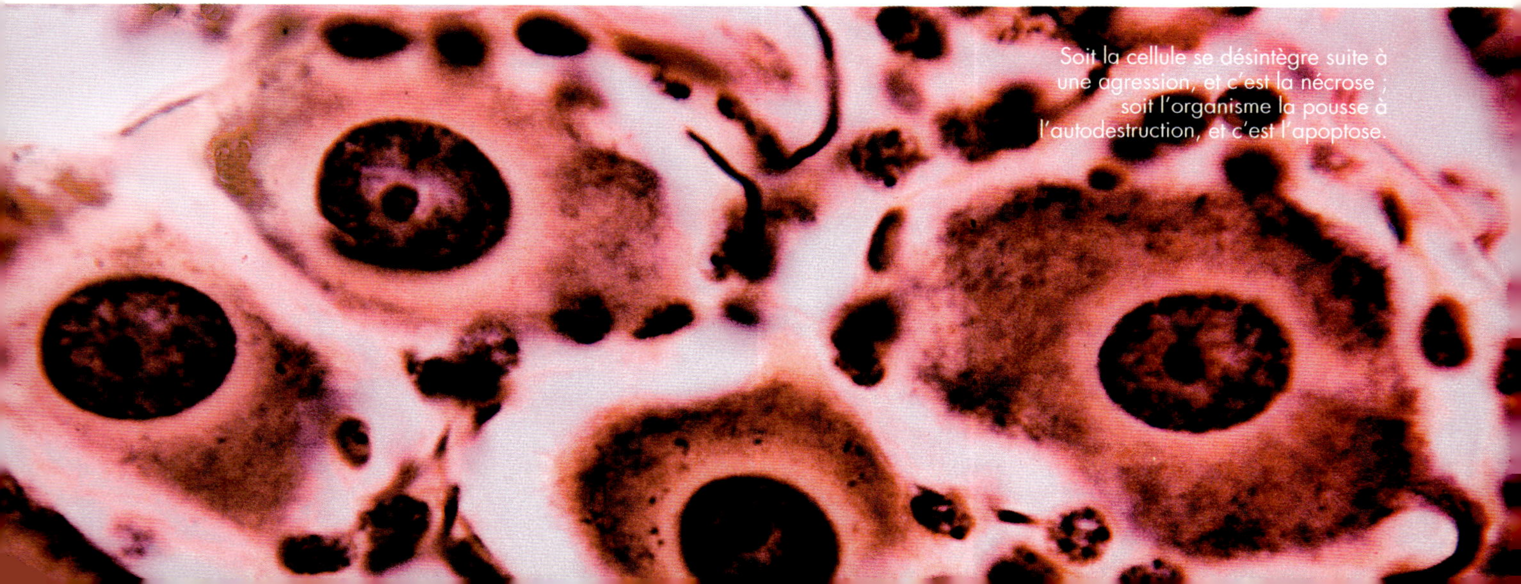

Soit la cellule se désintègre suite à une agression, et c'est la nécrose ; soit l'organisme la pousse à l'autodestruction, et c'est l'apoptose.

Que se passe-t-il alors si l'apoptose ne remplit plus sa mission ? Il s'avère qu'elle joue en effet un rôle fondamental dans certaines pathologies, à commencer par le cancer : les cellules cancéreuses sont celles qui ont perdu la capacité normale d'autodestruction. Résultat : elles se répliquent tous azimuts, migrent dans d'autres parties du corps et forment des métastases. A l'inverse, des affections neurodégénératives, telles la maladie de Parkinson ou la chorée de Huntington, résultent d'une hécatombe de certains neurones par apoptose. Enfin, des agents infectieux ont fait du « suicide » cellulaire leur arme contre l'organisme. Dans ce domaine, la palme revient au virus de l'immunodéficience humaine, le VIH, responsable du sida. Celui-ci est ainsi capable à la fois d'empêcher l'apoptose de la cellule dans laquelle il s'est installé, tout en provoquant celle des cellules qui pourraient le menacer, comme les lymphocytes tueurs.

127 COMMENT est-il possible de fabriquer de l'eau ?

La technique est ancienne et avait déjà cours… au XVIIIe siècle ! En 1783, Lavoisier reprend des expériences menées par Henry Cavendish et Joseph Priestley. Il constate que la synthèse de l'eau fait intervenir un gaz qui, à la moindre étincelle, s'enflamme et forme de la vapeur d'eau. Il le baptise « hydrogène ». La réaction de deux molécules d'hydrogène gazeux (H_2) et d'une molécule d'oxygène gazeux (O_2) forme deux molécules d'eau (H_2O). L'eau n'est donc pas, comme on le croyait, une entité chimique indissoluble ! Cela étant, envisager cette réaction comme un remède au manque d'eau potable se heurte à un obstacle de taille : le dihydrogène n'existe pas à l'état naturel. Le plus facile est de l'obtenir… à partir de l'eau elle-même, par électrolyse ! La combustion de matière organique n'est pas non plus envisageable, car outre la vapeur d'eau, elle libère de fortes quantités de gaz carbonique. Pas idéal pour l'environnement ! De plus, ces deux méthodes s'avèrent ruineuses, alors que, bien souvent, le problème n'est pas tant le manque d'eau que le coût d'obtention d'une eau potable. On envisage donc plutôt de dessaler l'eau de mer ou de puiser dans des forages profonds. Des capteurs de brouillard ont aussi été mis en place, au Chili par exemple, pour récupérer la vapeur d'eau contenue dans l'air.

D'où que l'on observe l'Univers, on se tient toujours au centre d'une sphère apparente quasiment identique.

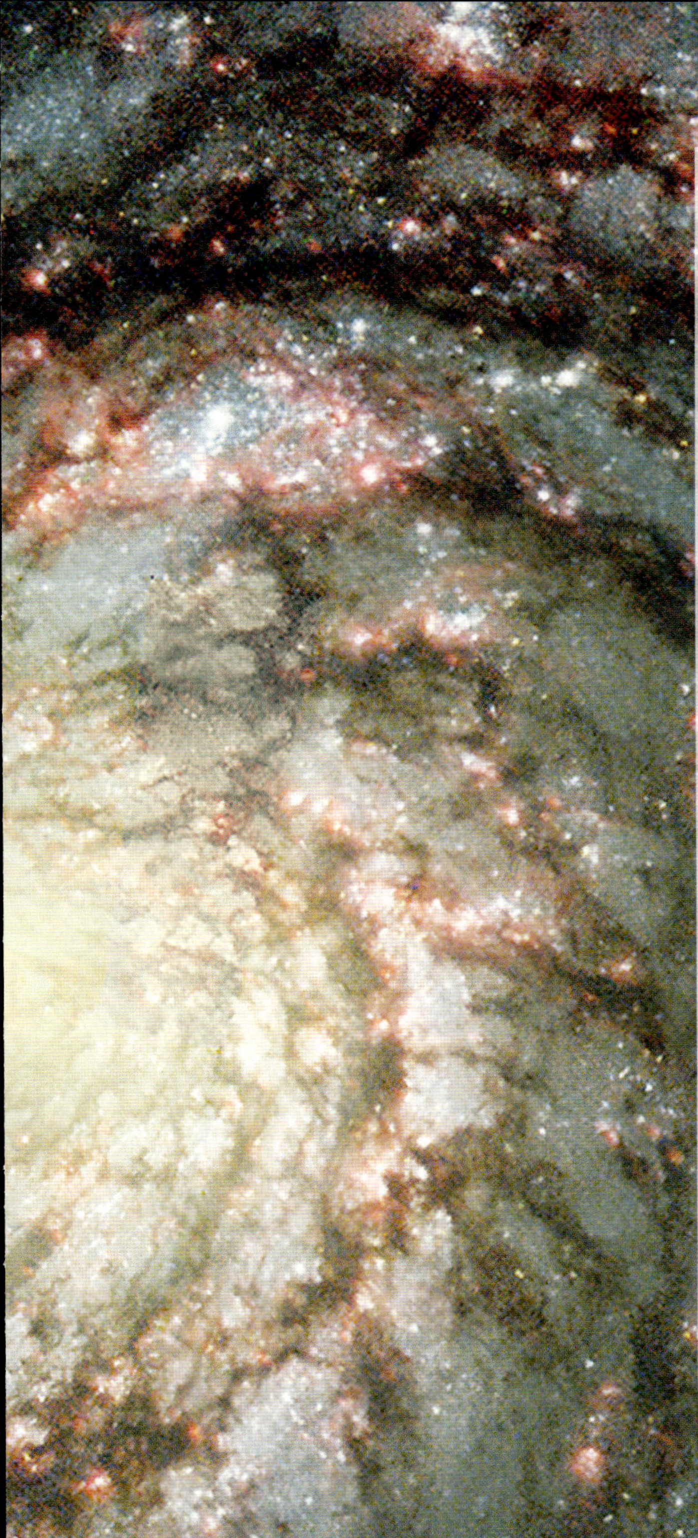

128 Comment pourrait-on situer le centre de l'Univers ?

Aux yeux de la cosmologie, n'importe quel point de l'Univers peut être considéré comme son centre car, à la lumière de la théorie de la relativité générale, il n'existe en cet Univers aucun repère absolu puisque les télescopes ne nous renseignent ni sur sa forme globale ni sur ses limites. Toutefois, selon certains cosmologistes, l'Univers évolue à partir d'un « point » singulier : le big bang. Et toute l'information qui nous provient du cosmos est limitée par l'âge de l'Univers : 13,7 milliards d'années. Le big bang a eu lieu partout dans le « point » initial. Autrement dit, tout l'espace-temps connu était déjà contenu dans ce « point », en fait la sphère apparente que constitue l'Univers visible aujourd'hui, rapportée au moment du big bang. Entre-temps, l'espace s'est « dilaté ». Résultat, nous sommes tous situés au centre d'un planétarium spatio-temporel. Mais cette sphère céleste reste un repère relatif : d'où que l'on observe l'Univers, on se situe toujours au centre d'une sphère apparente quasiment identique, qui délimite « notre » Univers. Un observateur situé à 10 années-lumière de nous verrait un Univers tout aussi vaste, dont le plus vieux rayonnement mesurable aurait lui aussi 13,7 milliards d'années. L'Univers « en soi » est donc infiniment plus vaste que l'Univers visible.

129 Comment prévenir une rupture d'anévrisme ?

Tout commence par la déformation d'une artère cérébrale créant une petite excroissance dans laquelle le sang s'engouffre. A partir de là, tout dépend de la capacité de l'artère à résister à la pression sanguine s'exerçant dans l'anévrisme. Si elle rompt, le sang libéré envahit les tissus du cerveau et augmente considérablement la pression intracrânienne. Les conséquences peuvent parfois être dramatiques, le malade souffrant alors d'incapacités motrices ou cognitives, et pouvant même décéder.

Imprévisible et choquant, cet accident touche 1 adulte sur 1 000 dans le monde chaque année, et de 2 à 5 personnes sur 100 seraient porteuses, sans forcément le savoir, d'un anévrisme cérébral. Toutes ne sont pas concernées par la rupture, mais si celle-ci survient, des signes avant-coureurs l'annoncent : un violent mal de tête, accompagné éventuellement de nausées, de vomissements, de convulsions, de paralysie des membres ou de troubles visuels et auditifs… Autant d'indices révélant que, quelque part dans le cerveau, un anévrisme s'est rompu, cédant sous la pression sanguine.

Le problème, c'est que la médecine ne sait pas évaluer, à l'heure actuelle, si un anévrisme va se rompre ou non, d'où, l'importance de la prévention. Une première technique consiste à surveiller par des scanners les patients présentant des prédispositions aux anévrismes cérébraux, c'est-à-dire ceux touchés par des maladies comme la polykystose rénale ou les malformations artérioveineuses. Ceux dont deux membres de la famille ont connu une rupture anévrismale sont également suivis de près.

Une deuxième technique vise à traiter les anévrismes non rompus grâce à un procédé éprouvé pour les anévrismes rompus.

L'idée : empêcher le sang de circuler dans l'anévrisme en le comblant avec de petits enroulements de platine — des *coils,* « spirales » en anglais —, un métal qui ne se corrode pas dans le sang et ne provoque pas d'allergie. Ces coils sont guidés par cathéter jusqu'au cerveau *via* l'artère fémorale. Contrairement aux traitements lourds de chirurgie intracrânienne, qui visent à sectionner purement l'anévrisme, cette technique dite d'« embolisation » présente l'immense avantage de ne pas ouvrir la tête du patient. Elle représente environ 70 % des actes pratiqués en France. Mais une question se pose : est-il opportun de traiter les anévrismes découverts fortuitement ? Dans le cas de la découverte d'un anévrisme de plus de 5 mm chez un trentenaire, la réponse est assurément oui, mais *quid* d'un patient âgé, qui pourrait fort bien aller au bout de sa vie sans jamais voir son anévrisme cérébral se rompre ? Est-il nécessaire d'intervenir, sachant que le traitement par embolisation comporte encore 1 % de risque de mortalité et environ 2 % de risques de complications, comme la formation de caillots ou même la rupture ? Un cas d'éthique… Pour y voir plus clair, une étude internationale, Team, a été lancée en septembre 2007. Son objectif : laisser l'arbitraire statistique choisir de traiter ou non les patients pour lesquels les médecins hésitent, et suivre alors les patients engagés dans l'étude sur une durée de 10 ans. D'ici là, et au vu des recherches actuellement en cours, les risques du traitement pourraient être revus à la baisse.

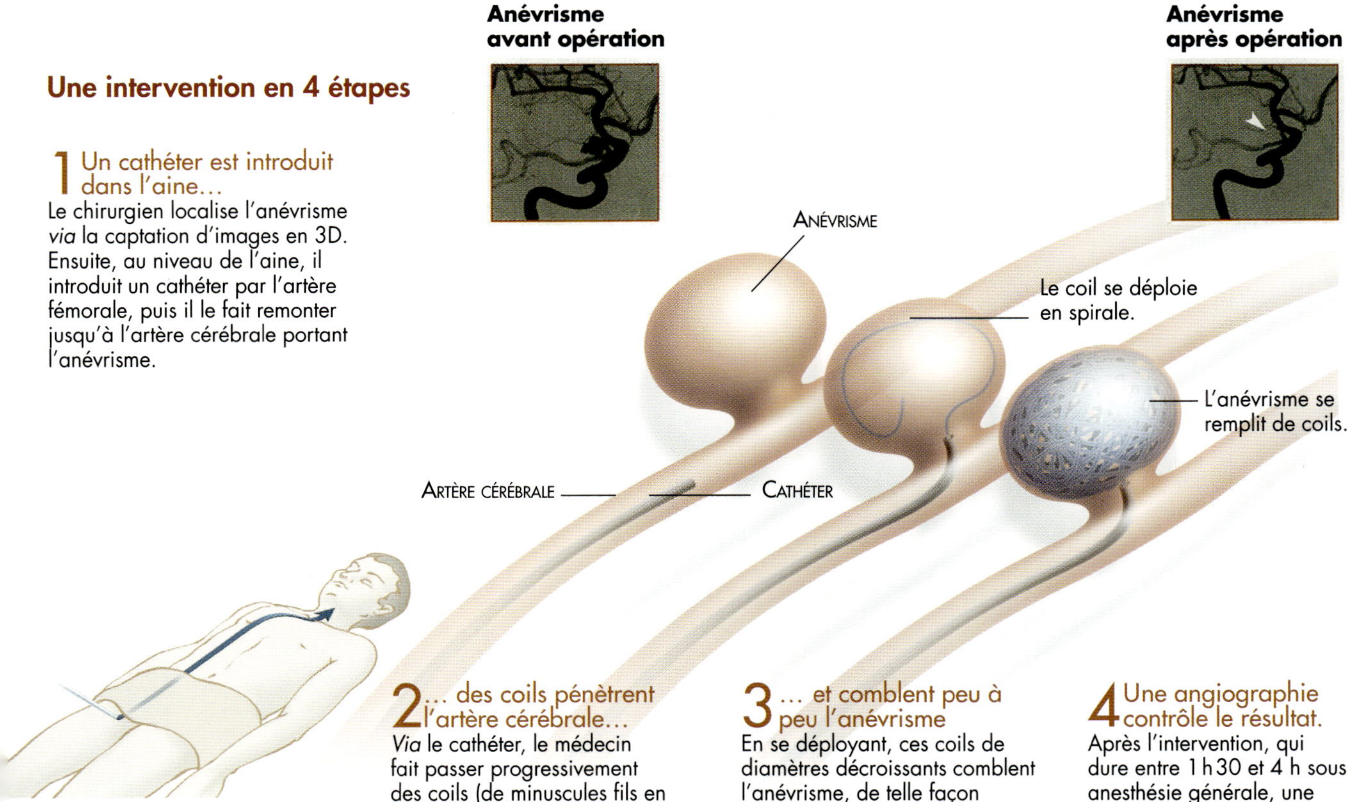

Une intervention en 4 étapes

1 Un cathéter est introduit dans l'aine…
Le chirurgien localise l'anévrisme *via* la captation d'images en 3D. Ensuite, au niveau de l'aine, il introduit un cathéter par l'artère fémorale, puis il le fait remonter jusqu'à l'artère cérébrale portant l'anévrisme.

2 … des coils pénètrent l'artère cérébrale…
Via le cathéter, le médecin fait passer progressivement des coils (de minuscules fils en platine). Arrivés au niveau de l'artère, les coils forment des petites spirales.

3 … et comblent peu à peu l'anévrisme
En se déployant, ces coils de diamètres décroissants comblent l'anévrisme, de telle façon que le sang n'y pénètre plus.

4 Une angiographie contrôle le résultat.
Après l'intervention, qui dure entre 1 h 30 et 4 h sous anesthésie générale, une angiographie (injection d'un produit de contraste dans les vaisseaux) vérifie la non-porosité de l'anévrisme.

L'interférence de deux faisceaux lumineux à la surface de la bulle y fait apparaître des couleurs.

130 Comment s'expliquent les reflets colorés à la surface des bulles de savon ?

Une bulle de savon, comme une eau savonneuse ou huileuse, revêt une irisation à sa surface : des teintes multicolores s'entremêlent, une ébauche de spectre lumineux apparaît. Car le mince film qui en constitue la surface est composé de deux couches de molécules de savon, pétrole ou autres corps gras aux propriétés tensioactives, c'est-à-dire qui ne se mélangent pas à l'eau. Du fait de cette propriété, une fine tranche de molécules d'eau vient donc s'immiscer entre ces deux couches. Un sandwich de quelques millièmes de millimètres qui suffit à bouleverser le comportement de la lumière ! En effet, une partie des rayons qui frappent cette bulle est réfléchie par la paroi externe de la fine tranche d'eau, l'autre par sa paroi interne. Or ces deux faisceaux réfléchis se superposent et interagissent. C'est d'ailleurs en observant les couleurs d'une bulle de savon que Thomas Young, médecin et physicien anglais, comprend en 1800 que ces deux ondes réfléchies interagissent. Il nomme ce phénomène « interférence » et confirme l'aspect ondulatoire de la lumière. Car, il ne faut pas l'oublier, la lumière est un ensemble de milliers d'ondes qui se propagent, chacune d'entre elles étant caractérisée par la distance entre deux crêtes consécutives : la longueur d'onde. A chaque longueur d'onde correspond une couleur. Les plus courtes sont bleues et les plus grandes, rouges ; entre les deux, une gamme de couleurs d'une infinie variété. Ces différentes valeurs expliquent pourquoi seules certaines nuances apparaissent à un endroit de la surface de la bulle de savon. Tout dépend en fait de l'épaisseur de la bulle : une fine paroi sera porteuse d'un bleu terne et une paroi épaisse donnera des couleurs rouges. Et ce sont les irrégularités de la paroi de la bulle qui conduisent à ces irisations multicolores. Ces interférences sont d'ailleurs utilisées par les industriels comme moyen de mesure ou témoin de certains défauts. Mais les bulles de savon ont encore d'autres applications : les turbulences. Celles-ci apparaissent notamment lorsque l'on mélange du lait à du café : il se met à tourbillonner de manière chaotique dans toutes les directions et à toutes les échelles. Ce comportement complexe, que l'on retrouve dans l'air, est difficile à étudier et à modéliser. En 2005, deux chercheurs du Centre de physique moléculaire optique et hertzienne de Talence ont étiré un film de savon sur 2 à 3 m de long. En étudiant le comportement turbulent de l'eau qui s'écoule entre les deux couches de savon et les variations de lumière des ondes, ils ont ainsi pu établir les statistiques des turbulences.

131 COMMENT les **aveugles** de naissance **rêvent**-ils ?

N'ayant jamais perçu d'images de leur vie, les aveugles de naissance ne peuvent pas rêver en images. Leur cerveau ne dispose en effet d'aucune donnée qui leur permettrait de construire un scénario en images. Comme l'explique Philippe Peigneux, chercheur en neurosciences au Centre de recherches du cyclotron à Liège, « dans les phases du sommeil pendant lesquelles nous rêvons, les zones sensorielles primaires du cerveau, qui prennent en charge pendant la journée les informations transmises par les organes des sens, sont désactivées. Elles passent alors le relais aux régions associatives, impliquées dans le stockage des images visuelles, sonores, gustatives, auditives ou tactiles. Elles forment une sorte de bibliothèque de représentations, appelée contenu mnésique. » Le cerveau peut ainsi piocher à loisir dans ce stock de représentations pour créer des images mentales et construire nos rêves. Faute d'avoir pu stocker des images, les aveugles de naissance fabriquent leurs rêves à partir des seules représentations auxquelles ils ont accès — sonores, auditives, tactiles et gustatives —, qui sont stockées et utilisées dans le rêve.

Cécile Tarabhat, ex-institutrice pour enfants malvoyants et aveugles et elle-même aveugle de naissance, le confirme : « Mes rêves se déroulent de la manière dont je perçois la réalité quand je ne dors pas. Ce sont souvent des bruits, des sensations, voire des odeurs… Je peux sentir quelqu'un à côté de moi, on se parle… Récemment, j'ai rêvé que je lisais un texte en braille et que, tout à coup, je n'y arrivais plus, le papier se lissait sous mes doigts. »

En fait, si les rêves des voyants sont surtout peuplés d'images, c'est que la vue est leur sens dominant. Les personnes ayant perdu la vue après l'âge de 7 ans rêvent encore en images, et cela tout au long de leur vie.

Généralement, la privation d'une modalité sensorielle accroît l'importance d'autres modalités. Ainsi les aveugles de naissance décrivent-ils un environnement onirique très sonore, tandis que les rêves des sourds de naissance contiennent souvent des couleurs très vives. En définitive, nous construisons nos rêves avec ce que nous connaissons. Le cerveau ne peut inventer des perceptions qu'il n'a jamais eues.

132 Comment l'effervescence vient aux cachets ?

Dans l'eau, le bicarbonate de soude se dissocie en deux corps, dont l'un réagit avec l'acide organique et forme du CO_2 qui s'échappe sous forme de bulles.

C'est dans l'association entre le bicarbonate de soude ($NaHCO_3$) et un acide « organique » (ascorbique, principe actif de la vitamine C, ou acétylsalicylique, dans le cas de l'aspirine) que se cache le secret de l'effervescence des cachets. Les acides organiques sont des composés chimiques qui contiennent toujours un groupe dit carboxyle (COOH). A l'état solide, le bicarbonate de soude et l'acide organique ne réagissent pas. Lorsque le cachet est immergé, le bicarbonate de soude, de charge électrique neutre, se dissocie en deux corps de charges électriques opposées : l'ion sodium (Na^+), de charge électrique positive, et l'ion hydrogénocarbonate (HCO_3^-), chargé négativement. Ce dernier réagit avec l'acide organique et forme de nouveaux composés, dont du gaz carbonique (CO_2) qui, peu soluble, s'échappe en produisant des bulles. L'utilité d'un tel procédé ? Grâce à l'effervescence, les effets du principe actif surviennent plus rapidement. En effet, un comprimé classique doit d'abord passer par une phase de dissolution totale à l'intérieur de l'estomac avant de pouvoir traverser la muqueuse gastrique et passer dans le sang. L'effervescence fait l'économie de cette étape et réduit le risque d'agression sur les parois du tube digestif. Cela étant, quel est l'avantage d'un comprimé effervescent sur une suspension buvable ? La réponse réside dans le bicarbonate de soude. En effet, son action neutralisante sur l'acide organique du comprimé rend le liquide acide au goût. De plus, étant naturellement soluble dans l'eau, inutile de le remuer énergiquement avant de le boire. Enfin, l'aspect pétillant renforce l'idée même de son efficacité.

133 COMMENT la lumière peut-elle se réfléchir dans une glace ?

Ce phénomène est d'autant plus étonnant quand on sait qu'une particule de lumière, c'est-à-dire un photon, disparaît instantanément à peine a-t-elle frappé un objet, en cédant à la matière toute son énergie. Et pourtant, lorsqu'un photon rencontre un miroir, il semble bel et bien rebondir. Mais ce n'est qu'apparence ! Car un photon ne rebondit pas à proprement parler : il est absorbé par un atome du miroir, lequel réémet alors un autre grain de lumière quasi simultanément. Ce n'est donc pas le même photon qui paraît se réfléchir !

Pour comprendre, il faut savoir que, lorsque lumière et matière se rencontrent, deux modes d'interaction entrent en compétition dans le matériau : l'absorption et la diffusion. Et la réflexion n'est qu'une interprétation macroscopique de cette dernière.

Pour qu'il y ait absorption d'un photon, son énergie doit correspondre exactement à la fréquence de la « résonance de l'atome ». En clair : ce dernier exploite cette énergie pour faire passer un de ses électrons de l'état fondamental à un état excité. Mais l'atome cherche aussitôt à retourner dans son état le plus stable, souvent en dissipant ce trop-plein d'énergie dans le matériau sous forme de chaleur, qui n'est autre que le rayonnement lumineux. C'est ainsi que l'absorption donne leur couleur aux objets. En effet, la lumière blanche du soleil contient toutes les couleurs visibles. Lorsqu'elle tombe sur une pomme rouge, par exemple, le fruit absorbe toute la lumière bleue, ainsi que du vert et du jaune, mais le reste, c'est-à-dire le rouge, est renvoyé vers notre œil. Les objets réfléchissants, eux, n'absorbent aucune couleur particulière. Mettez au soleil une pomme et un miroir : la première chauffe beaucoup plus que le second, parce que le miroir est recouvert d'une fine couche d'argent qui, comme tous les métaux, n'absorbe pas la lumière.

Pourtant, cela n'empêche pas les objets réfléchissants d'interagir. De fait, l'arrivée des photons met en oscillations forcées le nuage des atomes métalliques, lesquels, en réponse, émettent chacun un nouveau photon, de même énergie que celui qu'ils ont reçu mais dans une direction aléatoire. Tout se passe comme si l'atome émettait des photons tout autour de lui, créant une onde sphérique. Or, si le milieu est assez dense, les différents atomes sont si proches que ces ondes interfèrent, et s'ajoutent ou s'annihilent. A la surface d'un matériau réfléchissant, elles s'annulent dans toutes les directions, excepté celle qui correspond à la réflexion. Si la surface est assez lisse, toutes les ondelettes sont même réfléchies de manière que l'angle d'incidence soit égal à l'angle réfléchi. On retrouve ainsi, mais à l'échelle microscopique, la première loi de la réflexion en optique géométrique !

Il suffit donc de polir une pierre ou une pomme pour y distinguer son propre reflet. Les photons « rebondissent » d'autant mieux que les atomes de la surface qu'ils rencontrent sont bien ordonnés et forment un matériau conducteur. Ils diffusent alors la totalité de la lumière, sans absorber et dissiper en chaleur le moindre photon.

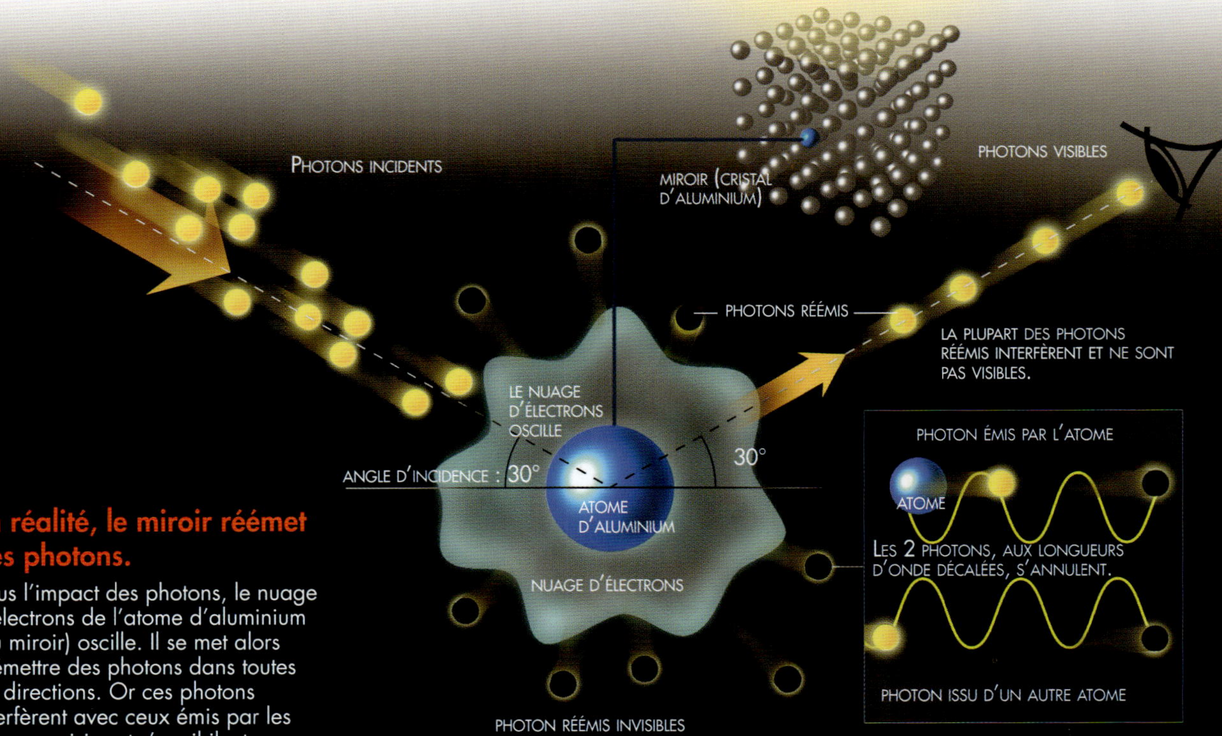

En réalité, le miroir réémet des photons.

Sous l'impact des photons, le nuage d'électrons de l'atome d'aluminium (du miroir) oscille. Il se met alors à émettre des photons dans toutes les directions. Or ces photons interfèrent avec ceux émis par les atomes voisins et s'annihilent… sauf dans une direction : celle qui correspond à l'angle d'incidence, et donc à la réflexion.

Du manteau terrestre à la surface
de la planète, la pierre parcourt
un long voyage jusqu'à nous.

134 COMMENT s'explique la présence des **pierres** ?

Une pierre, c'est un petit morceau de notre planète. Oui, mais pour qu'un tel fragment échoue à portée de main, quel long voyage et que de multiples transformations ! Au départ, toute pierre provient de la croûte terrestre, cette couche externe du globe, constamment recyclée et qui se forme à partir des matériaux du manteau. L'origine de la pierre est donc le manteau, qui s'étend jusqu'au noyau terrestre à quelque 2 900 km de profondeur. Il est constitué pour moitié d'oxygène et de silicium, or l'oxyde de silicium (ou silice) est un matériau familier que l'on utilise sous forme de verre ou de cristal. La pierre se présente donc sous la forme d'un conglomérat de cristaux, cimentés par une quantité variable de verre. Ce matériau « mantellique » est transporté vers la surface par différents phénomènes volcaniques, puis se transforme lentement dans la croûte. Il va être concassé, fondu, resolidifié… Fin de l'histoire ?

Nullement. Car d'autres éléments, présents en petites quantités dans le manteau (magnésium, aluminium, fer, calcium), jouent également un rôle essentiel. Ainsi, dans le manteau, à près de 2 000 °C et 150 000 atmosphères (soit 150 000 fois la pression à la surface de la Terre), le cristal stable majoritaire est l'olivine. Il s'agit d'un minéral vert qui rassemble un ou deux atomes de magnésium et un ou deux atomes de fer, pour un atome de silicium et quatre atomes d'oxygène. Concrètement, l'olivine est associée à d'autres cristaux plus compacts, dont la proportion croît avec la profondeur, comme les pyroxènes. Les roches formées par l'association de ces minéraux s'appellent des « péridotites ». Elles constituent le volume du manteau, et c'est ce matériau qui, transporté vers la surface par les mouvements de conduction du manteau, est à la source des cailloux de nos campagnes. Les pierres sont donc des morceaux de péridotite ?

Loin s'en faut ! Car avant d'arriver à la surface de la Terre, cette roche subit en général une brusque détente et une liquéfaction partielle. C'est l'origine du magma, dont la composition chimique est plus ou moins proche de celle de la péridotite selon les conditions de sa fusion. Quant aux conditions de recristallisation près de la surface, elles sont très différentes ! Les subtiles variations de composition chimique et la durée de cristallisation sont déterminantes. Elles permettent de distinguer par exemple le granit — issu d'une lente solidification souterraine qui laisse aux cristaux le temps de pousser — et le basalte, produit par la brusque « trempe » du magma à l'air ou à l'eau libre. Le premier est constitué de gros cristaux bien visibles qui font la fortune des marbriers (quartz, feldspath orthose, mica). Le ▶

second est un conglomérat terne et sombre de minéraux microscopiques (olivine, pyroxène, feldspath, plagioclase) et de verre amorphe. Le granit constitue le socle profond des continents, et les basaltes se trouvent surtout dans le plancher des océans. Bien des événements vont alors être nécessaires avant que ces roches n'apparaissent au détour d'un chemin de randonnée…

Ce qui entre alors en jeu, c'est la longue transformation géologique de la surface de la Terre sous l'effet de l'érosion et à nouveau la dérive des continents. De fait, la fermeture d'antiques mers, le plissement de nouvelles montagnes, la naissance de nouveaux volcans, tous ces processus déforment, compriment, chauffent et refondent les minéraux, qui sont souvent forcés de changer de composition et de structure, ce que les géologues définissent sous le terme de « métamorphisme ». Finalement, on se retrouve avec plusieurs centaines de cristaux différents, associés en presque autant de roches principales : impossible de toutes les citer ! Et ce n'est pas fini, car depuis plus de 3 milliards d'années, les cailloux se partagent la surface de notre planète avec deux autres protagonistes : l'eau et la vie. L'eau use les roches sur lesquelles elle court et emporte les atomes les plus facilement solubles, comme le sodium et le calcium. Les roches s'en trouvent appauvries par endroits… et enrichies là où les infiltrations redéposent ces atomes sous la forme de nouveaux cristaux non siliceux.

La vie, quant à elle, poursuit ce processus de différenciation chimique. Les micro-organismes qui pratiquent la photosynthèse et dont les squelettes empilés pendant des millions d'années forment, par exemple, les falaises d'Étretat sont capables de trier les atomes un par un selon leurs besoins : ils absorbent le gaz carbonique et le combinent au calcium dissous dans l'eau de mer pour constituer de la calcite. Un tel calcaire n'a donc plus rien à voir avec les roches magmatiques expulsées des entrailles de la planète. Certes, les éléments chimiques qui le constituent — calcium, carbone et oxygène — ont été tirés de notre planète, mais c'est la vie qui les a rassemblés là. Arrachées par le vent, la pluie, le battement des marées ou encore l'avancée d'un glacier, roulées dans les rivières et sur les plages, les pierres, produits finis qui façonnent les paysages, ne nous parviennent qu'après une multitude de transformations, qui sont autant de jalons marquant l'histoire de notre planète… De véritables monuments, en quelque sorte !

135 COMMENT un seul spermatozoïde peut-il atteindre l'ovule ?

La fusion entre l'ovule et le spermatozoïde le plus rapide déclenche la formation d'un bouclier membranaire.

C'est un fait : sur les dizaines de millions de spermatozoïdes en compétition pour atteindre l'ovule, un seul « triomphe » de tous les autres. Son secret ? Il actionne une cascade de verrous dès son entrée dans l'ovule qui, en réponse, ferme l'entrée aux autres spermatozoïdes. Il faut savoir que l'ovule est entouré d'une substance gélatineuse protectrice, appelée « gangue », composée de grosses protéines enchevêtrées : la zone pellucide. Son rôle est crucial car c'est sur cette enveloppe que les centaines de spermatozoïdes parvenus jusqu'aux trompes se fixent, avant de « l'attaquer » en libérant un cocktail d'enzymes destiné à leur ouvrir le passage. Le spermatozoïde le plus rapide fusionne avec l'ovule dès qu'il l'atteint : c'est la fécondation. Cette fusion déclenche d'emblée la formation autour de l'ovule d'un bouclier membranaire, première barrière contre la polyspermie, c'est-à-dire l'entrée de plusieurs spermatozoïdes dans l'œuf. Par des mécanismes encore obscurs, la fusion des deux gamètes entraîne une augmentation brutale de la concentration en calcium dans l'ovule, ce qui provoque l'expulsion de milliers de petites vésicules situées juste sous sa membrane, les granules corticaux. Ceux-ci libèrent des enzymes qui entraînent le « décollement » de la zone pellucide et sa consolidation : elle se fige et devient infranchissable. La composition des protéines de la zone pellucide change également : celle-ci devient « membrane de fécondation », et les spermatozoïdes ne peuvent plus s'y fixer. Protégé par cette membrane de fécondation, l'œuf fécondé peut alors commencer à se diviser, définitivement inaccessible aux autres spermatozoïdes.

En août 2005, le cyclone Katrina dévaste le sud des Etats-Unis. Son œil mesure 40 km, et les vents atteignent au sol une vitesse de 280 km/h.

136 Comment se forment les cyclones ?

C'est avant tout une histoire d'air chaud… Mais, petite précision linguistique, le terme « cyclone » désigne, dans le langage courant, un ouragan, c'est-à-dire une perturbation tourbillonnaire dans laquelle le vent atteint force 12 (quelque 117 km/h). Dans le Pacifique Nord-Ouest, on parle de typhon. Pour amorcer sa formation, l'ouragan a besoin d'air chaud et humide, issu d'une eau à au moins 26 °C dans les 60 premiers mètres de profondeur. Ces conditions sont fréquentes dans les zones tropicales, entre 5° et 10° de latitude, dans la partie ouest des océans, sauf dans l'Atlantique Sud, où l'eau est plus fraîche. Ainsi, à basse altitude, l'air surchauffé par le rayonnement solaire et humidifié par l'océan monte dans les couches hautes de l'atmosphère. En s'élevant, il refroidit et atteint une température dite « de point de condensation ». Il y a alors formation de nuages. Plus l'écart de température de l'air entre basse altitude et haute altitude est important, plus l'air est instable, créant de violents orages. Les nuages à fort développement vertical, cumulus ou cumulonimbus, évoluent alors autour d'un centre cyclonique à faible altitude, qui va devenir l'« œil du cyclone ». Par évaporation, l'océan fournit l'humidité et l'énergie nécessaires au développement de l'ouragan. Le mouvement convectif (ascension de l'air) s'effectue sur une colonne d'air de taille suffisamment importante si la direction et l'intensité des vents sont stables dans les basses couches de l'atmosphère. Néanmoins, les ouragans ne peuvent se former qu'à plus de 550 km de l'équateur (au-delà de 5° de latitude), car la force de Coriolis — la force de déviation s'exerçant sur les corps en mouvement du fait de la rotation de la Terre — est alors suffisante pour amorcer le tourbillon initial dans la partie basse de la couche d'air. Cette force imprime une déviation du vent vers la droite dans l'hémisphère Nord et vers la gauche dans l'hémisphère Sud. Si aucun ouragan ne se forme dans les eaux pourtant chaudes de l'équateur, c'est précisément parce que la force de Coriolis y est nulle. Selon son intensité, le diamètre d'un ouragan varie entre 200 et 1 000 km. Il peut se déplacer, durant une dizaine de jours sur des milliers de kilomètres, à une vitesse moyenne de 20 à 25 km/h, mais,dès qu'il arrive sur les terres ou navigue sur des eaux plus froides, sa puissance décline puisque l'alimentation en vapeur d'eau cesse. Il provoque toutefois, près des côtes, des ravages impressionnants, notamment des raz-de-marée. Ses effets sont d'autant plus importants que le phénomène dépressionnaire fait monter le niveau de la mer de 1 à 3 m, voire 5 m pour un ouragan de classe 5. Par ailleurs, le gigantesque tourbillon atmosphérique engendre des vents qui soufflent à plus de 118 km/h, détruisant les pylônes électriques et les habitations précaires, couchant la végétation.

C'est en étroite collaboration avec les algues que les polypes bâtissent les récifs.

137 Comment naissent les récifs de corail ?

Ces immenses récifs sous-marins sont l'œuvre des scléractiniaires, dont plus de 2000 espèces sont connues. Parmi eux, les meilleurs constructeurs sont les polypes, qui travaillent en symbiose avec les zooxanthelles, des algues unicellulaires. Celles-ci bénéficient de l'azote et du phosphore produits par les polypes et fournissent, en échange, de l'oxygène grâce à la photosynthèse, du glucose, des lipides et des acides aminés. Les polypes se fixent sur les vestiges d'anciens récifs ou sur le substrat dur d'un fond marin rocheux. Arrivés à maturité, ils transforment le calcium dissout dans l'eau de mer en carbonate de calcium, qui constitue l'armature du récif. Les logettes ainsi formées abritent les polypes et leurs zooxanthelles, qui entretiennent la carapace calcaire en dégradant certains acides produits par les polypes. L'expansion s'effectue en fonction de la lumière. Ainsi, les algues, qui ont besoin de lumière, préfèrent se trouver aux extrémités de la colonie. A mesure que se forme le récif, les logettes calcaires se vident de leurs polypes, qui vont en bâtir une autre, vers la lumière. Ce déplacement, salutaire pour les algues, l'est aussi pour les polypes, car, en migrant vers l'extérieur de la colonie, ils accèdent à une nourriture plus abondante. Le nouvel emplacement offre au tandem des conditions optimales pour construire une nouvelle logette.

138 COMMENT nos **papilles** parviennent-elles à percevoir les **saveurs** ?

A ce jour, on sait *grosso modo* que tout commence au niveau des récepteurs du goût, blottis à l'intérieur de nos papilles et joliment appelés « bourgeons du goût » (voir infographie). Reliés à des cellules sensorielles spécialisées, ces récepteurs fixent les molécules porteuses de saveur, dites « sapides », et transmettent l'information correspondante jusqu'aux centres gustatifs dans le cerveau. Jusqu'ici, rien de compliqué.

Sauf qu'en zoomant sur ce qui se passe au niveau des bourgeons du goût, tout devient extraordinairement plus complexe, ne serait-ce que pour la raison suivante : contrairement à une idée reçue, le talent de nos papilles ne se limite pas à différencier les quatre saveurs fondamentales (sucré, salé, amer et acide), auxquelles on ajoute aujourd'hui l'« umami » (« délicieux » en japonais), qui définit un goût particulier, souvent utilisé dans la cuisine japonaise et correspondant à celui d'un acide aminé contenu dans la viande, le poisson et les légumes, le glutamate. Donc nos papilles ne sont pas cantonnées à ces saveurs de base ; elles peuvent distinguer une infinité de saveurs grâce à leurs bourgeons du goût ! Pour s'en persuader, il suffit, par exemple, de s'interroger sur la saveur de la réglisse : cette confiserie n'est ni salée, ni sucrée, ni amère et encore moins acide ; elle a une saveur de… réglisse ! « En fait, nous pouvons percevoir tout un continuum gustatif formé des innombrables goûts dont se compose l'infinie variété des aliments dans la nature, précise Annick Faurion, du laboratoire de neurobiologie sensorielle de l'Ecole pratique des hautes études. Mais, malheureusement, il nous manque des mots pour les décrire et les classer. »

En réalité, non seulement il n'existe pas que quatre ou cinq catégories de bourgeons du goût, mais ces récepteurs ne sont pas spécialisés dans la perception d'une seule et même saveur. Ainsi, les prétendus goût sucré et goût amer, antinomiques par excellence, peuvent être perçus par les mêmes récepteurs ! Plus généralement, chaque récepteur peut réagir à plusieurs dizaines de molécules différentes, et chaque molécule peut se fixer sur plusieurs types de récepteurs. Un véritable casse-tête ! Car si les récepteurs ne sont pas spécifiques, comment permettent-ils alors de distinguer les différentes saveurs ?

« Pour comprendre, il faut raisonner en termes de population de récepteurs activés, l'expression scientifique étant "pattern d'activation dans une population de neurones", explique Annick Faurion. Concrètement, selon la substance sapide en cause, différents groupes de récepteurs sont activés. Par exemple, la molécule M va agir sur un nombre *m* de récepteurs, et la molécule N sur un nombre *n*. Entre *m* et *n*, il y aura un certain nombre de récepteurs communs, mais jamais de superposition exacte. » Principal avantage d'un tel système : très économique, il assure la reconnaissance d'un nombre infini de saveurs existant dans la nature grâce à « seulement » 10 000 bourgeons du goût. Reste à expliquer comment l'image sensorielle formée au niveau de notre langue est ensuite interprétée par notre cerveau. Aujourd'hui, on sait qu'après avoir transité le long d'un circuit nerveux particulier, le message sensoriel qui apparaît dans nos papilles arrive dans différentes zones de notre cortex cérébral, et notamment dans la région spécialisée dans l'analyse des informations gustatives : le cortex gustatif. Mais la façon dont cette image sensorielle est « lue » par les centres supérieurs n'est pas encore bien comprise… Et les efforts pour éclaircir ce processus restent minimes : en France, par exemple, seules deux équipes sont sur le coup.

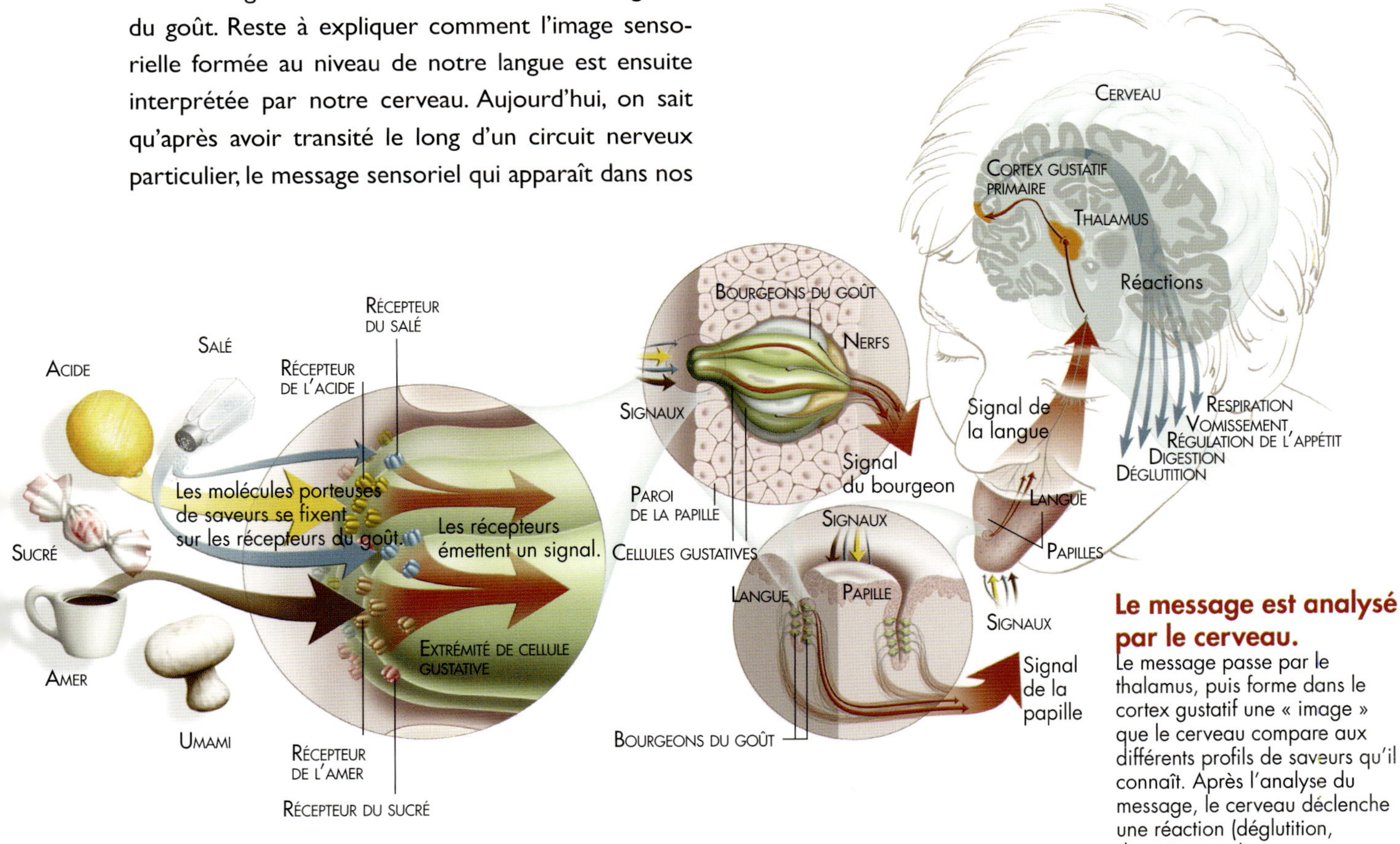

Le message est analysé par le cerveau.
Le message passe par le thalamus, puis forme dans le cortex gustatif une « image » que le cerveau compare aux différents profils de saveurs qu'il connaît. Après l'analyse du message, le cerveau déclenche une réaction (déglutition, digestion, etc.).

139 COMMENT fonctionnent les ampoules « basse consommation » ?

Un foyer français sur deux possède au moins une lampe basse consommation (LBC), ou « à économie d'énergie ». Toutefois, ce type de lampes ne représente encore que 4,5 % des ampoules vendues en France en 2008, contre 71,5 % pour les modèles traditionnels « à incandescence ». Mais, comme son nom l'indique, la lampe basse consommation a un gros avantage sur cette dernière puisqu'elle consomme jusqu'à cinq fois moins d'énergie, une économie qui tient à son mode de fonctionnement.

La LBC est constituée d'un tube fluorescent plié en deux ou en quatre. Une décharge électrique excite un gaz de mercure qui émet une lumière ultraviolette non perceptible, laquelle est rendue visible par une poudre fluorescente. Le culot de l'ampoule abrite des composants électroniques chargés d'éliminer les défauts inhérents à cette technologie : avec la fréquence du courant alternatif, la lampe s'éteint et s'allume 100 fois par seconde. Pour éviter cet écueil, l'électronique augmente la fréquence. Le recours à l'électronique permet aussi l'allumage instantané sans clignotement. Enfin, il protège le système contre d'éventuelles perturbations radio extérieures. Oublié donc le filament qu'on porte à incandescence pour produire de la lumière, perdant au passage une bonne partie de l'énergie en chaleur : à luminosité équivalente, une LBC de 20 watts (W) dégage jusqu'à 80 % de chaleur en moins qu'une ampoule classique de 100 W. Autre atout : libérée du fragile filament, la

Cette lampe consomme jusqu'à cinq fois moins d'énergie qu'une ampoule classique.

LBC dure jusqu'à 15 fois plus longtemps (de 6 000 à 15 000 h, contre 1 000 h en moyenne), une durée de vie qui permet d'amortir son prix d'achat (de 5 à 15 €), bien supérieur à celui de sa rivale (de 0,40 à 2 €). Ainsi, comparée à une ampoule classique de 100 W équivalente en termes de luminosité, une LBC de 20 W permet d'économiser plus de 100 € à l'usage ! La LBC n'a pour autant pas que des qualités. Ainsi, le mercure qu'elle contient nécessite la mise en place de filières de récupération. Par ailleurs, les électrodes exigeant un bref délai sous tension pour arriver à un fonctionnement optimal, la LBC présente un retard à l'allumage. Enfin, sa luminosité est plus « froide » que celle des ampoules à incandescence. Ces défauts, les industriels comptent les pallier pour garantir à la LBC un bel avenir, d'autant qu'une concurrente encore plus économique, l'ampoule à diodes, est bientôt dans le circuit.

140 Comment se détermine une date de péremption ?

La date limite de consommation (DLC) s'applique aux denrées « très périssables » où peuvent proliférer des germes dangereux : produits laitiers, charcuteries, viandes et volailles préemballées, produits de traiteurs frais, etc. Au-delà, le produit ne doit plus être vendu ni consommé. C'est au fabricant d'estimer cette date, sur la base des matières premières utilisées, des traitements effectués, de la DLC de produits proches, de facteurs physicochimiques (pH, salinité, température, atmosphère de conservation, etc.). Pour valider la DLC, il réalise des analyses microbiologiques afin de déterminer l'évolution de la contamination microbienne dans l'aliment. En pratique, cinq échantillons d'un même lot sont entreposés dans des conditions de durée et de température mimant celles du devenir du produit de sa sortie d'usine jusqu'à sa consommation, en incluant une rupture de la chaîne du froid. Par exemple, des rillettes sont conservées un tiers de leur DLC estimée à 4 °C et les deux tiers restants à 8 °C. A la fin de la DLC estimée, des prélèvements vérifient que les germes pathogènes susceptibles d'être présents (*Salmonella, Listeria monocytogenes*, etc.) ne dépassent pas les seuils réglementaires. Les germes dits « indicateurs d'hygiène » (entérobactéries, flore lactique…) sont aussi évalués selon des critères en cours d'harmonisation européenne. Si ces seuils sont respectés, la DLC estimée est validée.

Il est très difficile de garantir l'absence totale d'OGM dans les aliments, car les tests ne sont effectués que sur des échantillons.

141 Comment peut-on avoir la certitude qu'un **aliment** ne contient pas **d'OGM** ?

La question se pose d'autant plus qu'un bilan de la Direction générale de la concurrence, de la consommation et de la répression des fraudes, daté d'octo-bre 2007, fait état de 25 % de contrôles positifs parmi les produits alimentaires supposés sans organismes génétiquement modifiés (OGM). Or la multiplication des espèces OGM rend la tâche de plus en plus complexe. En matière de détection, l'efficacité reste donc un objectif encore à atteindre.

Actuellement, pour vérifier que les matières premières de leurs fournisseurs sont dépourvues d'OGM et que leur chaîne de fabrication est exempte de toute contamination, les industriels de l'agroalimentaire font appel à des laboratoires spécialisés. Pour eux, toute la difficulté consiste à détecter dans un aliment transformé une « trace » non dénaturée d'un éventuel OGM : soit des séquences d'ADN transgénique, soit des protéines exprimées à partir de cet ADN.

La tâche est ardue, car ces molécules peuvent être éliminées au cours de la transformation de l'aliment. Les protéines, notamment, ne sont pas de bons indicateurs, car de nombreux procédés (chauffage, acidification…) les rendent indétectables. On recherche donc plutôt les traces d'OGM dans des produits agricoles bruts (par exemple le maïs ou le soja) ou ayant subi une transformation « douce », à l'aide de tests immuno-enzymatiques utilisant des anticorps spécifiques auxquels se fixent les protéines exprimées par le transgène.

Concrètement, la détection d'ADN transgénique repose sur la technique PCR (*polymerase chain reaction*), qui permet de détecter la séquence d'ADN recherchée et de la rendre identifiable et quantifiable. La recherche nécessite des batteries de tests couvrant tout le spectre des OGM connus. Ces tests font appel à deux types d'approches.

La première, le criblage, permet de détecter la présence d'OGM, mais pas de les identifier. Elle repose sur le fait que les transgènes insérés sont associés à des séquences de régulation communes à la plupart des OGM (un promoteur viral, le PS35S, et un terminateur d'origine bactérienne, le Tnos). Le criblage consiste donc à rechercher ses séquences PS35S et Tnos. Si ce test est positif, la seconde approche vise alors à identifier le transgène.

A ce stade, la recherche ne peut qu'être spécifique à chaque ingrédient potentiellement génétiquement modifié. « Les tests de détection sont effectués à partir de la liste d'ingrédients fournie par l'industriel, ▶

en partant de l'OGM le plus probable jusqu'au moins probable. Plus le produit est complexe, plus la démarche le sera », explique le Dr Andréas Pardigol du laboratoire Eurofins, à Nantes.

Si aucun de ces tests ne permet d'identifier l'OGM détecté lors du criblage, la présence d'un OGM n'ayant pas obtenu d'autorisation de mise sur le marché au niveau mondial est alors suspectée. « Néanmoins, personne ne peut aujourd'hui garantir la détection d'un OGM totalement inconnu, poursuit le Dr Pardigol. Il faut donc rester très prudent, d'autant qu'une absence totale ne peut jamais être garantie, même pour les OGM autorisés, car les tests ne sont effectués que sur des échantillons du produit. C'est pourquoi on ne parle d'ailleurs que de résultat négatif pour l'échantillon analysé. »

La technique du criblage est la plus répandue.

Un aliment contenant des OGM comprend de l'ADN transgénique (ou transgène) ainsi que des protéines exprimées à partir de cet ADN. Ce sont donc ces deux types de molécules qui vont être recherchés. La technique la plus utilisée, décrite ici, est la recherche du transgène par criblage. Elle est basée sur la PCR (*polymerase chain reaction*).

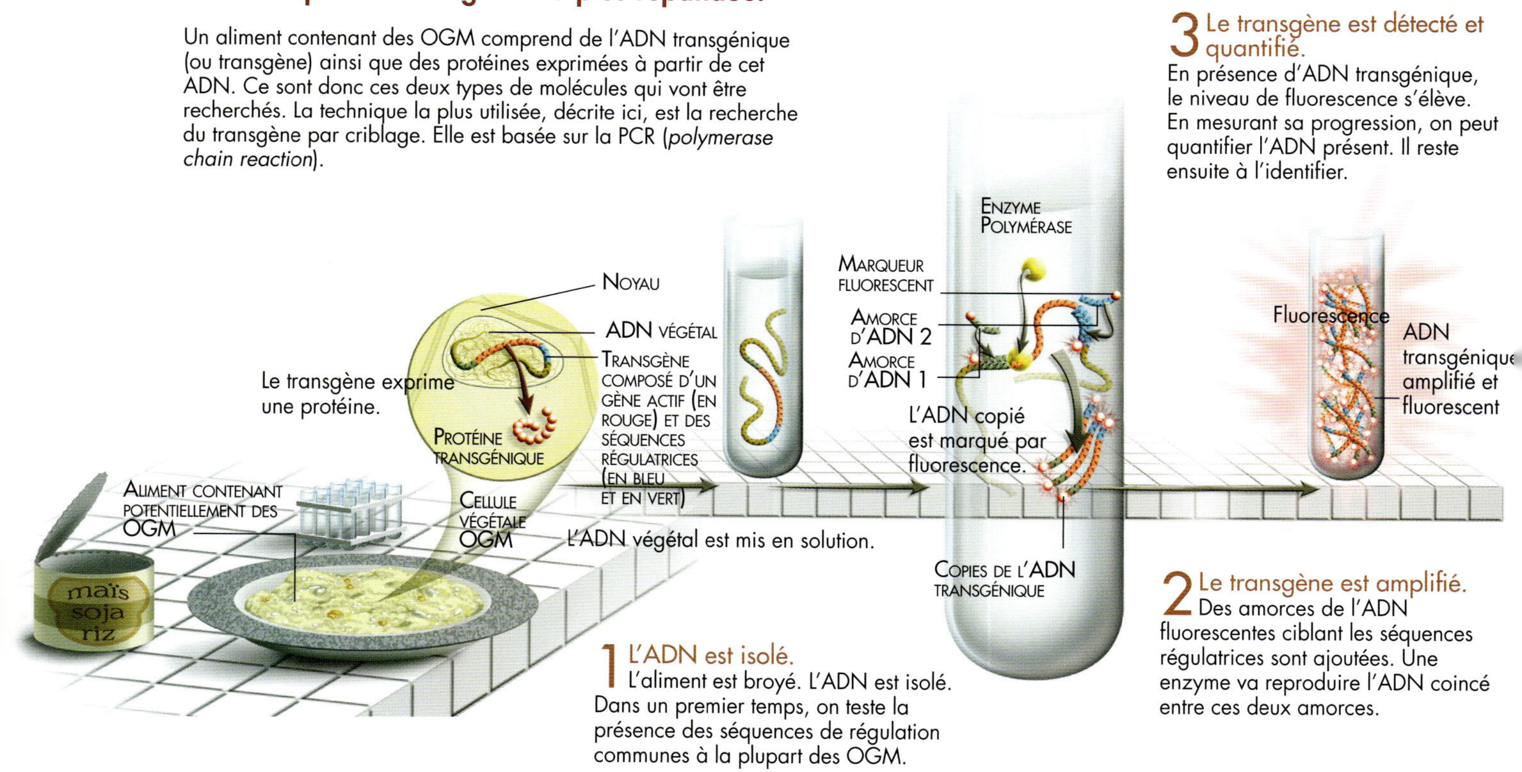

142 Comment fait le **téflon** pour adhérer à la **poêle** ?

Si rien ne colle « chimiquement » au téflon, il fallait en effet trouver le moyen de le faire adhérer « mécaniquement ». Tout d'abord, l'objet à tapisser est sablé, ce qui le crible de microrugosités, puis on lui applique un apprêt (dont la composition relève du secret industriel) assez fin pour s'introduire dans ces minuscules crevasses. L'ensemble est alors cuit à haute température pour augmenter sa solidité. C'est sur cet apprêt rugueux qu'est appliqué le téflon, car il peut s'y agripper. Dès lors, l'ensemble est chauffé de nouveau pour consolider les liaisons.

C'est en 1938 que Roy Plinkett, chimiste des laboratoires américains DuPont, découvre cette substance aux propriétés impressionnantes. Il travaille alors sur la synthèse de réfrigérants non toxiques susceptibles de remplacer les nocifs ammoniacs et dioxyde de soufre. Il est sur la piste d'un gaz, le tétrafluoroéthylène. Un jour, s'apprêtant à ouvrir un réservoir, Plinkett réalise que le gaz a disparu alors que le poids de l'ensemble n'a pas changé. En y regardant de plus près, il découvre une poudre blanche jusqu'alors inconnue. Le tétrafluoroéthylène a donné naissance à du polytétrafluoroéthylène, un polymère plastique ! Sa richesse en fluor, dont une des caractéristiques est de repousser les autres molécules, le rend inerte chimiquement, non conducteur et imperméable à l'eau et à la graisse. De plus, la liaison entre les atomes de fluor et de carbone est si solide que presque aucun choc physique ou thermique ne peut en venir à bout !

Ce composé au coefficient de friction si faible que la plupart des substances connues sont incapables d'y adhérer sera commercialisé dès 1946 sous le nom de « téflon ». Il est surtout connu pour assurer le revêtement antiadhésif des ustensiles de cuisson, mais son utilisation est bien plus vaste : revêtement de valves de réacteur nucléaire, de balles de revolver, excellent isolateur électrique, constituant des habits imperméables, garant de l'étanchéité des raccords de plomberie, etc. Son inertie chimique en fait un candidat de choix pour tapisser l'intérieur des tuyaux transportant des composés réactifs… et on l'utilise même pour fabriquer des anches de cornemuse !

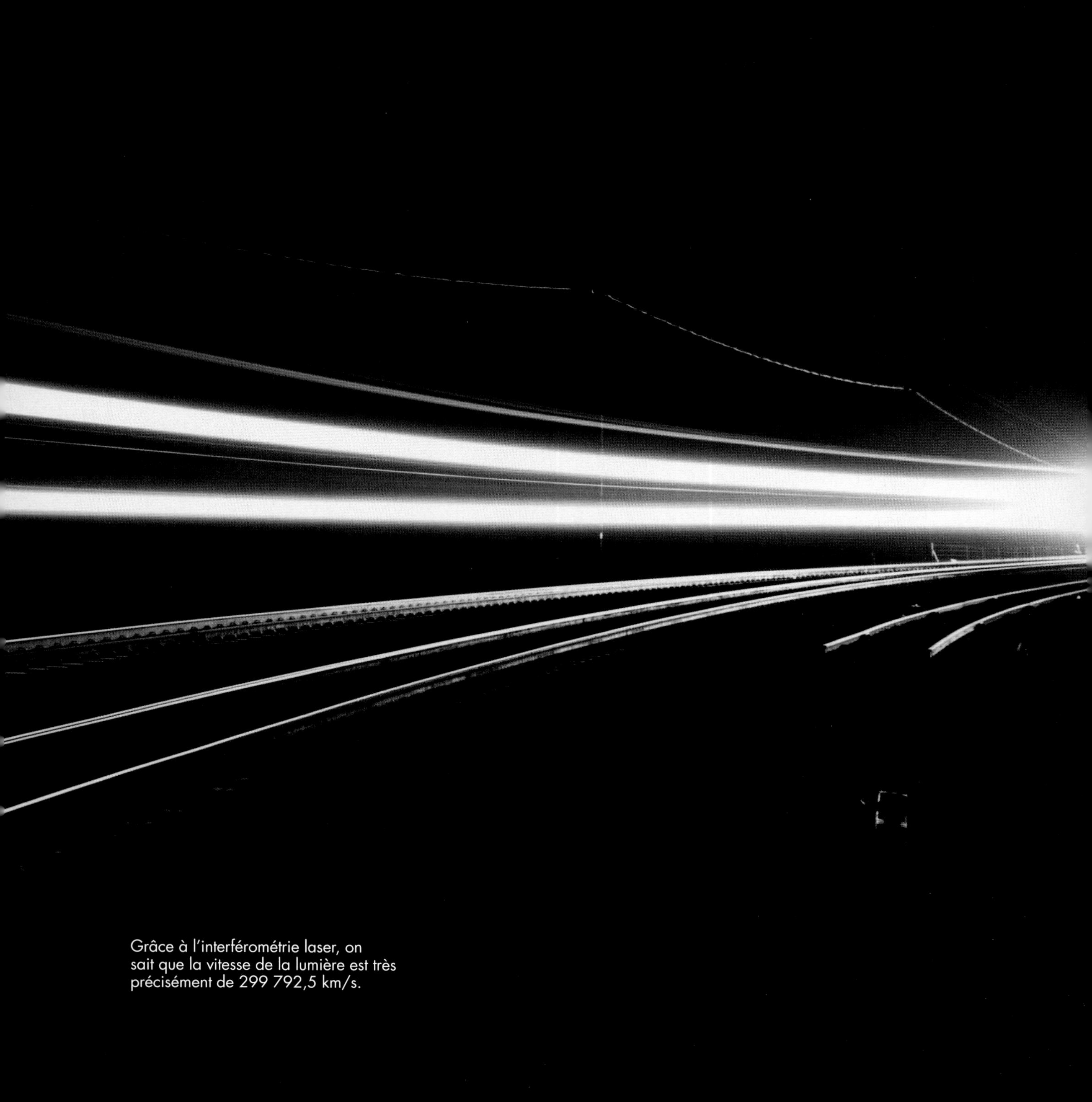

Grâce à l'interférométrie laser, on sait que la vitesse de la lumière est très précisément de 299 792,5 km/s.

143 Comment a-t-on calculé la vitesse de la lumière ?

C'est Galilée qui, le premier, eut l'intuition que la vitesse de la lumière n'était pas infinie. En 1610, l'astronome italien tenta de le prouver en envoyant un de ses assistants muni d'une lanterne à volet sur le sommet d'une colline et en se plaçant à quelques kilomètres de lui, une lanterne à la main. Son assistant ouvrit alors sa lanterne, déclenchant une horloge à eau ; en apercevant la lumière, Galilée ouvrit le volet de sa propre lanterne et, en face, son assistant arrêta l'horloge. Ils n'eurent cependant pas le temps de mesurer quoi que ce soit…

Quelques décennies plus tard, en 1676, l'astronome danois Ole Roemer réussit à confirmer cette intuition. Pour son expérience, ses « lanternes » furent des… planètes. Depuis l'Observatoire de Paris, Ole Roemer s'aperçut qu'Io, un satellite de Jupiter, complétait son orbite en 42 h et 30 min. Il se rendit également compte que le satellite était légèrement en avance à certaines époques de l'année, et légèrement en retard à d'autres. Il nota une différence de 16 min lorsque la Terre et Jupiter étaient le plus éloignés, et remarqua que ce retard diminuait quand les deux planètes se rapprochaient. Comme le diamètre de l'orbite terrestre était déjà connu, Ole Roemer en déduisit une vitesse de la lumière. Néanmoins, il se trompa un peu dans ses mesures puisqu'il l'estima à 212 000 km/s.

D'autres scientifiques mesurèrent ensuite cette vitesse avec plus de précision, dont le physicien français Hippolyte Fizeau. En 1849, à partir de sa maison de Suresnes (Hauts-de-Seine), il dirigea une source lumineuse sur un miroir installé à Montmartre, à exactement 8 633 m de là, et fit tourner une roue dentée devant sa lampe. Lorsque la roue tournait lentement, le rayon réfléchi était visible entre les dents de la roue, mais, à partir d'une certaine vitesse, le rayon réfléchi était occulté. Il en déduisit la vitesse de la lumière et trouva 315 000 km/s.

En 1862, avec un appareil à miroirs tournants de son cru, Léon Foucault parvint, lui, à une vitesse de 298 000 km/s. Douze ans plus tard, Alfred Cornu ajouta un système électrique à l'appareil de Fizeau et obtint la valeur de 300 030 km/s.

Grâce à des appareils de mesure très précis, comme l'interférométrie laser, on sait aujourd'hui qu'elle est très exactement de 299 792,5 km/s.

144 COMMENT le fer à repasser défroisse-t-il le tissu ?

Trois armes font capituler les faux plis : le poids, la vapeur et la chaleur du fer à repasser !

Le premier argument est purement mécanique : le fer, qui pèse en moyenne 1,5 kg, aplatit les plis du tissu, et cet effet est démultiplié par l'effort de celui ou, plus souvent, de celle qui repasse. Une femme produit ainsi un effort équivalent, en moyenne, à une masse supplémentaire de 1 à 3 kg sur le fer, tandis qu'un homme peut ajouter une telle pression sur le linge qu'il faudrait alourdir le fer de la femme de 6 kg pour obtenir le même résultat ! Mesdames, voici là un argument de poids pour inciter les messieurs à devenir des pros du repassage. Sachez tout de même qu'ils pourront vous opposer le rôle déterminant de la vapeur et de la chaleur du fer, deux paramètres clés pour les fabricants, qui ne peuvent pas alourdir leurs fers à repasser pour des raisons évidentes de confort.

Le rôle de la vapeur et de la chaleur est de casser les liaisons chimiques dites faibles, qui s'établissent comme des ponts entre les fibres et favorisent les plis du tissu. Rien à voir avec ce qu'on appelle les liaisons chimiques fortes entre les atomes de carbone ou d'hydrogène qui forment la trame même du tissu. Les plis sont dus à des liaisons faibles qui, elles, résultent d'une répartition non homogène des électrons entre les molécules. Ces charges négatives ne sont alors plus réparties de façon régulière, ce qui conduit certains atomes à se rapprocher.

Les différentes capacités des molécules à créer des liaisons faibles entre elles expliquent pourquoi les tissus naturels sont plus froissables que les fibres synthétiques en polyamide ou en polyester.

Mouiller légèrement un vêtement froissé est un bon moyen de rompre ces liaisons. En effet, en s'introduisant dans les fibres, les nombreuses molécules d'eau réorganisent les polarités au sein du tissu. D'où l'intérêt des fers à vapeur !

Et cela est d'autant plus efficace avec l'effet combiné de la chaleur car, en augmentant la température du tissu et de l'eau, la chaleur accroît l'agitation thermique des molécules et elles rompt les liaisons faibles.

Si on ne le plie pas tout de suite, le tissu va ainsi garder, en refroidissant, la forme — c'est-à-dire l'arrangement des molécules — qui lui a été imposée par le fer. Bien évidemment, l'effet est d'autant plus intéressant que l'on augmente la température du fer, mais on risque alors de rompre aussi les liaisons fortes des molécules qui forment le tissu et de déclencher des réactions chimiques entre elles. En clair, on risque de brûler ses vêtements, et parfois même de les faire… fondre !

145 Comment savoir si la vie existe ailleurs ?

Pour qu'il y ait de l'eau (condition « vitale ») sur une planète, il doit d'abord y régner une température propice… qui dépend de sa distance à son étoile.

C'est simple : il faudrait trouver une planète dotée d'eau ! Et pour cause : la vie telle que nous la connaissons sur Terre est basée sur la chimie du carbone, qui utilise l'eau comme milieu d'accueil. Autrement dit, qui dit eau, dit vie. Certes, d'autres formes de vie — basées par exemple sur le silicium ou l'ammoniac — semblent possibles, mais, nul ne sachant à quoi elles ressembleraient, en chercher des traces a été abandonné. Reste à trouver de l'eau sur une planète. *A priori,* rien d'insurmontable. Récemment, les calculs des astronomes ont révélé qu'il existe dans l'Univers des milliards de petites planètes telluriques, denses, possédant parfois une atmosphère, à l'instar de Vénus, de Mars ou de la Terre, encore faut-il, dans ce dédale cosmique, savoir où chercher les planètes susceptibles d'héberger la vie. Ici, les exobiologistes ont une arme : ils ont forgé le concept de « zone habitable », caractérisée par la distance de la planète à son étoile, de sorte que ses températures maintiennent l'eau à l'état liquide. Dans notre système solaire, cette zone s'étend de l'orbite de Vénus à celle de Mars. Entre les deux, la Terre ! Toutefois, la « zone habitable » est variable. Autour d'une étoile naine, elle en sera très proche, autour d'une géante, plus lointaine. Mais un autre facteur intervient : l'étoile doit elle-même être située dans une « zone habitable » galactique ! Car, contrairement à ce que les scientifiques ont longtemps pensé, l'Univers est peu propice à la vie : supernovæ, perturbations gravitationnelles et autres trous noirs la menacent. Dans ces conditions, savoir si la vie existe ailleurs paraît problématique, au point que plus les astronomes lèvent le voile sur le cosmos, plus notre Terre paraît une exception dans l'Univers. Est-elle alors unique ? La question se pose désormais.

146 Comment le règne animal se distingue-t-il du règne végétal ?

Jusqu'au début du XXe siècle, les taxinomistes ont réparti les êtres vivants entre monde animal et monde végétal selon trois critères : nutrition, mobilité et croissance. Pourtant, de nombreuses espèces sèment le trouble.

Les orobanches, par exemple, sont des plantes, mais elles n'utilisent pas la photosynthèse et se nourrissent en parasitant d'autres végétaux, tandis que certaines algues vertes sont équipées de cils adaptés à la natation. Et que dire des plantes carnivores qui digèrent des insectes afin d'en extraire l'azote qu'elles ne puisent pas par leurs racines ? De même, de nombreux animaux possèdent des caractéristiques du règne végétal, depuis l'hydre d'eau douce, capable de se reformer si on le coupe en tranche comme les plantes qu'on bouture, jusqu'aux coraux, classés dans le règne animal alors qu'ils se développent tout au long de leur vie...

Du coup, c'est au niveau cellulaire que l'on a une chance d'y voir plus clair : la cellule végétale possède des particularités dont la cellule animale est dépourvue, à commencer par les chloroplastes, structures contenant la chlorophylle, ou encore cette grande vacuole remplie d'eau permettant à la plante de s'ériger par turgescence (en absence d'os et de muscles), sans oublier, enfin, une paroi de cellulose et de lignine qui entoure les cellules végétales afin de rigidifier les tissus de la plante.

L'essor de la biologie moléculaire a conduit les chercheurs à intégrer les critères moléculaires à la liste des trois caractères visibles. Par exemple, la comparaison des génomes a remis en question bien des liens de parenté supposés, et a conduit à penser autrement la classification des êtres vivants. Résultat : on ne parle plus aujourd'hui de « règnes », mais davantage de grandes lignées évolutives constituant l'arbre de l'histoire de la vie.

La nutrition, la mobilité et la croissance ont longtemps servi de critères pour classifier les êtres vivants.

La clé n'est qu'une pierre parmi les autres, que l'on place en dernier, au sommet de l'ouvrage. Le secret de la voûte réside dans l'équilibre de l'ensemble.

147 COMMENT la **clé** fait-elle pour soutenir la **voûte** ?

Longtemps gardé par les tailleurs de pierre, ce secret est aujourd'hui détenu par les spécialistes des mathématiques appliquées à l'architecture. Dans le cas classique de la voûte clavée, l'ensemble tient tout seul, sans mortier : tous les éléments de la voûte jouent le même rôle, et ce qu'on appelle la « clé » n'est qu'une pierre parmi les autres, celle que l'on place en dernier, au sommet. Prenons le cas d'une voûte en berceau (en forme de demi-cylindre). Chaque arc est constitué de pierres taillées en forme de coin, plus larges vers le haut que vers le bas : les claveaux, ou voussoirs. La clé s'appuie sur ses voisines qui, elles-mêmes, s'appuient sur leurs voisines, et ainsi de suite, de proche en proche. Ainsi l'arc tout entier repose-t-il sur les murs qui le soutiennent. Les forces qui s'exercent sont au nombre de trois : son propre poids et les poussées des deux claveaux adjacents. Si l'ensemble est bien construit, ces trois forces se compensent, et la clé ne tombe pas. Du moins en théorie, car, en pratique, des claveaux trop lourds, mal disposés, ou des murs fragiles peuvent entraîner la chute de la voûte.

Pour assurer la solidité de l'ensemble de l'arc, les voûtes clavées sont, en général, construites sur une structure provisoire en bois : le cintre. Celle-ci ressemble un peu à une coque de bateau renversée et qui repose sur des sacs de sable, que l'on crève à la fin de l'ouvrage. La structure s'ajuste alors d'elle-même au fur et à mesure du désengagement du cintre. Reste alors le problème de l'équilibre de l'ensemble, et notamment des murs, qui subissent l'ensemble des poids et des poussées latérales. Or, si les premiers sont compensés par la résistance du sol, les secondes tendent à faire basculer les murs vers l'extérieur, voilà pourquoi les voûtes clavées ont d'abord été utilisées pour des constructions enterrées (caves, tombes), pour des ponts (dont les piliers extérieurs sont calés par le sol) ou pour pratiquer des ouvertures dans des remparts massifs. Les Romains furent les premiers à maîtriser la construction des voûtes clavées non enterrées. Forts de cette technique, ils utilisèrent des « massifs de culées », des murs assez épais pour soutenir la poussée divergente exercée par la voûte. Dès lors, ils inaugurèrent des formules variées : succession de voûtes, croisements, dômes, etc., mais ce n'est que 10 siècles plus tard que ce savoir-faire atteignit son apogée, avec les cathédrales gothiques. Les poussées divergentes de la voûte y sont canalisées par des arcs-boutants et des contreforts. Les voûtes se croisent, culminent à plus de 30 m, tricotant une dentelle de pierre. Si, aujourd'hui, on sait calculer les forces qui s'exercent sur une voûte en berceau, la simulation informatique d'un ensemble de voûtes complexe comme celui des cathédrales gothiques donne toujours du fil à retordre aux mathématiciens.

Des canalisations alimentent les canons en eau et en air pressurisé, lesquels, en sortant simultanément, forment des microbilles de glace.

148 Comment la **neige artificielle** est-elle fabriquée ?

Tout d'abord, des conditions climatiques particulières doivent être réunies : températures négatives (vers –3 °C), vent faible afin d'éviter la dispersion des flocons. Concrètement, de l'eau douce est pompée dans une retenue artificielle, puis mise sous pression, jusqu'à 90 bars, et dirigée vers les pistes *via* un réseau de canalisations qui alimente des canons à neige placés tous les 60 m environ. De l'air pressurisé suit un trajet parallèle dans d'autres canalisations. Au final, air et eau sortent simultanément du canon à neige, et la brutale détente de l'air fragmente l'eau en gouttelettes de 0,3 mm de diamètre, qui gèlent en 2 s, avant même d'arriver au sol. En tombant sur la piste, les flocons s'agglomèrent entre eux et forment une structure poreuse où l'air est emprisonné. Avantage d'un tel dispositif : les sports d'hiver peuvent être pratiqués en toute saison. Cet engouement suscite toutefois l'inquiétude des écologistes, qui pointent du doigt l'impact paysager et sonore (environ 70 dB), mais aussi l'apport d'eau supplémentaire à la végétation et, surtout, la débauche en énergie et en eau des installations. Un seul chiffre ici : 15 millions de mètres cubes d'eau sont nécessaires à la production de la neige artificielle chaque année en France.

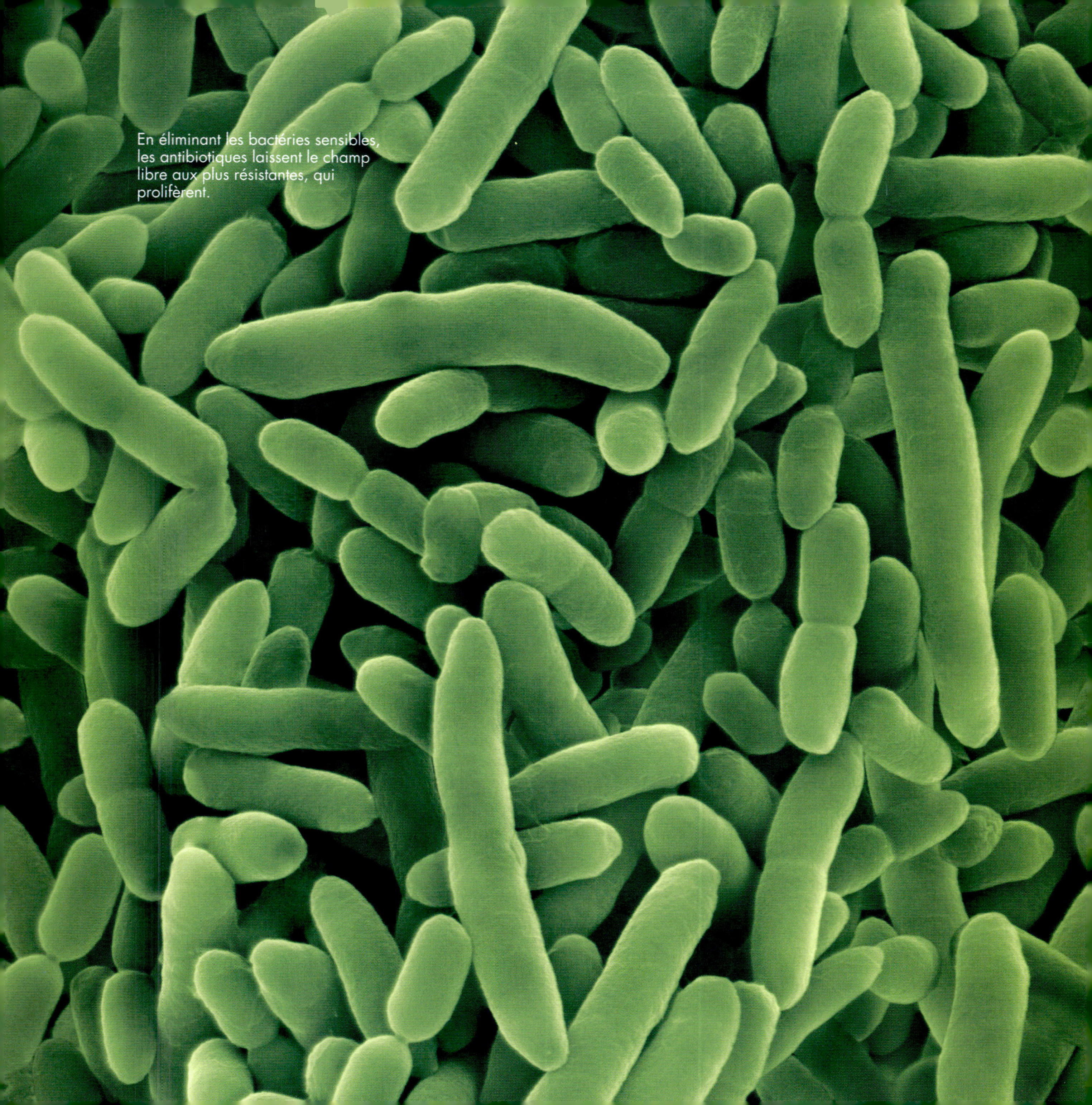

En éliminant les bactéries sensibles, les antibiotiques laissent le champ libre aux plus résistantes, qui prolifèrent.

149 Comment les bactéries deviennent-elles résistantes aux antibiotiques ?

Certains agents infectieux mettent en échec les stratégies moléculaires censées les détruire selon deux phénomènes. Le premier est imparable : certaines bactéries sont naturellement résistantes, en raison de gènes *ad hoc* présents dans leur génome. Le second, en revanche, l'est beaucoup moins, puisqu'il est lié à notre consommation excessive d'antibiotiques depuis 50 ans, qui, au final, aboutit à épuiser leur force de frappe thérapeutique. Résultat de cette double convergence : une étude publiée en 2006 par l'Institut de santé publique hollandais révèle que 52 millions de personnes dans le monde seraient porteuses de bactéries résistantes, et principalement de staphylocoques dorés, l'un des pires agents infectieux.

Pour comprendre cette situation paradoxale, il faut s'arrêter un instant sur les antibiotiques. Il s'agit de molécules d'origine microbienne (sucre, protéine…) capable de détruire ou d'empêcher la croissance d'autres micro-organismes. Dérivé des mots grecs *anti* et *biotikos*, ce terme signifie « contre la vie ». Les antibiotiques agissent ainsi spécifiquement contre les bactéries vivantes, sans toxicité pour les autres cellules, celles du corps humain par exemple. Dits « bactéricides » quand ils détruisent les bactéries et « bactériostatiques » lorsqu'ils les empêchent de se multiplier, ils sont regroupés en différentes classes selon qu'ils agissent sur la synthèse de la paroi bactérienne, sur le métabolisme des acides nucléiques, sur la synthèse protéique… Ces diverses substances peuvent être extraites directement des micro-organismes (bactéries, champignons), mais elles sont le plus souvent obtenues par synthèse chimique.

Le problème vient du fait que la population bactérienne est nombreuse et diverse : nous avons chacun dans notre corps plus de bactéries que de cellules, alors, à l'échelle de la Terre, c'est incalculable… En éliminant les bactéries sensibles, les antibiotiques laissent le champ libre aux plus résistantes (pneumocoques, gonocoques, staphylocoques et bacille de Koch). C'est l'effet darwinien : si 1 % d'une souche supporte sans dommage les antibiotiques, elle se reproduira et, à terme, pourra passer de 1 % à 99 % de la population de cette souche.

Et ce n'est pas tout. Les bactéries non résistantes peuvent aussi le devenir, par exemple en captant des gènes de résistance provenant d'autres bactéries (voir infographie). Pire, certaines peuvent accumuler un, deux, trois, voire dix gènes de résistance différents ! On a alors affaire aux fameuses souches ▶

multirésistantes. Jusque dans les années 1990, les scientifiques pensaient pouvoir prendre de vitesse les bactéries en découvrant toujours plus de classes d'antibiotiques, sachant que chacune d'elles cible un certain type de bactéries. Ces espoirs avaient été nourris dès 1950 par la découverte de nombreux antibiotiques (streptomycines, céphalosporines, tétracyclines, macrolides, etc.), or, depuis cette date, seules deux grandes classes ont été découvertes, et rien n'indique que l'on en trouvera bientôt d'autres. Du coup, c'est à un autre niveau que la résistance s'organise. Depuis quelques années, des systèmes de surveillance ont été mis en place afin de connaître l'étendue des bactéries résistantes, tandis que nos habitudes de consommation sont évaluées. Le constat est ici sévère, en particulier en France : nos 100 millions de prescriptions d'antibiotiques délivrées chaque année nous placent au premier rang des consommateurs européens, or au moins 30 % sont prescrits dans le cas de maladies virales… qui ne relèvent nullement de l'antibiothérapie ! D'où les nombreuses campagnes d'information qui, régulièrement, tentent de rationaliser la prise d'antibiotiques sur le mode « Les antibiotiques, c'est pas automatique ! » afin que les agents infectieux ne gagnent pas encore plus de terrain.

Les deux voies de la résistance

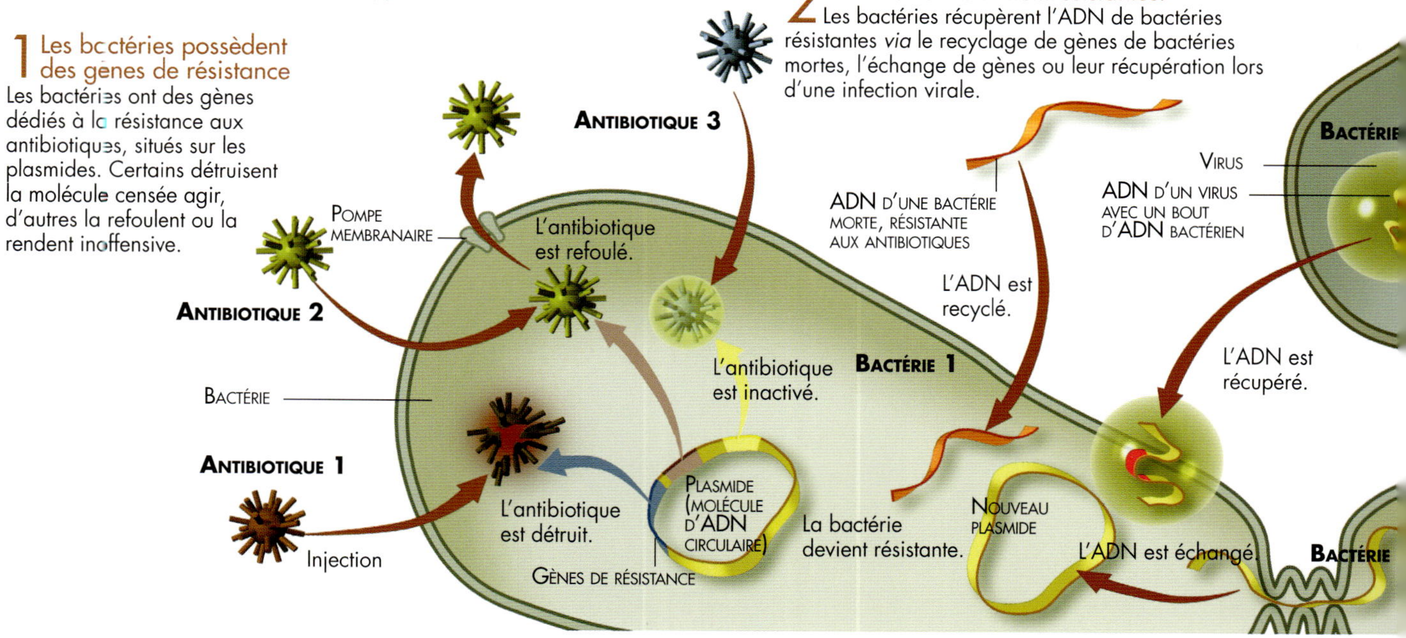

150 Comment sait-on l'âge exact d'une étoile ?

Pour l'instant, les spécialistes ne parviennent à dater précisément que notre soleil. Le dater est possible grâce aux météorites tombées sur Terre, parmi les corps les plus anciens du Système solaire. L'étude des isotopes radioactifs (uranium, plomb…) qu'elles contiennent, et qui se désintègrent selon un rythme bien précis, a conduit à l'âge de la formation du Système solaire, et donc à celui du Soleil : 4,55 milliards d'années. Hélas, aucun objet ne nous parvient des autres systèmes solaires. Pour déterminer l'âge des étoiles, il ne nous reste que l'observation de leur luminosité et de leur couleur. Jaunes dans leur jeunesse, les étoiles sont rouges dans leur maturité (on appelle alors ces étoiles les « géantes rouges »), puis blanches dans leur vieillesse (les « naines blanches »). A partir de ces données, et sachant que le destin d'une étoile est déterminé par sa masse, les astronomes ont construit des « modèles d'évolution stellaire » : plus une étoile est massive (et lumineuse), moins elle vit longtemps, car elle épuise plus rapidement son carburant. Ainsi, une étoile de 10 fois la taille du Soleil brillera pendant quelques millions d'années, alors qu'une étoile de petite taille pourra vivre plusieurs milliards d'années.

Pour connaître l'âge d'une étoile à proprement parler, les astronomes doivent ruser : ils choisissent des étoiles vivant en groupe car elles présentent l'avantage d'avoir été formées à partir du même nuage de gaz interstellaire, ce qui signifie qu'elles sont à la même distance de la Terre et qu'elles ont le même âge. Leur luminosité renseigne donc directement sur leur masse, ce qui permet de calculer la durée de vie des étoiles les plus massives qui sont en train de mourir, et, partant, d'évaluer l'âge de l'ensemble. Ainsi calculé, l'âge des Pléiades se situe entre 80 et 120 millions d'années. Quant aux étoiles solitaires, il n'est pas toujours possible de calculer leur masse d'après leur luminosité, puisque celle-ci varie avec la distance. Ainsi, il se peut qu'une étoile éloignée très lumineuse ne brille pas plus à nos yeux qu'une étoile moins brillante mais plus proche. Déduire leur âge devient grossièrement approximatif.

151 COMMENT certains **verres** de **lunettes** peuvent-ils devenir **sombres** en plein **soleil** ?

Le secret de ces verres de lunettes, dits photochromiques, tient à leur composition : ils contiennent des pigments qui font obstacle à la lumière quand le rayonnement ultraviolet du soleil se fait assez intense. En verre ou en plastique, les verres font appel à deux procédés différents. L'entreprise américaine Corning a ainsi développé il y a une quarantaine d'années un procédé qui incorpore dans les verres traditionnels (à base de minéraux), au moment de la fonte, des cristaux d'halogénure d'argent (association d'argent et d'un halogène : chlore ou brome). Sous l'effet des UV, rayons très énergétiques, ces cristaux se scindent en deux : l'halogène et l'argent. Libres, les atomes d'argent s'associent alors entre eux pour former des amas de métal minuscules (5 nanomètres de diamètre), qui absorbent la lumière visible et donnent sa teinte au verre. Le phénomène est favorisé par l'incorporation de cuivre, dont les ions accélèrent la teinte et la stabilisent. Il est à noter que les réactions sont réversibles : quand la luminosité diminue, les atomes d'argent se réassocient avec les halogènes, pour reformer des cristaux incolores. Les verres reviennent à leur état transparent initial. Inventés dans les années 1940, les verres organiques, en plastique, moins lourds et plus

Des cristaux noircissent à la lumière

Le secret du verre photochromique : il est composé de cristaux de bromure ou de chlorure d'argent transparents et quelques ions de cuivre qui réagissent aux UV.

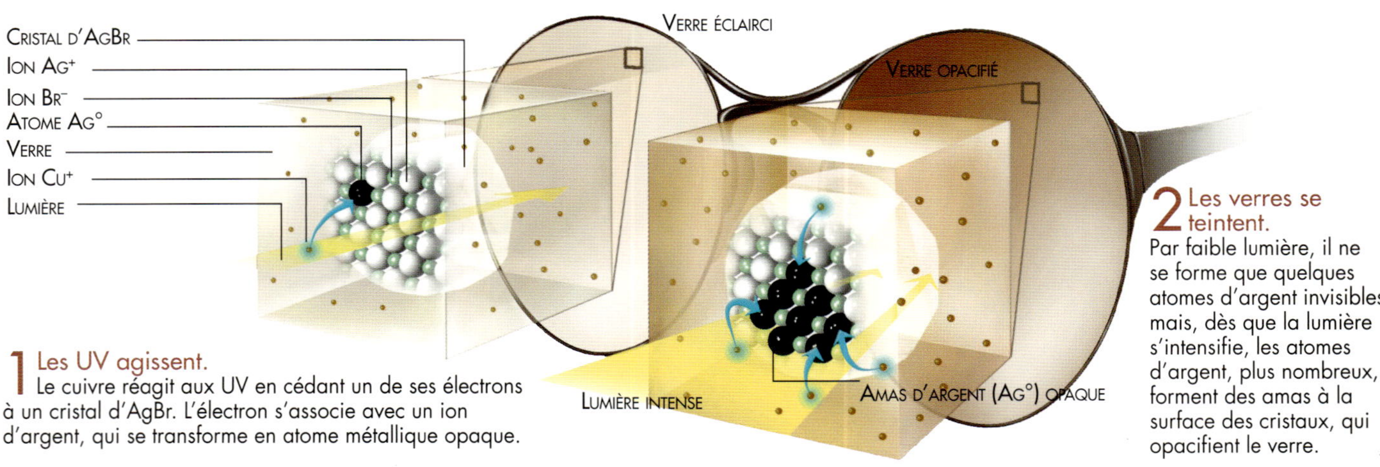

1 Les UV agissent.
Le cuivre réagit aux UV en cédant un de ses électrons à un cristal d'AgBr. L'électron s'associe avec un ion d'argent, qui se transforme en atome métallique opaque.

2 Les verres se teintent.
Par faible lumière, il ne se forme que quelques atomes d'argent invisibles mais, dès que la lumière s'intensifie, les atomes d'argent, plus nombreux, forment des amas à la surface des cristaux, qui opacifient le verre.

résistants aux chocs, ne permettent pas une dispersion correcte des cristaux d'argent. Il a fallu attendre 1991 et l'apparition des procédés de polymérisation à basse température, dits « sol-gel », pour que Transitions Optical obtienne un comportement photochromique satisfaisant. Leurs chercheurs ont intégré des molécules photochromiques à base de carbone dans une couche ajoutée à la surface du verre. Résultat : en faible éclairage, ces molécules sont transparentes, mais dès qu'elles reçoivent l'énergie des rayons UV, des liaisons se rompent entre leurs atomes et elles absorbent alors les fréquences visibles de la lumière, ce qui fonce le verre. Cependant, aucune des molécules utilisées n'absorbe uniformément la lumière du visible, il est donc nécessaire d'en utiliser plusieurs pour ne pas déformer la vision des couleurs du porteur de lunettes. Ce phénomène photochromique est lui aussi réversible. Toutefois, au fil du temps, les transitions ne se font plus aussi rapidement. En pratique, les verres minéraux ont une durée de vie de 3 ans, plus longue que celle des organiques. Dernier point : les matériaux photochromiques sont aussi utilisés dans l'industrie cosmétique pour créer des effets de couleurs changeant avec l'éclairage.

152 Comment apparaissent les **cernes** de fatigue ?

Sous l'effet de la fatigue, le tonus vasculaire, à l'angle interne de l'œil, est modifié. Résultat : les déchets et les pigments sanguins charriés par ce réseau stagnent sous l'œil. Ils s'agglomèrent dans le tissu conjonctif sous la peau, très fine à cet endroit : de 0,05 à 0,1 mm d'épaisseur. Des traces jaunes, bleutées ou noires, disgracieuses, s'installent alors sous les yeux. Pour faire disparaître ces cernes dus à de multiples facteurs (surmenage, veille, insomnie, stress, alcool ou encore tabac), des décongestionnants, des vasoconstricteurs et des extraits de plantes, généralement appliqués sous forme de gel, peuvent se révéler efficaces. Mais le meilleur remède reste le repos. Parfois, l'hérédité ou des affections rénales ou cardiaques peuvent être à l'origine des cernes. Par exemple, les Méditerranéens ont des cernes brun foncé dus à une hyperpigmentation. Une peau très mince, des vaisseaux plus apparents ou des yeux enfoncés (l'effet d'ombre ressemble alors à un cerne) expliquent aussi ces marques disgracieuses.

153 COMMENT s'y prend un **animal** pour **hiberner** ?

Cette période de léthargie profonde, qui peut durer jusqu'à 6 mois, permet à certains animaux — principalement des mammifères, comme les rongeurs, les chiroptères ou les insectivores — de réduire les dépenses d'énergies nécessaires à maintenir leur température corporelle. En effet, l'hibernation est le fait d'animaux à sang chaud (endothermes) des régions tempérées, pour qui l'hiver constitue une épreuve majeure. Le refroidissement leur impose de consumer une quantité d'énergie accrue pour conserver leur température interne à son niveau habituel, alors même que la nourriture (qui permet d'assurer cette combustion) se raréfie. Renonçant à « s'épuiser » pour maintenir cette température à niveau, certains entrent en hibernation. Dans des terriers ou des cavités, marmottes, hérissons et autres chauves-souris passent ainsi la saison avec un épais manteau de graisse comme unique ressource alimentaire.

Leur température interne chute alors, souvent au-dessous de 10 °C, leur métabolisme (c'est-à-dire l'ensemble des réactions chimiques dans l'organisme, produisant notamment de l'énergie sous forme de chaleur) est sévèrement réduit, les fonctions vitales ralentissent, la fréquence des battements cardiaques diminue (le hérisson passe ainsi de 120 pulsations par minute à 20) et les cycles respiratoires se font plus lents (ceux de la marmotte tombent à 5 par minute). Toutefois, ce long sommeil est parfois interrompu par des périodes de réveil de quelques heures, au cours desquelles leur température revient à la normale.

On ignore encore comment l'hibernation est régulée. Quant au réveil printanier, plusieurs événements semblent le déclencher : la remontée des températures d'une part, les variations d'éclairement d'autre part, mais aussi, pour certains, la réactivation des cycles sexuels. C'est le retour à la vie, avant de sombrer quelques mois plus tard dans un nouveau sommeil glacé…

L'hibernation permet de réduire les dépenses d'énergie nécessaires au maintien de la température corporelle.

La laine possède un nuage d'électrons stable, ce qui la rend non conductible.

154 Comment se fait-il que le fil de laine soit isolant ?

L'explication tient à la différence entre matériaux conducteurs et matériaux isolants. Dans les premiers, comme les métaux, les électrons entourant des atomes par exemple de fer, de cuivre ou d'argent sont volages. En clair, l'attraction qui les unit à leur noyau n'est pas assez forte pour empêcher qu'une quantité même infime d'énergie ne les envoie vers un autre noyau. Elle est cependant suffisamment intense pour qu'un noyau privé d'un électron en attire un volage, échappé d'un noyau voisin. Pour peu qu'il existe un déficit d'électrons à une extrémité du métal et un surplus à l'autre extrémité, tous les électrons vont se mettre à voyager dans le même sens, créant ainsi un courant électrique. En revanche, dans les matériaux isolants, comme la laine, les atomes organiques (carbone, oxygène, hydrogène, azote…) possèdent un nuage d'électrons plus stable. Autour du noyau atomique, les électrons s'arrangent en couches successives, chacune pouvant accueillir un nombre précis d'électrons. Une couche entièrement remplie sera ainsi plus stable qu'une couche partiellement remplie. Ce sont donc les atomes bien entourés, dont les couches dites « orbitales » sont pleines, comme dans le fil de laine, qui sont les moins conducteurs.

155 COMMENT fabriquer du sang artificiel ?

Au niveau mondial, la pénurie de sang s'élève à 100 millions de litres par an. En fabriquer semble donc une bonne idée. Mais le sang est un fluide complexe, aux multiples fonctions (transport de gaz, coagulation, défense de l'organisme…) et il est difficile d'en reconstituer toutes les caractéristiques ! Aussi les chercheurs tentent-ils surtout de reproduire le rôle respiratoire des globules rouges, qui amènent l'oxygène aux cellules et en évacuent le gaz carbonique. Objectif : parvenir à remplacer la transfusion, qui vise essentiellement à restaurer ce transport d'oxygène. Concrètement, aucun substitut du sang ne peut encore être utilisé de manière routinière, mais plusieurs produits sont en développement.

Il y a d'abord les perfluorocarbones (PFC), des hydrocarbures synthétiques capables de capter de grandes quantités d'oxygène. Ils sont injectés, sous forme d'émulsion, pour oxygéner les organes de manière transitoire, comme lors d'une opération chirurgicale. Élaborés dans les années 1960, les premiers PFC ont pour la plupart été retirés du marché en raison d'effets secondaires de type grippal. Une nouvelle génération est en cours de tests dont l'Oxygent.

Les recherches s'orientent également vers des solutions à base d'hémoglobine, ce « pigment respiratoire » qui fixe les gaz à l'intérieur de nos globules rouges. Les protéines sont récupérées dans du sang humain périmé, du sang bovin, voire produites par des OGM (bactéries ou plants de tabac), mais elles ne peuvent pas être injectées directement dans le système sanguin. Hors de l'enveloppe protectrice du globule rouge, l'hémoglobine se dissocie et devient toxique

En raison du risque de transmission infectieuse, nombre de pays se refusent à utiliser l'hémoglobine bovine.

pour le rein. Pour éviter cela, il est possible d'encapsuler la protéine, ou d'en lier plusieurs, afin d'en augmenter le poids. Un substitut sanguin d'hémoglobine bovine polymérisée est ainsi autorisé en Afrique du Sud. Des chercheurs du CNRS pensent avoir trouvé une solution chez un ver marin, l'arénicole des pêcheurs, qui possède une protéine d'hémoglobine de très grande taille. Testée chez des vertébrés, elle est restée stable et a joué son rôle de transporteur d'oxygène sans entraîner d'allergie. Il reste toutefois à observer son comportement dans le corps humain ! Ultime piste : les cellules souches. Une équipe française a produit des globules rouges matures *in vitro, via* des cellules souches du sang, dites hématopoïétiques, prélevées dans du sang de cordon ombilical. La méthode reste expérimentale, mais à terme, on peut imaginer constituer pour chaque malade un réservoir de cellules souches de sang compatibles, utilisable pour obtenir des globules rouges, des lymphocytes ou des plaquettes, selon les besoins de la thérapie.

156 Comment la **taupe** à nez étoilé détecte-t-elle les **odeurs** sous **l'eau** ?

Une fois sous l'eau, seuls la taupe à nez étoilé et la musaraigne lacustre utilisent l'olfaction pour dénicher leur nourriture. En étudiant la sensibilité tactile des tentacules du museau du condylure étoilé en immersion, Kenneth Catania, de l'université de Nashville (Etats-Unis), a remarqué que l'animal émettait de l'air qu'il aspirait aussitôt. Il a placé dans un bassin la taupe qui devait suivre une piste d'odeur conduisant à de la nourriture, le fond tapissé d'une grille empêchant tout contact avec la piste. Dans 85 % des cas, les individus suivaient la piste jusqu'à la récompense. En l'absence d'odeur, ils s'en remettaient au hasard. Conclusion : les bulles d'air expirées capturent les molécules odorantes d'un objet et les ramènent aux narines.

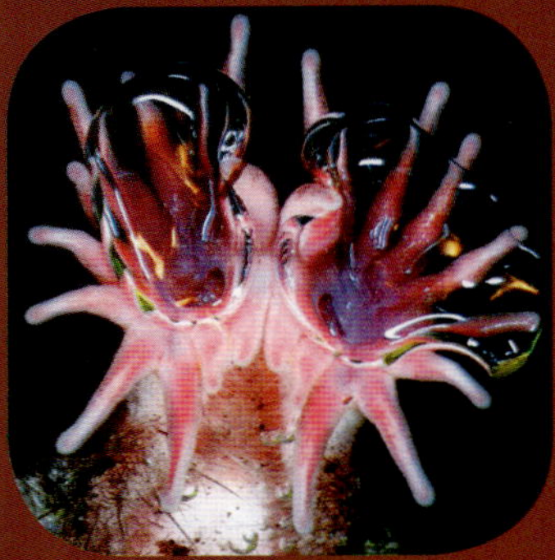

Les bulles d'air expirées par la taupe sont immédiatement réinhalées afin de capter les odeurs.

157 Comment les désherbants sélectifs agissent-ils ?

Ces herbicides permettent d'épandre du produit sur toute la parcelle à désherber, sans détruire les cultures. Les 130 produits de ce type actuellement commercialisés peuvent se regrouper selon trois catégories qui s'appuient sur les différences physiologiques et morphologiques des plantes : les herbicides physiologiques, de position et de dégradation.

Le désherbant de position ne pénètre qu'à quelques centimètres de profondeur dans le sol ou est absorbé par les racines ; il détruit les végétaux germant à proximité de la surface. C'est efficace si l'on veut désherber au pied de rosiers ou d'arbustes aux racines suffisamment profondes pour ne pas être détruites, ou bien avant de semer, afin de faire place nette pour les futures cultures. En effet, dans le sol, l'activité de ces herbicides n'excède pas un mois, on peut donc réaliser de nouvelles plantations après le désherbage. La plupart des désherbants physiologiques, plus sophistiqués, pénètrent la feuille et immobilisent une enzyme vitale pour la mauvaise herbe ; les enzymes des cultures en revanche n'y sont pas sensibles. Nombre de ces herbicides sont spécifiques de l'une de ces deux classes de plantes : les monocotylédones (dont les céréales et le gazon) ou les dicotylédones (les légumineuses et les pissenlits).

Enfin, la sélectivité dite de dégradation joue, elle, sur la capacité du végétal à détruire certains produits toxiques. Ainsi, avant que l'herbicide n'ait atteint sa cible, des enzymes de détoxification peuvent le neutraliser. Si tous les végétaux disposent de ce type de défense, la rapidité de réaction et, surtout, la spécificité de ces enzymes varient selon l'espèce et la nature du désherbant. Lorsque la plante ne se défend pas suffisamment, les fabricants peuvent ajouter à leur herbicide un safener (néologisme anglais pour « antidote »), qui va intensifier la synthèse d'enzymes de détoxification chez la plante.

Ces herbicides fonctionnent selon trois modes de sélectivité : physiologique, de position, et de dégradation.

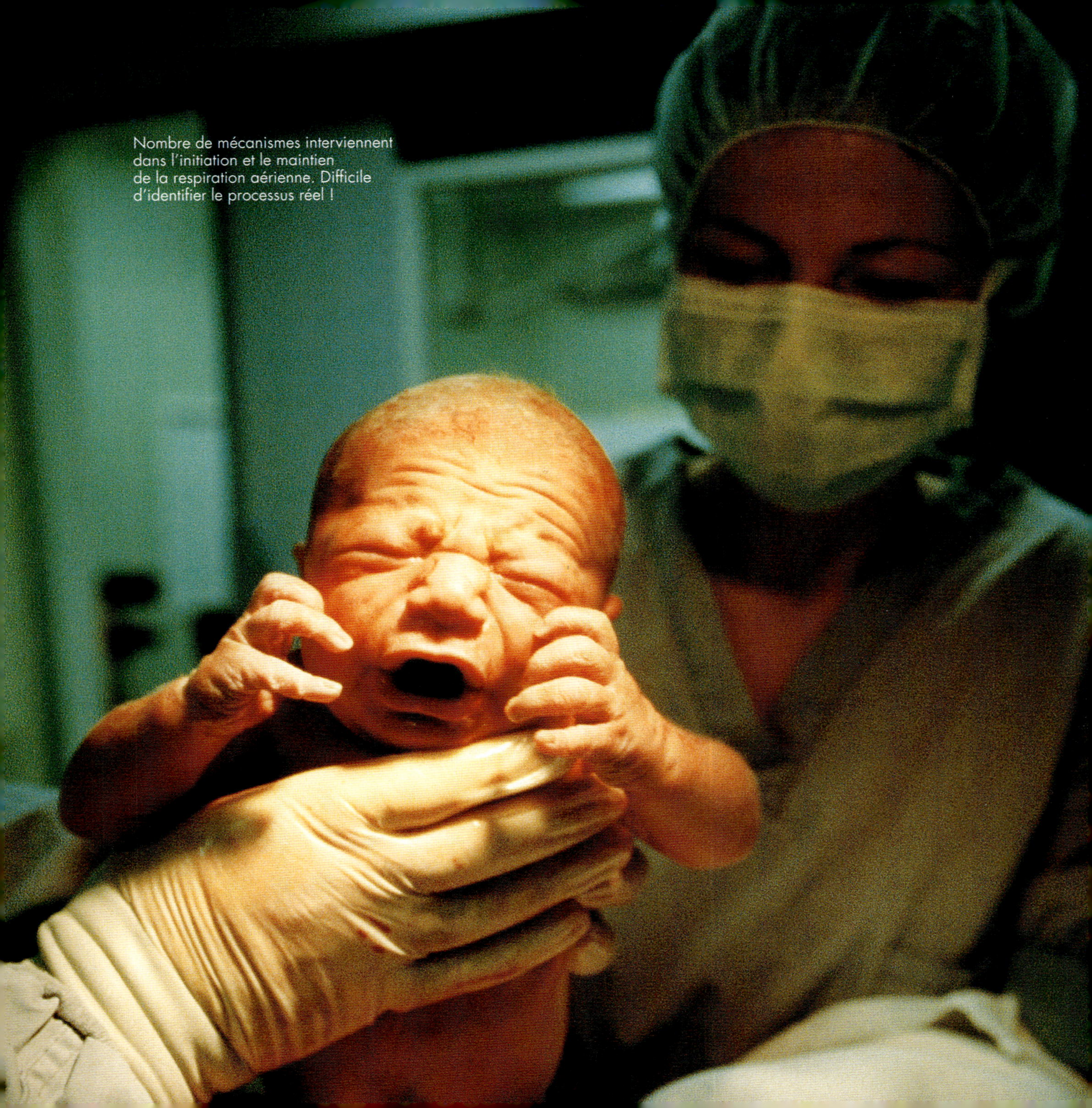

Nombre de mécanismes interviennent dans l'initiation et le maintien de la respiration aérienne. Difficile d'identifier le processus réel !

158 Comment le bébé parvient-il à respirer à l'air libre ?

Cela peut paraître surprenant, mais pédiatres, obstétriciens, néonatologistes et physiologistes ne savent toujours pas comment le bébé s'adapte aussi spontanément à la vie au grand air. Seule certitude : si l'inspiration d'oxygène et le rejet de dioxyde de carbone *via* les poumons débutent à la naissance, le bébé réalise des mouvements « respiratoires » dès le troisième mois de grossesse ! Ces mouvements consistent en une contraction rythmique du diaphragme, muscle situé entre le thorax et l'abdomen, mais ne jouent aucun rôle dans l'oxygénation du bébé. Pendant toute la grossesse, celui-ci puise le gaz vital dans le sang de sa mère *via* le placenta. Aujourd'hui, les médecins considèrent ces mouvements « respiratoires » comme des séances d'entraînement préparant les poumons à la respiration aérienne. Et pour cause : épisodiques, ils surviennent surtout lors de sommeils agités du fœtus. Les contractions des muscles respiratoires ne deviendront continues qu'à la naissance. Longtemps, les médecins ont pensé que cette transition était le fruit de la nécessité. Ainsi, à la naissance, le bébé subit une asphyxie transitoire qui, croyait-on, « pousse » le cerveau à mettre en branle les mécanismes de la respiration régulière, après que des récepteurs situés au niveau des vaisseaux sanguins, les chémorécepteurs, ont détecté la faible teneur en oxygène du sang. Or, selon des travaux sur l'animal, la « mise hors circuit » des chémorécepteurs susceptibles de détecter une asphyxie ne perturbe pas la fameuse transition respiration épisodique/continue. Alors quoi ? Pour le pédiatre Henrique Rigatto, de l'université du Manitoba (Canada), « la mise en place d'une respiration régulière dépendrait plus de l'activité d'une substance chimique ». Plus précisément, il pense à une classe de substances dites « prostaglandines » sécrétées en grande quantité par le placenta et devenant inactives après la naissance. Au Riley Hospital à Indianapolis (Etats-Unis), Deborah Givan est d'avis, elle, que « l'initiation de la respiration est un phénomène plus complexe, probablement dû à l'interaction entre plusieurs facteurs conjoints à l'asphyxie et les prostaglandines », à savoir un ensemble de phénomènes nouveaux dans l'environnement du bébé, comme la lumière, la gravité, le froid, les sons et le toucher, capables de « perturber » la physiologie de l'enfant et, ainsi, d'initier et de maintenir une respiration régulière. Autre déclencheur possible, selon l'Américaine, « la levée d'une possible inhibition exercée lors de la grossesse par le cerveau sur les muscles respiratoires ». On le voit, le nombre de mécanismes pouvant intervenir dans l'initiation et le maintien de la respiration aérienne rend difficile l'identification du processus réel. Il est pourtant crucial d'en savoir plus pour mieux comprendre, et ainsi prévenir, la détresse respiratoire du nouveau-né.

159 Comment l'eau trouble-t-elle le pastis ?

Pour comprendre ce phénomène, il faut examiner la composition du « petit jaune », le célèbre apéritif à la teinte ambrée qui devient jaune laiteux quand il est allongé d'eau : 45 % d'alcool, 54,8 % d'eau et 0,2 % d'extraits de plantes aromatiques. C'est précisément dans ces derniers pourcentages que se cache le responsable du trouble, à savoir l'anéthol, une huile extraite des graines du fenouil et de la badiane. Outre le fait qu'il donne au pastis son arôme anisé, l'anéthol possède une autre particularité : si, comme toutes les huiles, il n'est pas soluble dans l'eau, il l'est en revanche dans l'alcool, du moins tant que la concentration de ce dernier est supérieure à 45 % en volume. Dans la bouteille de pastis, la quantité d'alcool est suffisante pour que l'anéthol se dissolve dans le mélange, qui est donc transparent car les molécules d'eau, d'alcool et d'anéthol sont réparties de façon homogène. Cet équilibre est rompu lorsque l'on ajoute les cinq volumes d'eau classiques pour un volume de pastis. La concentration en alcool descend alors bien en dessous de 45 %, et les molécules d'anéthol ne peuvent plus rester en solution dans l'alcool. A partir de cet instant, l'huile se concentre en fines gouttelettes en suspension dans la boisson, et forme ce qu'on appelle une « émulsion ». Comme le brouillard, ces gouttelettes diffusent la lumière dans toutes les directions et donnent ainsi au pastis son aspect laiteux. C'est donc un phénomène physico-chimique complexe qui fait la magie de cet apéritif. Les chercheurs ont nommé cette réaction l'« effet pastis ».

Aussi étonnant que cela puisse paraître, le mécanisme de cet effet pastis n'est réellement compris que depuis 2003. Grâce aux travaux de l'Américain Joseph Katz et d'Isabelle Grillo, de l'Institut Laue-Langevin à Grenoble, on sait désormais que les gouttelettes apparaissent instantanément quand on verse l'eau et qu'elles mesurent seulement quelques micromètres de diamètre. Les chercheurs ont observé également que le mélange était remarquablement stable et restait trouble longtemps. Car l'anéthol est présent au départ en toute petite quantité. Ainsi, lorsque les gouttelettes se forment dans tout le mélange, elles sont trop éloignées les unes des autres pour s'agglomérer en plus grosses. Ce n'est en fait qu'après quelques heures passées à température ambiante que les gouttelettes finissent par se rassembler puis par remonter à la surface du mélange, lequel devient alors presque incolore. Les fabricants de boissons ont d'ailleurs tiré profit de ce constat. Depuis peu, certains commercialisent un pastis prêt à être dégusté ; pour qu'il conserve son aspect laiteux, un stabilisateur naturel, de la gomme arabique, a été ajouté à la préparation. Mieux encore, l'effet pastis sort aujourd'hui du bistrot. Récemment, Joseph Katz et François Ganachaud, du laboratoire de chimie macromoléculaire (CNRS) de Montpellier, ont en effet recensé tous les objets chimiques qui pourraient être fabriqués *via* cette technique. On trouve notamment dans cette liste des capsules microscopiques en polymères qui intéressent beaucoup les industriels de la cosmétique et des médicaments, car, avec cette nouvelle méthode, nul besoin d'avoir recours à de fortes agitations ou d'envoyer des ultrasons pour émulsifier un mélange comme c'est le cas actuellement. Sans oublier que la méthode nécessite moins de produits tensioactifs pour stabiliser le mélange. L'effet pastis pourrait être à l'avenir à consommer… sans modération !

Lorsqu'il y a ajout d'eau, l'anéthol précipite en gouttelettes.

1 Le pastis pur contient 45 % d'alcool, ce qui est suffisant pour garder soluble (donc invisible) l'un des éléments entrant dans sa composition : l'anéthol. Le liquide est alors transparent.

2 L'eau ajoutée fait chuter le taux d'alcool, qui n'est dès lors plus suffisant pour garder l'anéthol en solution. La molécule précipite en gouttelettes qui rendent le liquide jaune laiteux. Il devient opaque.

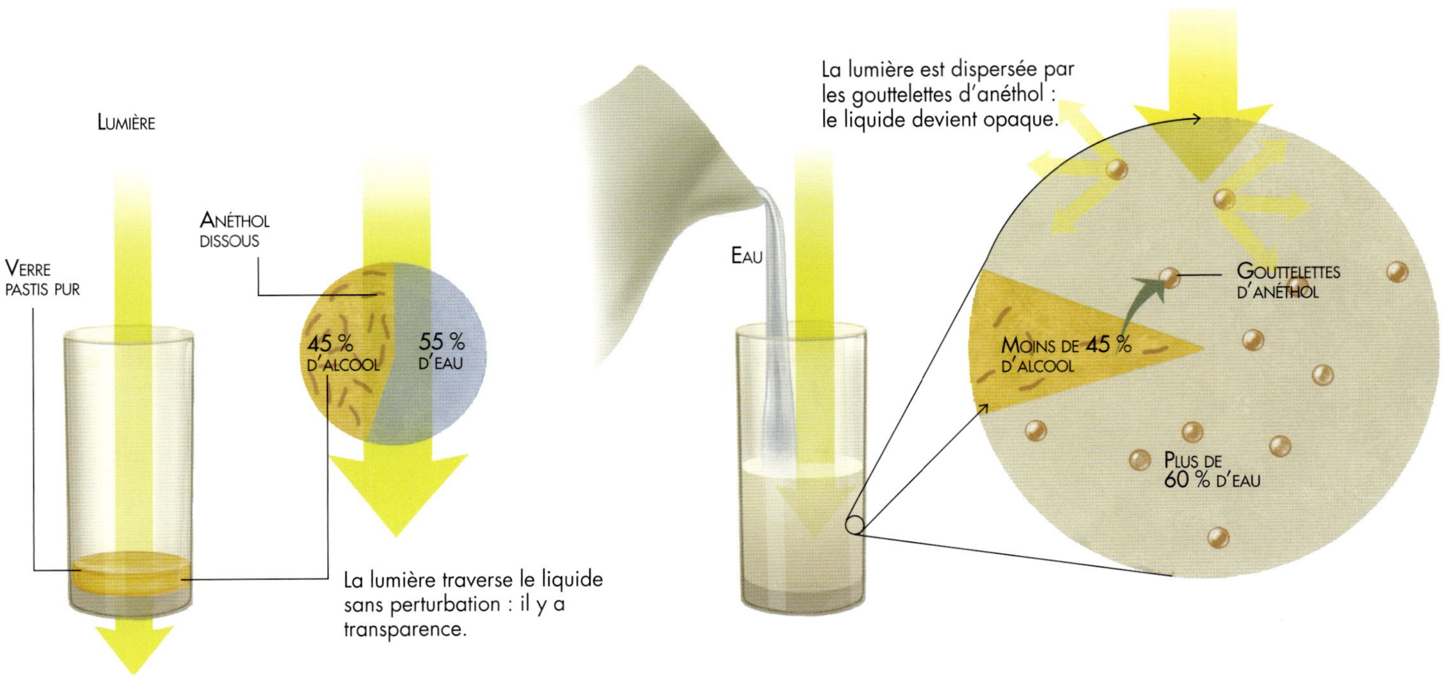

160 Comment les pigeons voyageurs parviennent-ils à si bien s'orienter ?

Les pigeons s'orientent par rapport à de grandes directions et se situent grâce à des repères spatiaux. Les grandes directions sont le soleil et le magnétisme terrestre. Les repères qu'il utilise sont visuels, sonores et olfactifs. Les scientifiques ont ainsi observé que le pigeon trouvait moins facilement son cap par temps couvert… et conclu que l'oiseau modifiait son angle d'orientation par rapport au soleil en fonction de l'heure. Son secret ? Une véritable horloge interne, qui calque son rythme biologique sur l'alternance entre les jours et les nuits. Cette horloge interne, peut être retardée ou avancé en exposant le pigeon à un éclairage artificiel qui prolonge ou bien raccourcit la durée des « journées ». Mais le soleil ne lui sert que de simple compas pour lui fournir un cap, qu'il ajuste grâce à d'autres mécanismes. Par exemple, l'oiseau compare la position du nord magnétique à celle de son pigeonnier. En 1979, les scientifiques découvraient entre le cerveau et la boîte crânienne des pigeons des masses microscopiques de magnétite, un oxyde de fer naturel. Ces petits cristaux semblables à des micro-aimants feraient office de miniboussoles…

Reste que pour se guider plus précisément, le pigeon fait sans doute appel à tous ses sens. Ainsi, des expériences indiquent qu'un jeune sujet enregistre l'« empreinte olfactive » de son pigeonnier et lui associe une carte des odeurs apportées par les vents. Lorsqu'on le lâche à distance, il paraît capable de remonter le « courant des odeurs ». D'ailleurs, des déficits d'orientation apparaissent quand on bouche ses orifices nasaux… Cela dit, un guidage olfactif sur de longues distances paraît très hypothétique.

Autre possibilité, pour le moment à confirmer, celle d'un guidage par infrasons. Les pigeons seraient ainsi sensibles à de très basses fréquences, non perçues par l'oreille humaine. Ils se serviraient de cartes sonores composées d'infrasons émis par le ressac des vagues, les vents ou encore l'activité sismique de la Terre. Pour en savoir plus, une équipe d'éthologistes italiens a montré que le traitement des informations spatiales réside dans l'hippocampe du pigeon, une structure située dans le lobe temporal de son cerveau. Des recherches qui aboutiront peut-être à la mise au point de méthodes d'entraînement « scientifiques » des pigeons voyageurs.

Le pigeon voyageur s'oriente à la fois grâce au soleil, au magnétisme et à ses sens.

161 COMMENT la lessive ôte-t-elle les taches ?

Grâce à son pouvoir détergent ! Le savon contient des molécules très ambivalentes : elles possèdent une queue irrésistiblement attirée vers tout ce qui est gras — dite hydrophobe —, tandis que leur tête ne jure que par l'eau — elle est hydrophile. Résultat : elles se positionnent systématiquement à cheval entre les deux types de produits, la tête du côté de ce qui ressemble le plus à de l'eau et la queue du côté de la substance la plus proche du gras. En présence d'une tache, les molécules savonneuses forment ainsi un film « isolant » à l'interface du gras et de l'aqueux qui modifie les tensions interfaciales, autrement dit l'affinité plus ou moins grande entre deux corps. C'est pourquoi les molécules de savon sont dites tensioactives.

Dans le cas d'une tache de graisse, celles-ci se positionnent à trois endroits : à la limite du gras et de l'eau, où ils vont diminuer la répulsion tout en augmentant la solubilité ; à la limite de l'eau et du tissu, dont ils ▶

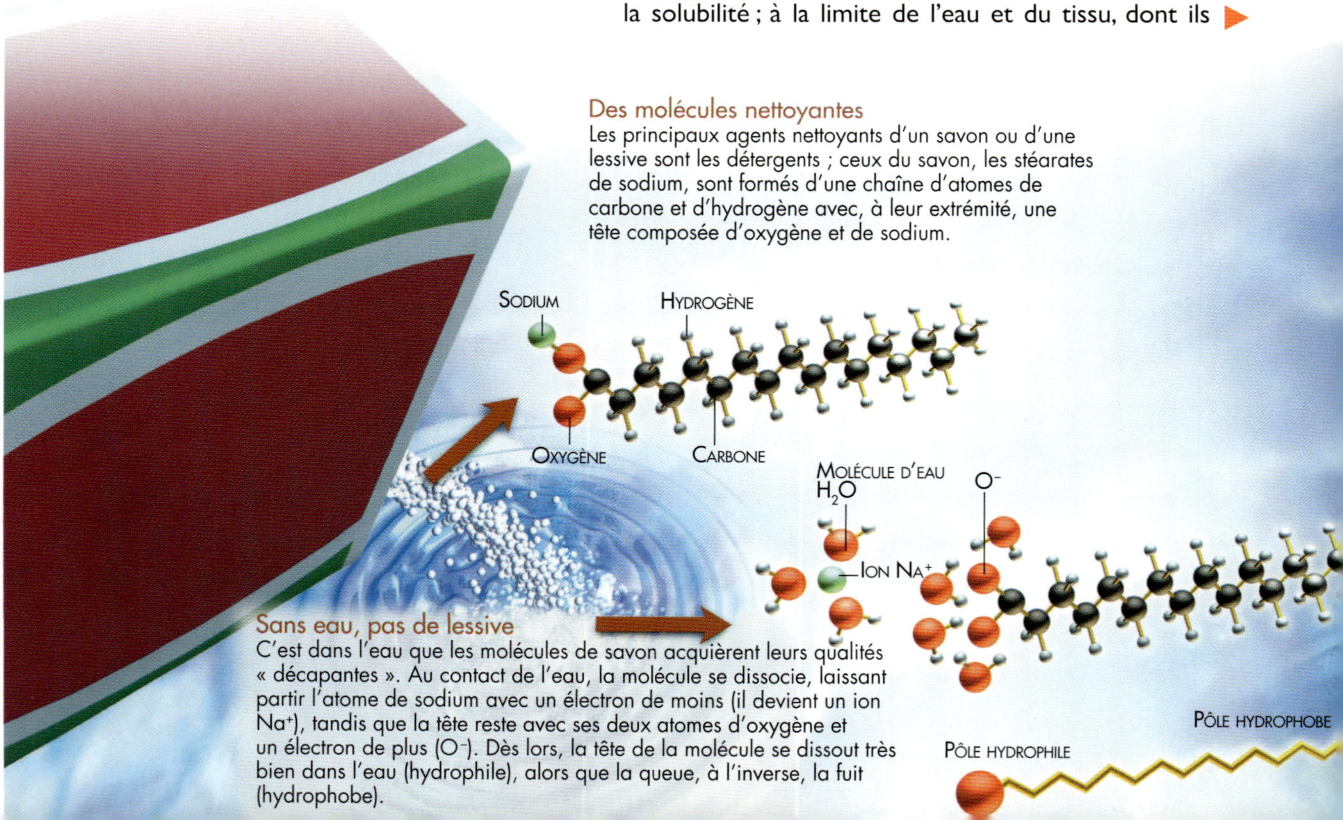

Des molécules nettoyantes

Les principaux agents nettoyants d'un savon ou d'une lessive sont les détergents ; ceux du savon, les stéarates de sodium, sont formés d'une chaîne d'atomes de carbone et d'hydrogène avec, à leur extrémité, une tête composée d'oxygène et de sodium.

Sans eau, pas de lessive

C'est dans l'eau que les molécules de savon acquièrent leurs qualités « décapantes ». Au contact de l'eau, la molécule se dissocie, laissant partir l'atome de sodium avec un électron de moins (il devient un ion Na^+), tandis que la tête reste avec ses deux atomes d'oxygène et un électron de plus (O^-). Dès lors, la tête de la molécule se dissout très bien dans l'eau (hydrophile), alors que la queue, à l'inverse, la fuit (hydrophobe).

Dans l'eau, les molécules nettoyantes s'attaquent aux gouttelettes de graisse, qui finissent par se détacher du tissu.

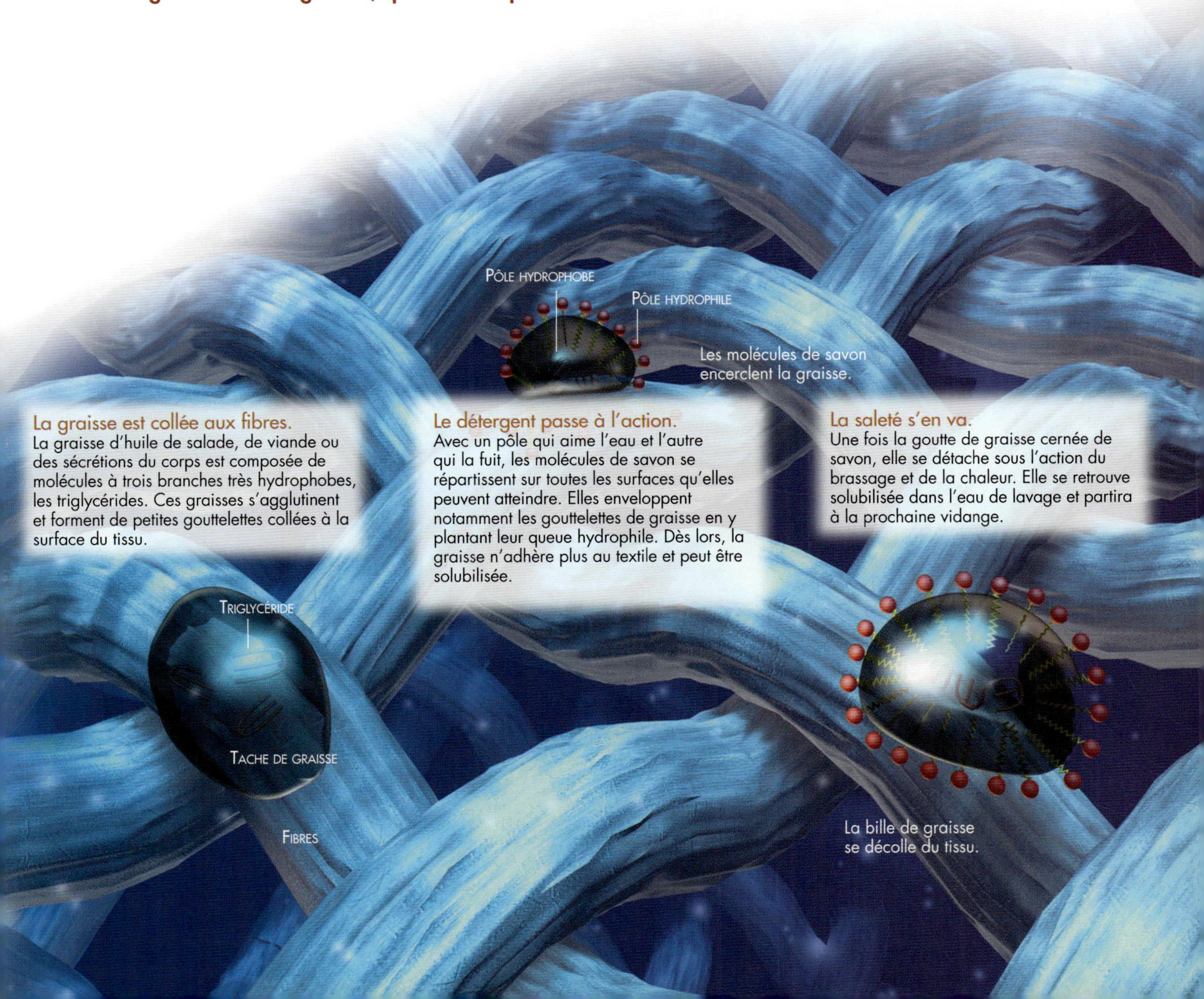

La graisse est collée aux fibres.

La graisse d'huile de salade, de viande ou des sécrétions du corps est composée de molécules à trois branches très hydrophobes, les triglycérides. Ces graisses s'agglutinent et forment de petites gouttelettes collées à la surface du tissu.

Le détergent passe à l'action.

Avec un pôle qui aime l'eau et l'autre qui la fuit, les molécules de savon se répartissent sur toutes les surfaces qu'elles peuvent atteindre. Elles enveloppent notamment les gouttelettes de graisse en y plantant leur queue hydrophile. Dès lors, la graisse n'adhère plus au textile et peut être solubilisée.

La saleté s'en va.

Une fois la goutte de graisse cernée de savon, elle se détache sous l'action du brassage et de la chaleur. Elle se retrouve solubilisée dans l'eau de lavage et partira à la prochaine vidange.

vont favoriser la mouillabilité ; à la limite du gras et du tissu, où ils vont diminuer leur cohésion. Il suffit dès lors d'agiter et de chauffer pour que la tache disparaisse dans l'eau savonneuse. C'est ce qu'on appelle la détergence. Ce mécanisme utilisé depuis l'Antiquité, reste à la base de toute lessive, à cela près que le savon, fabriqué à base d'huile végétale ou animale portée à ébullition en présence de cendres ou de soude caustique, a quasiment disparu de leur composition. En effet, il forme une substance grasse qui obstrue les tuyauteries en présence d'eau dure.

Dans les années 1940, apparaissent les détergents synthétiques, produits à partir de la paraffine tirée du pétrole. Aujourd'hui, nos lessives sont principalement constituées du détergent synthétique LAS (*linear alkyl benzene sulfonate*), de molécules d'origine végétale et de détergents particuliers chargés d'améliorer le rendement des LAS. Le soupçon de savon encore toléré sert à empêcher les autres détergents de trop mousser, leur principal défaut. Cela étant, savon traditionnel ou tensioactifs synthétiques, le lavage n'est jamais impeccable. En effet, face à de la saleté emmêlée dans les fibres ou à des taches chimiquement liées au tissu, les détergents restent impuissants et ont tendance à ternir le linge. Pour atteindre un meilleur niveau d'efficacité, les lessives modernes ont intégré dans leur composition des polymères antiredéposition qui évitent qu'une partie des particules mises en solution lors du lavage échappe à l'action des détergents, coagule et se redépose sur le linge, qui ternit. Le jaunissement du linge, lui, est provoqué par l'accumulation de substances grasses chimiquement dégradées qui absorbent la lumière bleue. Faute de pouvoir l'éviter, les lessiviers utilisent des azurants optiques qui absorbent la lumière ultraviolette et la réémettent en lumière bleue. Le linge récupère sa blancheur et gagne en éclat. Mais le dernier cri, ce sont les enzymes. Empruntées à des micro-organismes, ces biomolécules sont efficaces à faible dose et à basse température. Certaines d'entre elles, les cellulases, aident les détergents à atteindre la saleté incrustée dans les fibres. Les plus courantes sont les protéases (qui dégradent les taches protéiniques, comme l'œuf, le sang, la viande, le lait…), les amylases (qui s'attaquent à l'amidon des pâtes, du riz, des farines), les lipases (qui dégradent les graisses rebelles) et les oxydases (qui se chargent des taches maigres laissées par les fruits, le vin, le thé, le café). Les autres composants servent à maintenir le pH de l'eau suffisamment alcalin pour que l'action chimique de la lessive soit efficace, à protéger les ingrédients actifs de la dureté de l'eau, à emprisonner les métaux lourds pour protéger les agents blanchissants, à servir de support à la poudre, à parfumer… Aujourd'hui, les phosphates, tenus pour responsables de la croissance d'algues dans les rivières, cèdent leur place aux zéolites, des cristaux de silicoaluminate de sodium non métabolisés par les algues. Enfin, les agents chimiques sont progressivement remplacés par des enzymes biodégradables. Même les tensioactifs évoluent vers le bio avec la montée en puissance de nouvelles molécules produites à partir d'huile végétale. Une sorte de retour au bon vieux savon naturel, version high-tech.

162 COMMENT la radiothérapie agit-elle sur les tumeurs ?

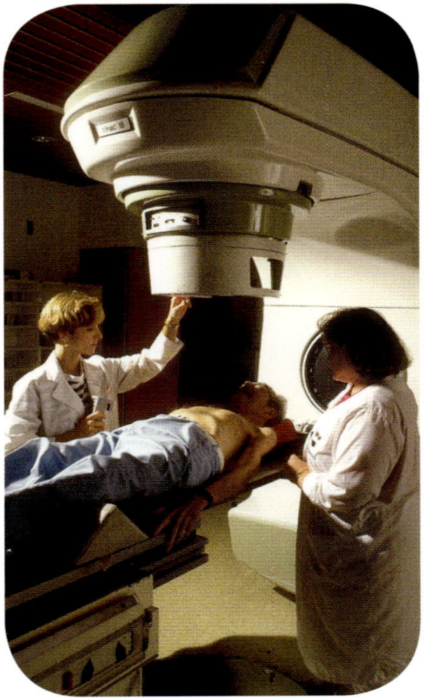

Si le rayon X atteint toutes les cellules d'une tumeur, seules celles qui sont saines sauront se réparer après le traitement.

Cette technologie, dont bénéficient 70 % des malades du cancer, est en pleine progression. Son principe : bombarder tumeur et ganglions satellites (premiers relais des métastases) avec des rayons X. Ceux-ci forment un faisceau, sculpté au millimètre près, qui pénètre les tissus jusqu'à la tumeur, laquelle est alors irradiée sous cinq ou six angles différents, pendant une durée maximale d'une minute. Les rayons X atteignent toutes les cellules, saines ou tumorales, de la zone traitée, et ils cassent les molécules d'ADN, sans lesquelles les cellules ne peuvent pas survivre. Les cellules saines parviennent à se réparer ; pas les tumorales, qui seront éliminées par la chimiothérapie. Pour réaliser cette opération millimétrique, les radiothérapeutes calculent au préalable la dose exacte de rayons à envoyer. Les cancérologues disposent d'une autre méthode pour cibler une tumeur : la curiethérapie. Elle consiste à implanter dans la tumeur une source radioactive de rayons gamma. L'avantage est de délivrer localement une dose importante, mais cette technique restreint le traitement à des régions accessibles (langue, utérus…). Associées à la chirurgie et à la chimiothérapie, ces thérapies participent à la guérison de 50 % des cancers traités. Cette arme n'est pas sans risques, comme l'ont révélé les surirradiations dues à des défaillances humaines ou à un problème de paramétrage de l'appareil, mais ces cas ne remettent pas la technique en cause, au regard des dizaines de milliers de malades qui survivent grâce à elle. Au contraire, elle conserve une marge de progression, tant dans l'imagerie que dans la protection des tissus sains situés à proximité de la tumeur.

163 Comment s'exerce la force gravitationnelle ?

A la fin du XVIIe siècle, Isaac Newton élabore une loi de la gravitation, force responsable de l'attraction réciproque de corps massifs sous l'effet de leur masse. Il faudra toutefois attendre le XXe siècle et Einstein pour en comprendre la nature. En 1905, le savant propose sa théorie de la relativité restreinte : désormais, la vitesse de la lumière est une limite infranchissable. L'instantané n'existe pas. La gravitation ne peut donc pas agir instantanément ! En 1916, le physicien allemand aboutit à sa théorie de la gravitation, révolutionnaire, baptisée relativité générale. Selon elle, les planètes décrivent des trajectoires courbes, non parce qu'elles sont soumises à des forces, mais parce qu'elles évoluent dans un espace-temps courbé par la proximité d'une masse importante (comme une étoile). Ce qu'on a coutume d'illustrer par un poids qui creuse la toile élastique sur laquelle il est posé. Ainsi, dans cet espace-temps courbé, les trajectoires le sont aussi. Dès lors, on ne dissocie plus la gravitation de la matière. Celle-ci dicte à l'espace-temps la façon de se déformer, et ce dernier dicte à la matière la façon de se déplacer. Ainsi, la nature de la gravitation est un aspect de la géométrie de l'espace-temps.

La gravitation est une force responsable de l'attraction réciproque de corps massifs.

164 Comment sait-on précisément qu'une **seconde** dure une **seconde** ?

Autrefois, la définition officielle de la seconde du système international d'unité était de 1/86 400 de jour solaire. Depuis 1967, la seconde n'est plus définie à partir des astres, mais à partir des atomes, et plus précisément à partir du césium 133, un métal mou jaune clair. Pourquoi lui ? Parce qu'il change d'état énergétique (c'est-à-dire qu'un de ses électrons est « excité ») lorsqu'il est soumis à une onde électromagnétique, située dans le domaine des micro-ondes (de 300 MHz à 300 GHz), à la fréquence très précise de 9 191 631 770 Hz. La seconde correspond donc à la durée de 9 192 631 770 périodes de cette onde. Avec une précision de l'ordre de 10^{-15} s, soit une variabilité de 1 s tous les 32 millions d'années ! La course à la précision continue de faire rage. En 2003, des chercheurs américains abandonnent le césium pour développer une horloge basée sur l'ion mercure ou l'atome de calcium. Dite optique, elle repose sur le même principe, sauf que les éléments — calcium et mercure — sont sensibles aux radiations du visible ultraviolet de fréquence de 10^{+15} Hz. Conséquence : une précision qui pourrait atteindre 10^{-18} s, soit une incertitude de 1 s tous les 15 milliards d'années. Inutile dans notre vie quotidienne régie par nos montres à quartz, cette exactitude est indispensable aux systèmes de positionnement par satellites comme le GPS, qui requiert une rigueur parfaite dans l'estimation du temps. Et pour cause : une erreur d'un millième de seconde correspond à un faux pas de quelque 300 km. L'horloge atomique au césium n'est cependant pas près d'être abandonnée, car cela obligerait les autorités compétentes à revoir la définition de la seconde. Et ce n'est pas à l'ordre du jour.

Nature de la roche, présence d'une fosse à leur pied, regroupement et orientation par rapport aux astres signent les menhirs.

165 Comment distinguer un **menhir** d'un **rocher** ?

La différence entre un rocher de forme allongée et un menhir (du breton *men,* « pierre », et *hir,* « longue ») n'est, *a priori,* pas évidente. Pour lever le doute, archéologues et géologues s'appuient sur des indices fiables. Le premier : la nature de la roche. Dans le cas d'un menhir, elle diffère généralement de la nature du sol sur lequel elle se trouve. Deuxième indice : la présence d'une fosse au pied du rocher. En effet, pour faire tenir ces énormes rochers — 20 m de haut et 300 t pour le menhir brisé de Locmariaquer —, les « constructeurs » les ont calés dans des fosses à l'aide de petites pierres et de terre. « Les archéologues y trouvent même des tessons ou encore des fragments de pierres à moudre, comme à Carnac », précise Jean-Pierre Mohen, directeur du département du patrimoine et des collections du musée du quai Branly. Dernier indice, les alignements orientés selon les astres, comme il s'en rencontre en Bretagne. A ce jour, les archéologues ont recensé des milliers de menhirs en France. Outre sur la façade atlantique, on retrouve ces monuments dans les Pyrénées, le Massif central, le nord de la France… Et il en reste encore à découvrir. Si vous trouvez une pierre correspondant à ce profil, ne la déplacez pas, mais signalez-la à la mairie du lieu.

166 COMMENT **effacer** toute **trace** d'un fichier dans un disque dur de **PC** ?

Même formaté, cassé ou brûlé, un disque dur garde toujours (ou presque…) une trace des fichiers. Rappelons qu'un disque dur se compose d'une pile de plateaux circulaires en rotation, entre lesquels se déplacent des têtes de lecture-écriture pilotées par un bras. Ces plateaux sont recouverts d'une fine couche magnétique où sont stockées et organisées les données. Chaque plateau se divise en pistes concentriques, découpées en « secteurs » de 512 octets chacun, plusieurs secteurs composant un « cluster », l'unité de base d'allocation d'espace sur le disque. Ainsi, un tout petit fichier se voit tout de même attribuer un cluster entier, un fichier très volumineux en occupera plusieurs. L'adresse des clusters donne la position exacte des données sur le disque. C'est la table d'allocation des fichiers (FAT), l'index général du disque dur, qui répertorie les clusters et définit leur statut : disponible, occupé ou défectueux. Si l'un d'eux est disponible, le système est autorisé à utiliser l'espace qu'il occupe. La tête de lecture-écriture équipée d'un électroaimant balaie alors la surface du plateau et génère à l'emplacement voulu un champ magnétique local positif ou négatif selon qu'il inscrit un 0 ou un 1. Que se passe-t-il lorsqu'on supprime un fichier, en l'envoyant à la corbeille et en vidant celle-ci ou en effectuant un formatage « rapide » du disque dur ?

L'ordinateur écrit dans la FAT que les clusters jusqu'alors alloués à ce fichier sont désormais disponibles… sans toucher aux données physiques elles-mêmes. C'est comme si on gommait un chapitre du sommaire d'un livre sans effacer le chapitre lui-même. Les données effacées n'apparaissent plus dans l'index du disque, mais elles sont toujours sur le disque, et peuvent être facilement récupérées grâce à des logiciels spécialisés, qui reconstituent les fichiers à l'aide des dates d'enregistrement ou des mots clés. On parle alors de « suppression de type logique », en opposition à la suppression physique des données. Le seul moyen de supprimer physiquement des données consiste à réécrire sur les secteurs à effacer. C'est d'ailleurs ce qui se produit à l'occasion d'un formatage « normal », puisque l'ordinateur remplit le disque de zéros. Mais même dans ce cas extrême, il subsiste une chance de récupérer les données, quoique cela devienne une affaire d'expert. De fait, si l'on observe au microscope électronique la surface d'un disque, on perçoit nettement des traces résiduelles des données écrasées. Qui plus est, un 1 écrit sur un 0 ne laisse pas exactement la même trace qu'un 1 sur un 1. Résultat : il devient théoriquement possible de reconstituer *a posteriori* plusieurs couches de données effacées. Cela dit, il existe une ultime technique d'effacement : celle qui consiste à démagnétiser définitivement le disque avec un dégausseur. Les informations étant stockées sous forme magnétique, elles disparaissent irrémédiablement et le disque devient inutilisable.

Deux types de suppression

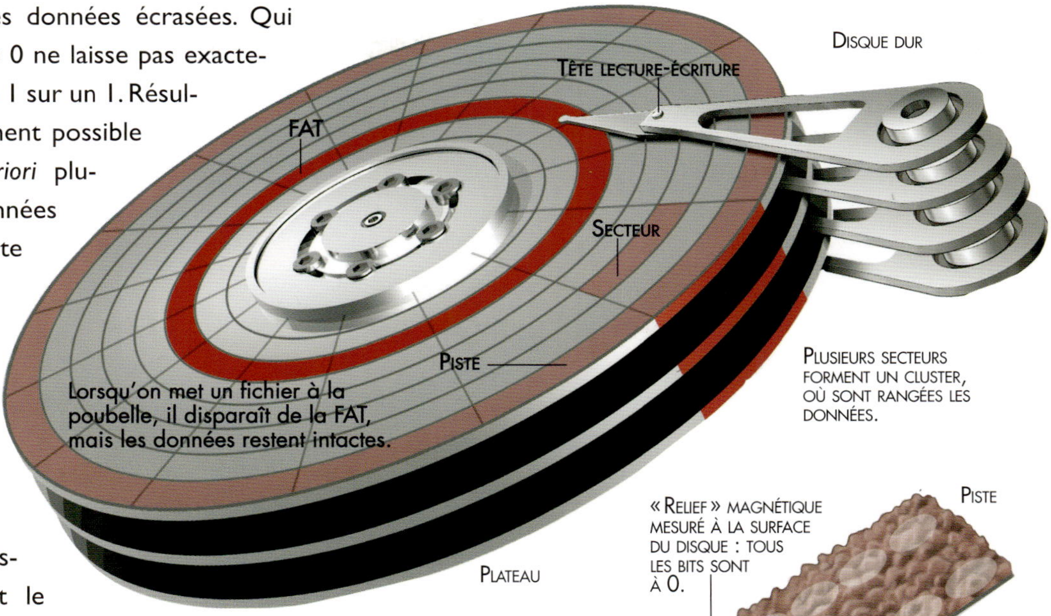

1 La suppression logique
Le disque dur est composé de plateaux, divisés en pistes, découpées en secteurs. Plusieurs secteurs composent un cluster, où se rangent les données, et tous les clusters sont indexés dans le FAT, mais les données, si elles ne sont pas écrasées, restent intactes.

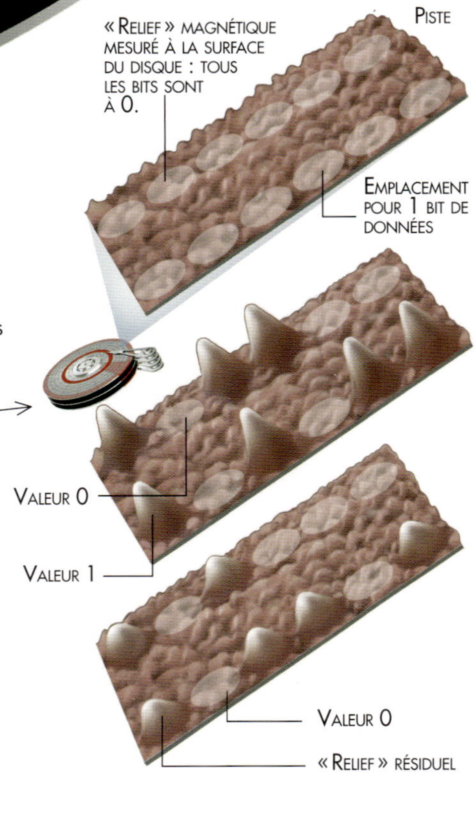

2 La suppression physique
La surface du disque dur vierge, vue au microscope à force magnétique, est un paysage magnétique uniforme. Son « relief » magnétique est nul.

Les fichiers sont gravés sous forme de 0 et de 1. Les zones de valeur 1 sont polarisées (petites montagnes) et les zones de valeur 0 laissées telles quelles.

L'effacement physique de ces données dépolarise les 1, mais ce processus, jamais total, laisse un « relief » résiduel qu'il reste possible de lire.

167 COMMENT sait-on que notre système solaire est plat ?

On pourrait ajouter : et pourquoi les planètes tournent-elles autour du Soleil dans le même sens ? Car si le Système solaire est plat, c'est parce qu'il tourne. On sait depuis une trentaine d'années que le Soleil, comme toutes les étoiles, s'est formé par l'effondrement sur lui-même d'un nuage de gaz et de poussières. Ce nuage originel, se condensant dans le milieu interstellaire légèrement turbulent de la Voie lactée, tourne très lentement sur lui-même. Massif et étendu (quelques fractions d'année-lumière de diamètre), il possède une grande quantité d'énergie sous la forme de moment cinétique : c'est son « énergie de rotation ». Le moment cinétique se définit par le produit de la masse, de la vitesse de rotation et de la distance à l'axe de rotation d'un système. Or, ce moment est l'une des raisons de l'aplatissement du système solaire. En effet, il s'agit d'une grandeur qui se conserve pour un système isolé. L'exemple classique est celui d'un patineur tournant sur lui-même, les bras écartés, à raison d'un tour par seconde ; s'il ramène les bras vers son corps, il accélère. De fait, sa masse se redistribuant plus près de son axe de rotation et son moment cinétique étant conservé, sa vitesse augmente.

Pour en revenir au Système solaire, il y a 4,57 milliards d'années, lorsque l'effondrement fit chuter la taille du nuage de plusieurs ordres de grandeur, la vitesse de rotation augmenta en proportion. Les particules du nuage furent alors soumises à une force centrifuge importante qui, combinée à la gravité, les a attirées vers le plan équatorial. Sphérique au départ, le nuage s'est aplati pour former un disque dont l'épaisseur est de l'ordre du dixième du rayon. Une deuxième étape d'aplatissement intervient lorsque les grains de poussière contenus dans le disque entrent en collision et s'agglomèrent. « Devenus plus gros, les grains échappent à l'agitation du gaz, explique Stéphane Guilloteau, chercheur à l'observatoire de Bordeaux. Ils tombent alors dans le plan équatorial pour former un disque mince dont l'épaisseur vaut environ un centième du rayon. » C'est dans ce disque, là où se trouve la matière, que se forment les planètes, lesquelles tournent toutes dans le sens de rotation du disque et dans le plan du disque. Un processus qui n'a rien d'accidentel. En effet, le Soleil qui se forme dans le cœur brûlant de la nébuleuse a besoin d'accumuler une énorme quantité de matière ; mais il ne peut absorber le moment cinétique qui va avec, sous peine de tourner si vite qu'il se disloquerait sous l'effet de la force centrifuge ! La présence d'un disque de grains remédie à ce problème : son étalement vers la périphérie et l'accélération de sa rotation transfèrent à l'étoile une partie de son moment cinétique.

168 Comment les **mites** se nourrissaient-elles avant l'invention des **habits** ?

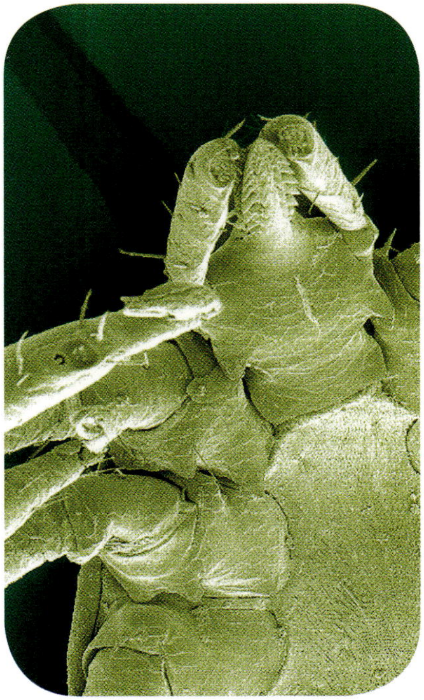

Animal biodécomposeur, la mite s'est longtemps nourrie de restes trouvés dans les nids des oiseaux.

Eh oui, il y a 300 millions d'années, les mites étaient déjà là. Et elles ne mouraient pas de faim. Les cadavres de vertébrés, les céréales et autres graines ont longtemps constitué leur menu. C'est que la mite est un « biodécomposeur » utile à la nature ! Elle fait ainsi le ménage dans les nids en mangeant plumes et restes d'oiseaux. Elle a plus tard colonisé les habitats humains primitifs, puis s'est adaptée jusqu'à faire parti de la faune « synanthrope » c'est-à-dire l'ensemble des animaux non domestiques qui vivent aux côtés de l'homme. Aujourd'hui, il existe deux familles de mites : les pyrales (pyralidés), ou mites alimentaires, et les teignes (tinéidés), dont la représentante la plus répandue est *Tineola bisselliella,* la fameuse mite des vêtements. Ce sont les larves de cette dernière qui, dès l'éclosion, festoient dans nos placards. Car les fibres naturelles contiennent, tout comme notre épiderme et nos poils, de la kératine, une protéine fibreuse soufrée dont ces insectes se nourrissent. D'où leur goût prononcé pour la laine, les peaux, les fourrures… mais aussi les reliures, les tapisseries, les animaux naturalisés, etc. Comme elle aime l'obscurité et le calme, la mite a trouvé dans les placards une niche idéale où les larves peuvent se faufiler dans des espaces de 10 micromètres de diamètre ! Pour s'en débarrasser, plusieurs solutions : frotter les tissus au grand air, les exposer quelques heures au soleil ou 2 ou 3 jours au grand froid. Sans négliger l'hygiène, car la mite affectionne plus particulièrement les tissus souillés.

En eau profonde, il faut réaliser des batardeaux avant d'installer les fondations du pont (ici, le pont Robert Moses près de New York).

169 Comment les piles d'un pont tiennent-elles sous l'eau ?

La méthode la plus simple, mais restreinte à de faibles profondeurs d'eau, calme qui plus est, consiste à déposer des remblais à l'emplacement des futures piles et à travailler à partir de l'îlot de terre artificiel ainsi formé. Il suffit alors de creuser le sol pour bâtir dans un premier temps les fondations, puis au-dessus, chaque pile. Reste ensuite à déblayer la terre pour permettre à l'eau de retrouver son cours. En rivière profonde, il est nécessaire de réaliser des batardeaux, sortes de coffrages étanches, constitués de poutres en acier jointives fichées dans le fond de la rivière. Une fois ces batardeaux rendus étanches et vidés de leur eau, les hommes y travaillent au sec. Place alors aux fondations du pont, conçues pour recevoir les charges et contraintes que supporteront les piles : poids du tablier, vents, courants d'eau, séismes, collisions avec des navires… Si le sol est résistant, la « semelle » de la pile est directement appuyée sur le fond du batardeau. Cette fondation superficielle en béton armé doit être coulée d'un seul tenant. En revanche, si le sol est instable, les ingénieurs recourent à des fondations en profondeur pour renforcer l'assise et ancrer le pont sur une couche solide, située parfois à des dizaines de mètres en dessous du sol. Dans ce cas, ils enfoncent des « chemises » métalliques, c'est-à-dire des tubes (parfois de 2 m de diamètre) au fond du batardeau jusqu'à rencontrer le sol ferme. Remplies de béton armé, ces chemises font office de pieu de fondation. Elles sont coiffées d'une semelle de béton sur laquelle la pile peut être montée, soit grâce à un nouveau coffrage dans lequel on coulera du béton, soit en assemblant des éléments préfabriqués et renforcés d'armatures métalliques. En pleine mer, les ingénieurs font appel à des techniques dites « offshore ». Le batardeau est remplacé par un caisson en béton, amené par flottaison et échoué à l'emplacement de la future pile. C'est ce principe de fondations échouées, qui a permis de construire au-dessus du golfe de Corinthe, le pont de Rion-Antirion inauguré en 2004. Autre solution : appuyer le caisson en béton sur une multitude de pieux métalliques enfoncés au fond de la mer. Il s'agit alors d'une pile sur pilotis comme le pont de l'île de Ré. Quant au pont du Gard, construit au Ier siècle, ce sont des pieux en bois qui, à l'époque, faisaient office de fondations profondes, tandis que les semelles étaient réalisées en pierres, installées grâce à la méthode du remblai.

170 COMMENT peut-on calculer la **masse** d'une **étoile** ?

Observer un objet aussi lointain qu'une étoile ne permet évidemment pas de déduire sa masse. Pour calculer celle-ci, il faut donc ruser. En l'occurrence, les astronomes s'appuient sur l'étude des systèmes d'étoiles doubles, soit deux étoiles en orbite l'une autour de l'autre, le seul cas où l'on peut déterminer de façon précise la masse d'un astre. En effet, observer les mouvements de ces deux étoiles permet de connaître leurs caractéristiques orbitales (c'est-à-dire la période de rotation et le demi-grand axe), or une série de lois, dites « de Kepler », du nom du célèbre astronome qui les a édictées au début du XVIIe siècle, stipule que ces caractéristiques sont proportionnelles aux masses des corps en orbite. L'observation permet donc, dans ce cas précis, de calculer « directement » les masses. La première étoile à avoir bénéficié de cette méthode est notre soleil (cela au XVIIe siècle, probablement par Newton). Certes, il ne s'agit pas d'une étoile double, mais on connaît très bien les orbites des planètes qui tournent autour de lui. Ainsi, la masse du Soleil atteint la bagatelle de 2 x 1 030 kg, soit environ 330 000 fois celle de la Terre. Rien de plus « simple », donc, que de calculer la masse d'une étoile dès lors qu'elle est en interaction gravitationnelle avec un autre astre dont on connaît l'orbite. Le problème devient beaucoup plus délicat avec les étoiles isolées, car alors, il faut s'appuyer sur l'observation des étoiles doubles, puis faire appel à une méthode indirecte, née il y a environ un siècle, quand les astronomes ont trouvé une relation physique qui permet de lier quantitativement la masse d'une étoile à sa luminosité (la quantité de lumière émise) et à sa couleur (la longueur d'onde de cette lumière). Cette relation fonctionne pour les étoiles isolées qui sont dans ce que les scientifiques appellent la « séquence principale », c'est-

1 Dans un système d'étoiles doubles, le mouvement des deux étoiles l'une autour de l'autre permet de calculer, grâce aux lois de Kepler, leur masse. Celle de l'étoile B étant connue, elle peut servir de référence.

à-dire en « phase adulte » de leur vie, comme l'est notre soleil et comme il en existe des milliards dans notre galaxie. Cette séquence principale, c'est la période pendant laquelle l'étoile brûle son hydrogène en fabriquant de l'hélium. La relation appliquée traduit le fait que plus l'étoile brille, plus elle est massive. En effet, plus une étoile est lourde, plus, en son centre, la pression qui doit résister à ce poids doit être forte. Les réactions nucléaires se font par conséquent à un rythme plus élevé, d'où une libération d'énergie et une luminosité plus importantes. Ainsi, en connaissant, d'une part, la masse de chacune des étoiles des systèmes doubles et, d'autre part, en observant leur luminosité et leur couleur respectives, on peut établir des étalons de référence, qu'il suffit de comparer aux caractéristiques d'une étoile isolée pour en déterminer la masse (voir infographie). Oui, mais si l'étoile sort de la séquence principale, cette relation n'est plus valable. C'est le cas lorsqu'elle a épuisé son hydrogène et devient une géante rouge, ou encore lorsqu'elle se transforme ensuite en naine blanche. Dans ces deux cas, il n'existe pas assez de données d'observation pour appliquer la relation. *Idem* pour les étoiles géantes dont la masse est supérieure à 25 masses solaires : elles sont trop massives pour être décrites dans la séquence principale. Enfin, concernant les naines brunes, elles brillent très peu, voire pas du tout. Du coup, seules les conditions physiques de leur formation permettent d'estimer leur masse.

Les étoiles doubles servent de référence.

Impossible *a priori* de calculer la masse d'un objet lointain juste en l'observant. Pour contourner l'obstacle, les astronomes se servent des systèmes d'étoiles doubles dont ils peuvent, grâce à leurs mouvements et aux lois de Kepler, déterminer les masses respectives. De quoi étalonner alors la luminosité et la couleur d'une étoile en fonction de sa masse, ce qui permet ensuite, en observant la luminosité et la couleur d'une étoile isolée, d'en déduire sa masse par comparaison.

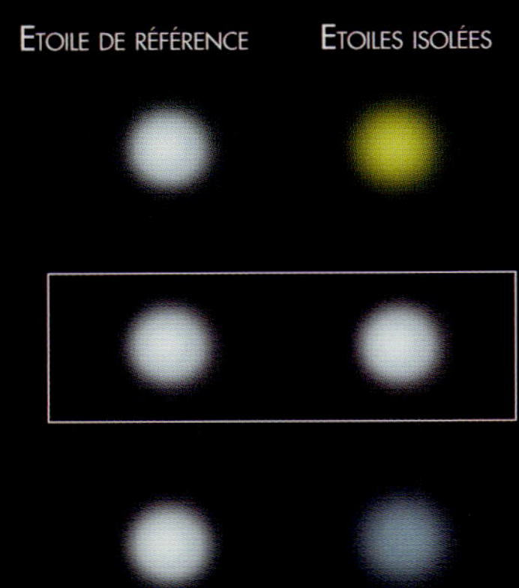

2 Les astronomes comparent ensuite des étoiles isolées avec l'étoile de référence. Si l'une d'entre elles présente la même luminosité et la même couleur que l'étoile B, c'est ce que sa masse est identique.

171 COMMENT reconnaît-on une **voix** au **téléphone** ?

Nombre d'entre nous parieraient sans la moindre hésitation qu'ils sont capables de reconnaître la voix de leurs proches au téléphone. Ils se trompent ! Des expériences montrent que, confrontés à des personnes familières qui disent « Allô » au téléphone sans chercher à modifier leur voix, nous serions en mesure de les identifier dans seulement 30 % des cas. Avec des enregistrements de 30 s, le taux de réussite ne dépasse pas 66 % ! Ce ne sont pas nos capacités auditives qui sont en cause, mais notre voix elle-même, car elle évolue en fonction de notre âge, de notre état de santé, de nos émotions, mais aussi en fonction de la personne à qui l'on s'adresse. Par exemple, nous n'avons pas la même voix selon que nous parlons à un ami ou à un inconnu. Dernier paramètre en jeu, l'appareil utilisé : si un enregistrement vocal en studio peut être d'excellente qualité, il n'en va pas de même *via* un téléphone fixe ou, pire, *via* un portable. Alors pourquoi avons-nous tendance à surestimer nos capacités de reconnaissance vocale ? Parce que, lorsque le téléphone sonne, nous prenons en compte inconsciemment des informations contextuelles (heure de l'appel, circonstances, etc.), si bien que l'on devine souvent l'identité de notre interlocuteur avant d'avoir décroché… Les systèmes automatiques devraient pouvoir faire

Sur un simple « Allô », nous ne reconnaissons l'interlocuteur que dans 30 % des cas.

mieux que notre oreille (par exemple les logiciels de reconnaissance vocale intégrés aux téléphones portables pour commander un appel à la voix). En laboratoire, ces machines affichent un taux de réussite d'identification de quasiment 100 % des personnes connues, mais ces résultats se dégradent en conditions réelles, à tel point que, dans un environnement bruyant, l'homme est capable de surpasser ces systèmes grâce à la capacité de son cerveau à « filtrer » le bruit ambiant. Néanmoins, malgré l'absence de techniques d'identifications fiables à 100 %, un enregistrement vocal peut être utilisé comme preuve devant la justice pour identifier quelqu'un. Les scientifiques demandent depuis plusieurs années l'arrêt pur et simple de ces expertises tant qu'elles n'auront pas été validées scientifiquement.

172 Comment une plante arrive-t-elle à se tourner vers le Soleil ?

Cette orientation vers la lumière est due à une croissance différentielle entre les deux faces de la tige. Le côté situé à l'ombre pousse plus vite que celui exposé à la lumière, ce qui a pour effet de courber la plante vers le soleil. Ce phénomène, qu'on appelait autrefois « héliotropisme » (du grec *helios*, « soleil », et *tropos*, « tourner »), a été rebaptisé phototropisme à la fin du XIXe siècle par Charles Darwin et son fils. Ils ont mis en évidence le rôle déterminant d'une substance élaborée à l'apex (extrémité supérieure) des tiges. L'auxine, identifiée en 1934, est l'une des premières phytohormones à avoir été caractérisées. Les spécialistes de biochimie végétale pensent que cette substance est indispensable à la vie végétale et n'ont jamais trouvé une plante qui n'en produisait pas ! L'auxine agit principalement sur l'élongation des cellules, et intervient dans leur multiplication et leur différenciation. Le long des tiges, elle se répartit en fonction de la luminosité. La face éclairée de la plante subit une dégradation de l'auxine, tandis que la lumière provoque une migration de l'auxine vers la face ombragée : d'où une différence de croissance de ces deux faces. Mais ce processus reste encore mal connu.

173 COMMENT sont stockées les données d'Internet ?

Ce sont les serveurs (des ordinateurs connectés au réseau), qui conservent toutes les données. Ces machines reçoivent et traitent les demandes d'autres ordinateurs appelés « clients ». Car Internet, c'est cet ensemble de « tuyaux » permettant d'acheminer les données d'un ordinateur à l'autre. Dans cette architecture, il suffit d'avoir le logiciel adéquat pour transformer n'importe lequel de ces tuyaux en serveur de messagerie électronique, de *chat,* de téléphone, de télévision, de poste à poste (*peer to peer*), ou encore en serveur web (c'est-à-dire un serveur de pages au format html des sites web et autres blogs). Résultat : une étude conduite par la société Netcraft estime à près de 78 millions le nombre de serveurs web actifs dans le monde ! Et encore n'est-ce là qu'une estimation basse, puisqu'une grande partie du réseau est inaccessible aux méthodes de dénombrement automatique. Concrètement, les serveurs sont des ordinateurs surdimensionnés pour gérer un flux important de connexions. Ainsi, les serveurs de messagerie d'AOL, qui gèrent près de 150 millions de boîtes aux lettres, recevaient en 2006 environ près de 3,5 milliards de courriels par jour ! Lorsqu'ils sont la propriété de fournisseurs d'accès internet (FAI), d'institutions ou de grandes entreprises, les serveurs sont souvent regroupés dans des *datacenters* (centres de données). Ces lieux clos climatisés et sécurisés sont tenus secrets afin de préserver l'intégrité des données. Ces dernières sont d'ailleurs généralement dupliquées et conservées dans plusieurs endroits distincts afin d'en assurer la sauvegarde en cas de catastrophe naturelle, d'accident ou d'acte de malveillance. Tant que le débit d'Internet était limité, les datacenters se trouvaient près des utilisateurs pour limiter les temps de chargement, mais, depuis la mise en place, en 2004, de nouvelles fibres optiques reliant les différents continents, ils sont délocalisés, notamment en Asie. En France, les données des abonnés d'Orange, d'AOL ou de Télé2 se trouvent en banlieue parisienne, au Luxembourg ou même en Suède. Enfin, tous les ordinateurs connectés à Internet possèdent une adresse IP (*Internet protocol*) qui, une fois décodée par des logiciels tels TraceRoute (intégré à Windows) ou Visual-Route (www.visualroute.com), permet, théoriquement, de savoir dans quelle ville se trouve l'ordinateur. Et des sites comme www.geobytes.com ou encore www.ip2location.com offrent un service gratuit de localisation.

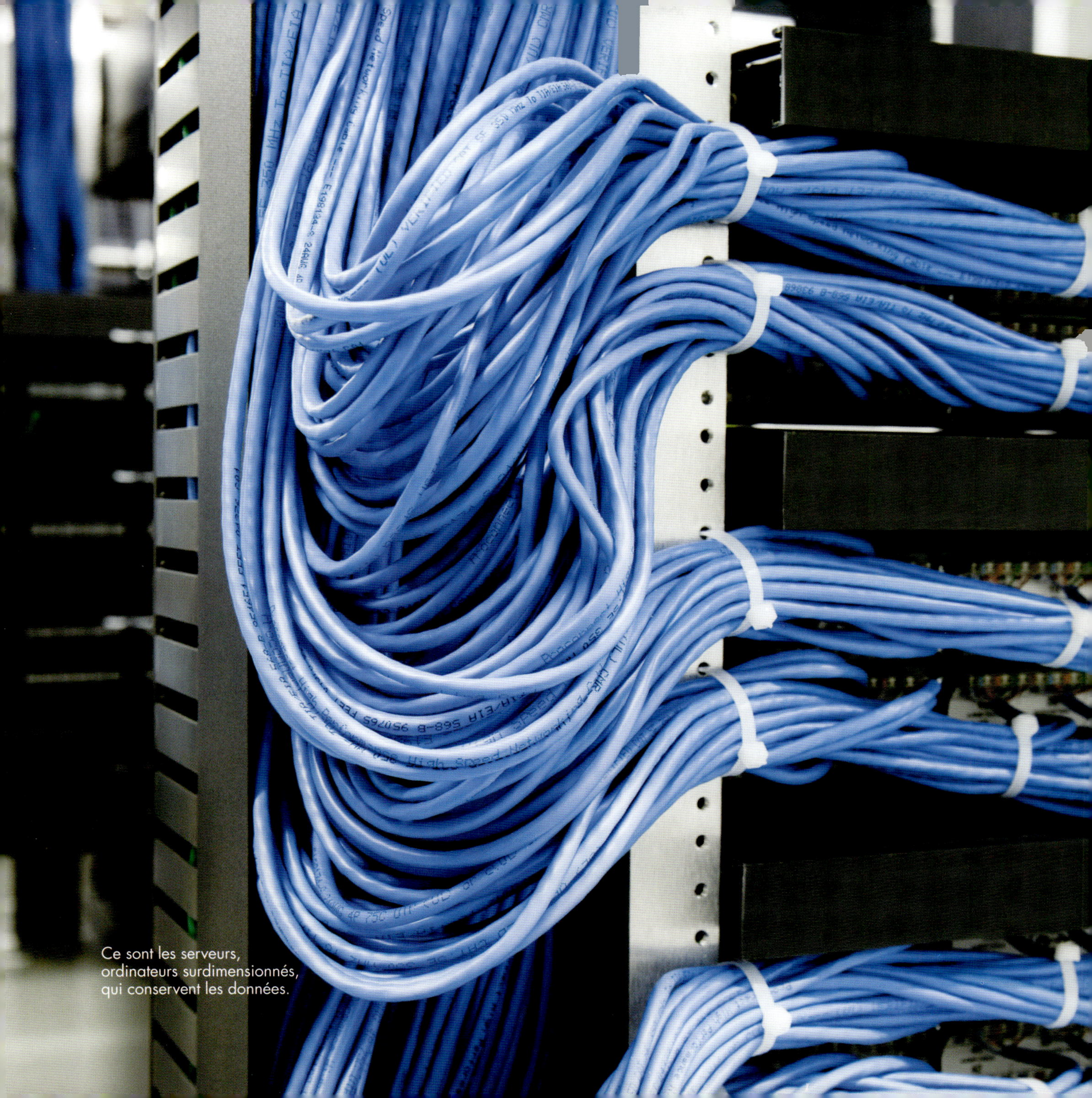

Ce sont les serveurs,
ordinateurs surdimensionnés,
qui conservent les données.

174 COMMENT peut-on expliquer que plusieurs **volcans** se réveillent en **même temps** ?

Cette observation n'est, fort heureusement, qu'une fausse impression. Il est vrai qu'en 2007 plusieurs volcans se sont réveillés : le piton de la Fournaise à la Réunion (qui a connu, en avril, l'« éruption du siècle »), le Stromboli et l'Etna en Italie, le Merapi en Indonésie, le Kilauea à Hawaii… Pour autant, « le fait que ces volcans soient en éruption en même temps n'est que le fruit du hasard, indique Claude Jaupart, géophysicien de l'Institut de physique du globe de Paris. Parallèlement, de nombreux autres volcans majeurs sont au repos, comme au Japon, dans l'Ouest américain, les îles grecques ou les Andes. Statistiquement, sur les 1 500 volcans actifs du monde, il y en a toujours une dizaine en éruption simultanément. » Si l'on remonte un peu dans les archives de la Terre, on voit que le nombre répertorié de volcans en éruption n'a cessé d'augmenter : on en comptait une vingtaine en 1800, plus de 40 en 1900 et plus de 60 en 2000. Loin d'y voir un emballement de l'activité volcanique au cours des deux derniers siècles, ▶

Depuis 1960, le nombre de volcans en activité n'a, en fait, que peu varié.

Grâce à un réseau mondial de surveillance, les volcanologues disposent de données précises sur l'activité des volcans depuis 40 ans. Ainsi, sur les 1 500 sites actifs (s'étant manifestés au moins une fois sur les 10 000 dernières années), le nombre de volcans en éruption évolue de manière aléatoire et dans une fourchette étroite (entre 40 et 70) d'une année sur l'autre. La Ceinture de feu du Pacifique, l'Indonésie, le rift est-africain, Hawaii et la Réunion constituent les zones les plus actives.

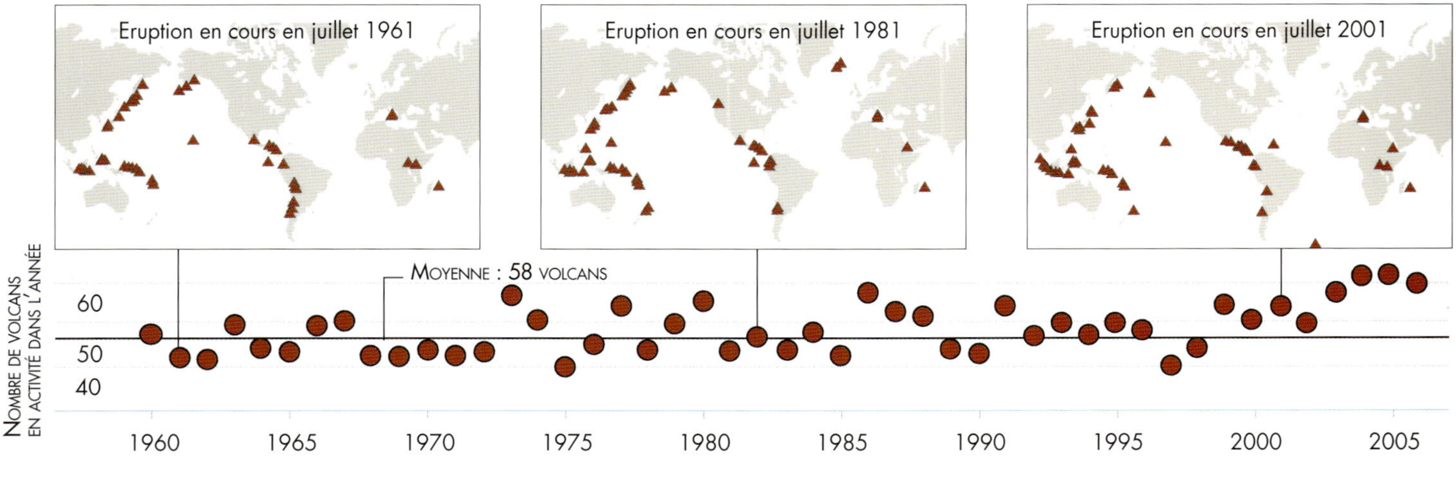

Depuis 1983, le Kilauea, à Hawaii, connaît une éruption dont nul ne peut prévoir la fin.

les volcanologues estiment qu'il ne s'agit, là aussi, que de la conséquence de l'évolution de la population — donc du nombre d'observateurs — et des moyens de communication. Selon les chercheurs du Smithsonian Institute, qui tiennent à jour un catalogue des épisodes éruptifs, le nombre de volcans en activité oscille chaque année entre 50 et 70 depuis 40 ans. Si le « dynamisme » global des volcans est quasiment constant, la fréquence d'éruption est, elle, très variable d'un site à l'autre.

L'activité volcanique est en effet étroitement liée à la tectonique des plaques. A l'aplomb des zones de rencontre des plaques lithosphériques, on trouve un volcanisme de subduction : c'est le cas de la célèbre Ceinture de feu du Pacifique ; au milieu d'une plaque se manifeste un volcanisme de point chaud, comme à Hawaii ou à la Réunion, sans compter les millions de volcans sous-marins qui parsèment les 70 000 km de dorsales océaniques. Autant de contextes qui affectent la fréquence des éruptions. « L'intervalle de temps entre deux éruptions est lié au taux de production de magma en profondeur et à la répartition des volcans », explique Claude Jaupart. Si ce taux de production est important et si le magma ressort par un nombre réduit de centres éruptifs, les éruptions sont fréquentes : c'est le cas des volcans de point chaud, qui trônent au-dessus de forts courants ascendants du manteau terrestre et dont les éruptions sont distantes de seulement quelques années. Inversement, si la production de magma est faible et distribuée sur un grand nombre de volcans, les éruptions sont rares et plusieurs siècles peuvent séparer deux éruptions : ce sont les volcans des zones de subduction tels le mont Saint Helens aux Etats-Unis ou la montagne Pelée à la Martinique. Or, « dans de rares cas, comme pour le Merapi, le volcan est de type subduction mais les éruptions sont quasi continues pendant des décennies, souligne Claude Jaupart. Le flux de lave y est assez faible mais, comme le magma ne peut s'arrêter dans un réservoir, celle-ci s'écoule de manière ininterrompue. » Cela renforce l'impression que les volcans se montrent plus démonstratifs ces derniers temps… Si le nombre d'éruptions volcaniques évolue peu d'une année sur l'autre, celles-ci présenteraient toutefois un caractère saisonnier marqué. C'est du moins ce qui ressort des travaux de David Pyle, de l'université de Cambridge. En analysant des archives recensant près de 3 200 éruptions sur 300 ans, le géologue a mis en évidence que les éruptions étaient plus nombreuses entre les mois de novembre et d'avril qu'entre les mois de mai et d'octobre. Cette saisonnalité serait liée aux déformations cycliques de la surface de la Terre résultant des variations du niveau des mers : au cours d'une année, le niveau des mers monte et descend globalement d'une dizaine de millimètres, modifiant les pressions exercées sur les roches sous-jacentes. Ce qui empêche ou facilite la remontée du magma des profondeurs de la Terre… Ainsi, l'activité accrue des volcans d'Amérique centrale entre décembre et mars coïnciderait avec une baisse du niveau marin dans cette région.

175 Comment attrape-t-on le mal des transports ?

Les enfants de 2 à 10 ans sont plus sensibles, car leur champ de vision est limité aux appuie-têtes des sièges avant.

Lorsqu'il y a conflit entre les informations apportées par les yeux et celles perçues par l'oreille interne. De fait, pour se situer dans l'espace et conserver son équilibre, l'organisme dispose de plusieurs sources d'informations : la vision, l'oreille interne, munie de capteurs neurosensoriels enregistrant les accélérations du corps dans les trois dimensions, et le système proprioceptif, constitué de récepteurs situés notamment dans les muscles, les articulations et la peau. Prenons un passager qui lit en voiture : ses yeux lui donnent l'impression que l'environnement est stable, alors que son oreille interne capte les accélérations et les virages. Résultat : le cerveau ne sait pas comment traiter ces informations contradictoires. S'ensuivent vertiges, somnolence, vomissements...

Ces troubles sont fréquents chez les enfants de 2 à 10 ans car leur champ de vision se limite alors aux appuie-têtes des sièges avant. Les bébés n'ont généralement pas de problème, sans doute parce que tous les mécanismes d'équilibration ne sont pas encore en place. La sensibilité est moindre chez les adultes, mais chez les femmes, les symptômes s'exacerbent pendant les règles, la grossesse ou la prise d'un contraceptif oral. La faute aux hormones ? Oui, mais pas seulement : pendant les transports, le conflit des sens est similaire à ce que le cerveau ressent après ingestion d'un aliment toxique, d'où les nausées, or l'organisme féminin a un seuil de tolérance aux toxines plus bas, pour pouvoir protéger le bébé en cas de grossesse ou d'allaitement. Les scientifiques cherchent aussi à identifier les facteurs familiaux et génétiques de ces malaises.

Deux molécules très proches peuvent ne pas actionner les mêmes récepteurs et ne pas avoir les mêmes odeurs.

176 Comment faisons-nous pour reconnaître les **odeurs** ?

Ce processus reste encore très mystérieux. Certes, si on approche une rose de son nez, les molécules qui s'en échappent viennent chatouiller des récepteurs olfactifs cachés dans la muqueuse nasale, un signal nerveux est immédiatement envoyé au cerveau… et c'est ainsi que nous percevons l'odeur. Il s'agit donc d'une sensation, déclenchée par un stimulus : une ou plusieurs molécules qui activent les récepteurs des cellules nerveuses du bulbe olfactif.

Mais alors, chaque forme de molécule donne-t-elle une odeur ? Et si deux molécules ont la même forme, auront-elles la même odeur ? Eh bien non, et c'est ici que tout se complique, comme si l'on avait affaire à une serrure dans laquelle jouerait une clé extrêmement compliquée. Toutes les caractéristiques des molécules sont prises en compte dans leur reconnaissance par les récepteurs : la position des atomes, et celle des électrons, la longueur de la chaîne de carbone, la polarité, et surtout la position des possibles liaisons entre atomes… Autant de critères pour que la molécule active ou non un récepteur. Du coup, deux molécules très proches, des énantiomères par exemple, qui sont inversées de la même façon qu'une image et son reflet dans un miroir, peuvent ne pas activer les mêmes récepteurs et ne pas avoir la même odeur. C'est le cas de l'acide 2-méthyl butanoïque (S), dont l'odeur est délicieusement fruitée, alors que son énantiomère sent la transpiration ! Et ce n'est pas tout : il faut aussi considérer le nombre de récepteurs. La muqueuse nasale possède 350 sites récepteurs. Notre nez est une sorte d'orgue à 350 touches ! Le secret de l'odeur de rose, de pain grillé ou de l'essence correspond à une combinaison bien précise, un accord sur l'orgue, avec toutes ses nuances. Mais toutes ces touches demeurent très mystérieuses, et certains phénomènes restent encore inexpliqués. Par exemple, une odeur peut varier avec la concentration : le thioterpinéol, qui a une odeur de fruit tropical à faible concentration, sent le raisin à concentration moyenne et devient nauséabond à très forte concentration.

Toutes ces curiosités laissent une place aux théories les plus audacieuses. La dernière en date, celle du chercheur anglais Marshall Stoneham, veut que les molécules soient reconnues grâce à leur configuration électronique. Le physicien a étudié des molécules qui ont la même odeur, l'œuf pourri, mais des formes différentes : l'hydrogène sulfuré (H_2S) et le décaborane. Et il a découvert que leurs modes de vibration quantiques sont exactement les mêmes. Le spectre de vibration de la molécule lui conférerait une signature odorante. La mécanique quantique jouerait-elle donc un rôle dans les odeurs ? Le mystère s'épaissit… C'est sans compter que notre sensibilité et notre mémoire entrent, elles aussi, dans l'équation.

177 COMMENT mettre la Terre à l'abri du réchauffement ?

En protégeant la Terre *via* un parasol spatial qui, en atténuant les rayons du Soleil, permettrait d'abaisser la température de notre planète. Telle est l'idée préconisée par Roger Angel, chercheur à l'université d'Arizona. Ce projet a beau sembler fou, Roger Angel le développe de façon très pragmatique. Son idée : déployer dans l'espace un essaim de petits écrans indépendants très légers, munis d'un système de positionnement. Pas n'importe où dans l'espace, mais au point de Lagrange, un endroit très précis entre le Soleil et la Terre, à 1,5 million de kilomètres de nous (quatre fois la distance Terre-Lune), là où les forces d'attraction des deux astres se compensent. Un objet placé à ce point reste donc « fixe » par rapport à la Terre et au Soleil, à condition de contrôler sa position pour éviter qu'une perturbation ne le fasse dériver. En effet, la pression de radiation de l'astre sur un écran réfléchissant suffirait à le pousser hors de l'orbite idéale. C'est pourquoi les écrans imaginés par Roger Angel ne sont pas réfléchissants, mais transparents. Ils diffractent les rayons solaires, les inclinent de quelques degrés par rapport à leur direction incidente. Ainsi détournés, ils éviteraient la Terre, réduisant de 1,8 % le flux d'énergie solaire reçu. De quoi compenser, selon le chercheur, l'augmentation de température liée à un doublement du taux de CO_2. Reste à envoyer cette constellation d'écrans au point de Lagrange. Et c'est là que les choses se corsent. Car les calculs indiquent que ce ne sont pas moins de 16 000 milliards d'écrans de 60 cm de diamètre qu'il faudrait acheminer là-haut, soit 20 millions de tonnes à placer en orbite ! Comment ? Roger Angel propose d'envoyer des charges de 1 t chacune (800 000 écrans) par lancement électromagnétique (en employant une sorte de canon propulsant sa charge grâce à un champ intense), suivi d'une propulsion ionique. Si cette dernière a déjà fait ses preuves pour la sonde lunaire Smart-1, la technologie électromagnétique de lancement reste, elle, à améliorer. Quant au coût du projet, il pourrait atteindre environ 0,5 % du PIB mondial sur 25 ans ! Il ne peut donc s'agir là d'un simple parasol de confort, mais bien d'une protection vitale de dernier recours.

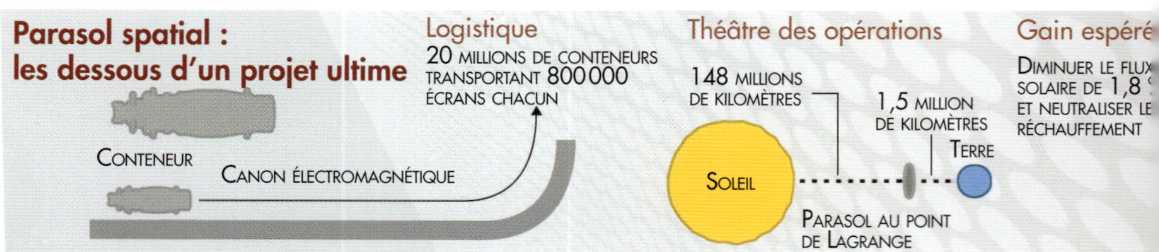

1 Des milliards d'écrans sont lancés dans l'espace.

A l'aide d'un canon électromagnétique, des conteneurs de 1 t, chargés de 280 000 écrans chacun, sont propulsés dans l'espace. Hors de l'atmosphère, ils allument un moteur ionique et se dirigent vers le Soleil.

2 Ils se positionnent.

Arrivée à une distance de 1,5 million de kilomètres de la Terre, l'armada de conteneurs libère des milliards d'écrans filtrants. Ces derniers vont se placer sur un point précis, où l'attraction solaire est équilibrée par rapport à celle de la Terre.

3 La lumière est déviée.

L'impact de la lumière risque de faire dériver les écrans dans l'espace. Ces milliards de filtres sont donc transparents ; le matériau qui les compose dévie les rayons vers l'extérieur, et ne laisse passer qu'une faible quantité de lumière en ligne droite.

4 La Terre est à l'ombre.

Les millions de filtres de 60 cm de diamètre forment une tache de plusieurs milliers de kilomètres de diamètre. Seule 10 % de la lumière solaire perce l'écran et atteint la Terre. Cette dernière est alors suffisamment abritée pour que son réchauffement soit neutralisé.

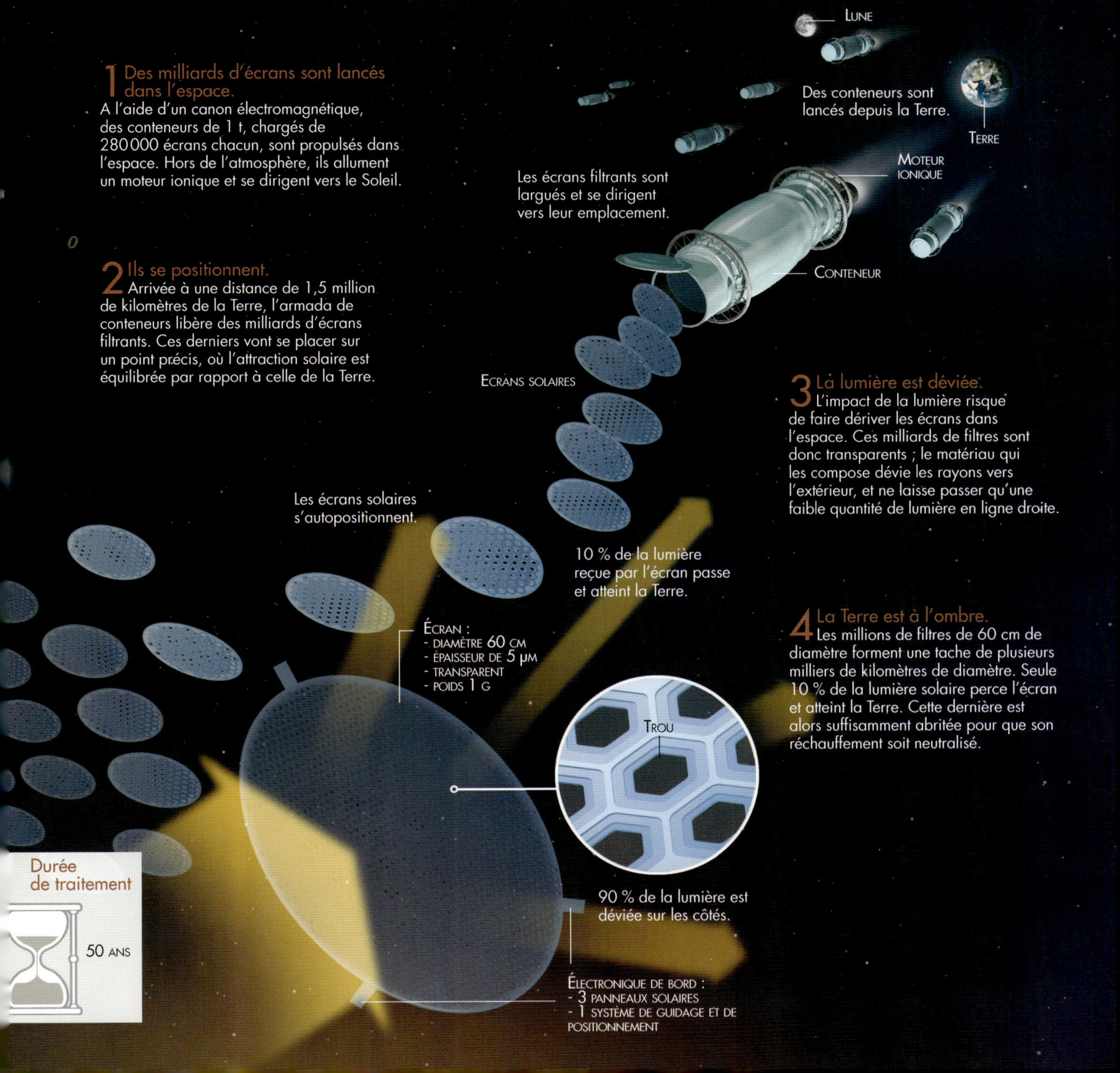

Durée de traitement

50 ANS

Un pollen de 20 à 60 µm de diamètre et présentant une concentration de 40 particules par mètre cube est très allergisant.

178 Comment l'allergie au pollen s'explique-t-elle ?

Cette réaction est basée sur trois facteurs concomitants : structure du pollen (taille de 20 à 60 µm de diamètre), concentration dans l'air inspiré (40 particules par mètre cube) et sensibilité des personnes exposées. Le pollen est issu des étamines mâles des fleurs, et produit lors de la reproduction des plantes. Des pollens voyagent dans l'air de janvier à octobre, mais seule une quinzaine de familles partagent ce « privilège ». Les pollens fabriquent des allergènes. Les personnes sensibles y réagissent en produisant des anticorps IgE qui se fixent aux mastocytes, des cellules granuleuses libérant les substances responsables des symptômes allergiques. Certains spécialistes, comme l'allergologue Pierrick Hordé, s'inquiètent de la progression du phénomène : « Des personnes développent des allergies au pollen sans terrain allergique. La faute aux essences d'arbres plantées depuis 20 ans sans réflexion préalable sur leur potentiel allergisant. » Pollutions industrielle et automobile semblent jouer un rôle. « Nos muqueuses respiratoires sont toujours dans un état pseudo-inflammé », déplore Jean-Pierre Besancenot, directeur du groupement de recherche Climat et Santé de Dijon. Un état propice à la pénétration du pollen dans l'organisme. Le rhume des foins n'a pas fini de se répandre.

179 COMMENT se forment les trous noirs ?

Leur origine, ce sont des étoiles supergéantes qui explosent en fin de vie. Avant d'aller plus loin, il faut savoir que les trous noirs sont des conceptions théoriques qui découlent de la théorie de la relativité générale d'Albert Einstein. Et si les scientifiques s'accordent aujourd'hui sur la réalité de leur existence, aucun spécimen n'a, pour le moment, encore été directement observé.

C'est donc à partir d'observations indirectes que les astrophysiciens distinguent plusieurs types de trous noirs : galactiques, primordiaux, intermédiaires et stellaires, ces derniers étant les plus nombreux. On estime que notre seule galaxie contient une dizaine de millions de trous noirs stellaires. Pour l'heure, ce sont les seuls dont la formation est « connue » des scientifiques, du moins ont-ils une idée de la manière dont ils se forment. Ainsi donc, les supergéantes passent leur vie — quelques centaines de millions d'années — à résister à l'effet de la gravitation, qui tend à les faire s'effondrer sur elles-mêmes, en brûlant en leur centre de l'hydrogène, qu'elles transformaient en hélium. Mais, une fois tout l'hydrogène consommé, plus rien ne s'oppose à la force de gravitation. Le cœur de la supergéante se contracte : la température y atteint 100 millions de degrés, tandis que les noyaux d'hélium fusionnent pour former du carbone et de l'hydrogène.

Ensuite, c'est la masse du cœur de l'étoile qui décide de son sort, selon trois possibilités. Si cette masse est inférieure à 1,4 M_o (1 M_o étant la masse de notre soleil), le cœur ne s'effondre pas. « Les électrons sont au plus près les uns des autres et occupent une place minimale. Ils résistent ainsi à la compression, explique Jean- Pierre Luminet, astrophysicien à l'observatoire de Meudon. L'étoile se transforme alors en naine blanche. » C'est ce qui attend le Soleil. Deuxième possibilité : la masse du

Le cœur de l'étoile s'effondre en cascades.

Lorsque l'étoile a entièrement consommé son hydrogène, les atomes de fer qui composent son cœur ne peuvent plus supporter l'énorme contrainte gravitationnelle. Ils se disloquent en atomes d'hélium qui, à leur tour, se désintègrent en un magma d'électrons, de protons et de neutrons. Protons et électrons fusionnent alors en neutrons. La matière n'est plus qu'un aggloméré de neutrons qui s'effondre lui aussi sous la force de gravitation et sera bientôt compacté en une sphère à peine plus vaste que Paris : c'est le trou noir.

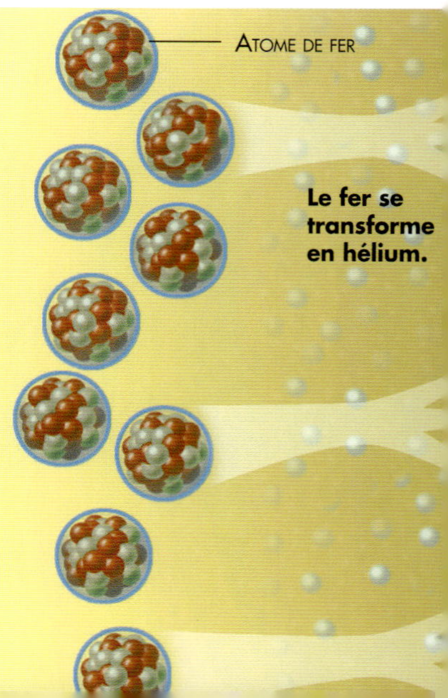

cœur de l'étoile est comprise entre 1,4 et 3 M_{O}. L'étoile devient alors une étoile à neutrons, plus dense mais bien plus petite qu'une naine blanche. En effet, au-delà de 1,4 Mo (limite dite « de Chandrasekhar »), gravitation et pression augmentent. Les réactions thermonucléaires s'enchaînent. Il s'ensuit une structure « en pelure d'oignon », prélude à « l'effondrement gravitationnel du cœur », poursuit Jean-Pierre Luminet. La taille du cœur augmente sous l'accumulation de fer des couches externes, puis, dès que sa masse dépasse 1,4 M_{O}, il s'effondre sur lui-même. La pression et la température augmentent brutalement. Les noyaux de fer éclatent et se transforment en atomes d'hélium. Ces derniers se désintègrent en protons, neutrons et électrons. Cet effondrement provoque alors une gigantesque explosion des couches plus superficielles. C'est le stade de la supernova. Les protons et les électrons fusionnent à leur tour pour former des neutrons qui vont, eux, résister à la force de gravitation. Cependant, les étoiles à neutrons ne résistent qu'à une force de gravitation limitée. Si la masse de leur cœur dépasse 3 M_{O} (limite de Landau-Oppenheimer-Volkoff), elles se transforment en trous noirs. Ici, la matière se comprime à une vitesse proche de celle de la lumière (299 792,5 km/s), les atomes se désintègrent, puis protons et électrons fusionnent en un fluide de neutrons très dense. Résultat : l'étoile s'attire vers son noyau à l'infini pour former un trou noir, qui aspire tout ce qui passe à son voisinage, y compris la lumière (les photons) et d'autres trous noirs. « Il se forme un puits gravitationnel où les rayons lumineux épousent la courbure de l'espace », résume Jean-Pierre Luminet.

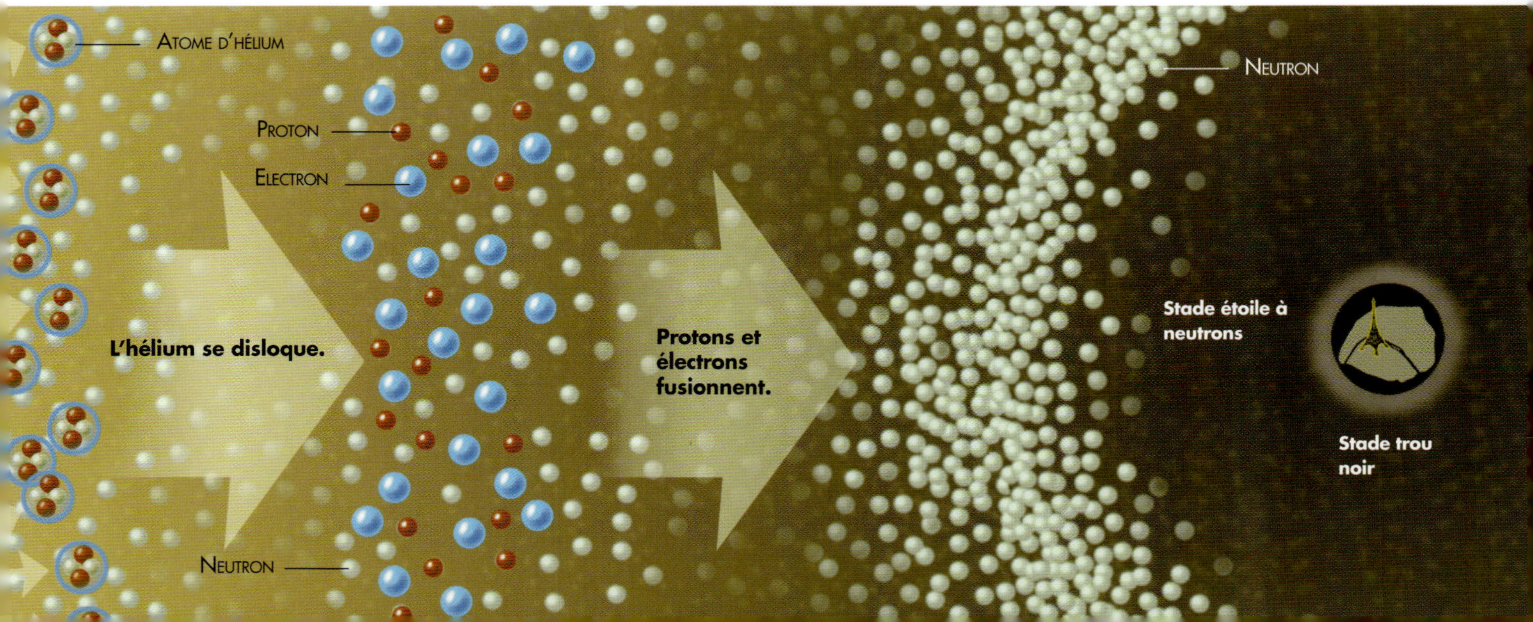

180 Comment le caméléon change-t-il de couleur ?

Par dispersion ou concentration des pigments colorés de sa peau. S'il est vrai que les représentants de la famille des chamaeléonidés changent de livrée comme de chemise (ou presque !), ils n'ont en fait à leur disposition qu'un répertoire de couleurs assez limité. Chaque espèce possède en effet une gamme de pigments qui lui est propre, en général dans les tons jaunes, bruns ou rougeâtres. Le changement de couleur s'effectue sous contrôle neurohormonal, en fonction de stimuli visuels (décor, luminosité), mais aussi de la température et de l'état psychique du caméléon. La teinte de sa peau (le tégument) est alors un véritable baromètre de son humeur, telle espèce pâlissant sous l'effet de la maladie, telle autre se parant de couleurs agressives pour éloigner un intrus ou virant à l'écarlate durant la saison des amours.

Des chercheurs sud-africains et australiens ont d'ailleurs découvert en 2008 que pour se faire repérer par un congénère, le caméléon émet les changements de couleur les plus visibles, selon son système visuel, et qui contrastent le plus avec l'environnement. Mais, la coloration du caméléon reste avant tout une arme de camouflage. Compensant sa lenteur, elle lui permet d'échapper aux prédateurs. Pourtant, le caméléon ne sera jamais un Arlequin. Au mieux, il adopte les couleurs dominantes du support sur lequel il est placé (« homochromie variable »), grâce à la dispersion ou la concentration des pigments colorés du tégument. Ces pigments sont contenus au centre de cellules en forme d'étoile, les chromatophores, parmi lesquels les mélanophores recèlent des pigments bruns à noirs, les xanthophores, des pigments jaunes et les érythrophores, des rouges.

Ceinturés de fibres musculaires, ces chromatophores sont dotés d'une certaine élasticité. Sous l'action de stimuli nerveux, ils peuvent se dilater dans tout l'espace disponible en émettant des sortes de ramifications. Les pigments cellulaires, qui étaient alors concentrés au centre de la cellule (donnant une teinte claire) se dispersent (engendrant une teinte plus soutenue). Au final, c'est la combinaison de différents types de chromatophores rétractés ou dilatés qui détermine la coloration que prend le caméléon.

Chaque espèce de caméléon possède sa gamme de pigments : certains pâlissent sous l'effet de la maladie, d'autres se parent de couleurs vives pour éloigner les intrus.

181 Comment estimer la durée du temps présent ?

Vertigineuse question à laquelle la physique ne sait pas répondre dans l'absolu, mais uniquement dans le cadre des théories actuelles. Dans ce cadre, la réponse est imparable : l'instant présent dure très exactement $5{,}4 \times 10^{-44}$ s ! Pour comprendre d'où vient ce chiffre, il faut savoir que, pour un physicien, la durée du présent est le plus petit intervalle de temps non divisible concevable en théorie pour mener une expérience ou pour observer un événement. Et pour nos théories, le plus petit intervalle temporel concevable, c'est le « temps de Planck », du nom du célèbre physicien allemand Max Planck. Noté « tPlanck » et valant $5{,}4 \times 10^{-44}$ s, il représente l'« atome » théorique de temps. En clair, impossible aujourd'hui de concevoir d'expériences ou d'événements qui dureraient moins de $5{,}4 \times 10^{-44}$ s, ce qui conduit à imaginer l'écoulement du temps comme la juxtaposition de myriades de tPlanck, telles des pièces d'un domino longiligne. Selon cette métaphore, 1 s serait donc composée d'environ 2×10^{43} dominos tPlanck accolés. Impossible de faire plus court ? En fait, rien n'empêche d'imaginer, par exemple, un photon (une particule de lumière) qui se déplacerait durant la moitié du tPlanck ! Numériquement, cela ne pose aucun problème : puisque la moitié du tPlanck vaut $2{,}7 \times 10^{-44}$ s et que la vitesse du photon est de 3×10^{8} m/s, une simple règle de trois aboutit à un déplacement de $0{,}8 \times 10^{-35}$ m.

Le problème, c'est que les équations des théories physiques actuelles ne peuvent pas être résolues pour une distance inférieure à très exactement $1{,}6 \times 10^{-35}$ m. Comme quoi, nos lacunes actuelles sont cohérentes. La faute à qui ? A la fameuse incompatibilité entre la théorie de la relativité générale, qui s'occupe de gravitation, et la mécanique quantique, qui décrit les lois physiques à l'échelle des particules. De fait, les formulations mathématiques de ces deux théories s'avèrent inconciliables, ce qui empêche d'accéder simultanément à l'infiniment petit et à l'immensément « lourd » (massif). Bref, la limite de « résolution » spatio-temporelle de ce que l'on peut appeler la « relativité quantique » — sorte d'hybride artificiel et peu stable des deux théories réunies — est $1{,}6 \times 10^{-35}$ m et $5{,}4 \times 10^{-44}$ s.

Pour s'aventurer en deçà, il faudra attendre une théorie telle que la théorie des cordes, l'une des voies les plus avancées pour résoudre l'incompatibilité des deux grands piliers de la physique moderne, ou l'avènement d'une hypothétique théorie du Tout. Alors, on pourra reparler du temps présent et de la valeur exacte de sa durée.

182 Comment un tissu peut-il être imperméable ?

Sur la toile cirée, des molécules hydrophobes empêchent toute liaison chimique avec l'eau.

L'explication est simple : ces tissus s'avèrent incapables de nouer des liaisons chimiques avec l'eau. Plus précisément, avec les atomes d'hydrogène de la molécule H_2O. C'est en effet ces « liaisons hydrogène », établies avec les molécules du tissu, qui permettent à l'eau de pénétrer dans les fibres. Pour les rendre imperméables, on dépose donc à la surface des tissus une couche de molécules hydrophobes, des composés qui détestent tant l'eau qu'ils empêchent toute liaison chimique avec elle et la repoussent.

Depuis le caoutchouc, premier imperméabilisant déposé sur les vêtements au XIXe siècle, en passant par le coton huilé ou la toile cirée, la couche d'enduit gras qui recouvre les fibres oppose à la pluie un véritable mur. Mieux encore : au lieu de s'étaler à la surface d'un vêtement imperméable, l'eau reste sous forme de gouttes, qui roulent comme des billes, entraînées par leur propre poids. C'est ce que les chercheurs nomment l'« effet déperlant ».

Une fois de plus, les liaisons hydrogène sont la clé du phénomène : en agissant entre les molécules d'eau, elles les poussent à former des amas. Car en surface de la goutte, les molécules d'eau ne sont pas aussi à l'aise qu'au centre, entourées de leurs congénères. Surtout si le milieu extérieur leur est hostile. L'eau cherche donc à réduire l'interface avec son environnement et adopte la configuration la plus efficace : la sphère.

Reste un inconvénient : les vêtements imperméables se transforment vite en étuve puisque la sueur (qui est de la vapeur d'eau) ne peut pas non plus les traverser !

La géothermie représente la troisième source d'énergie en France, derrière la biomasse et l'hydraulique.

183 COMMENT parvenir à extraire l'énergie de la Terre ?

Différentes techniques autorisent la géothermie, autrement dit la transformation en énergie de la chaleur stockée dans le sous-sol et les eaux souterraines. Notre planète produit en permanence de la chaleur, *via* les éléments radioactifs présents dans les roches, mais aussi en raison de la lente dissipation de l'énergie accumulée dans son noyau lors de sa formation. Il s'agit donc là d'une inépuisable ressource, déjà mise à profit depuis des décennies pour chauffer l'habitat ou produire de l'électricité (le premier forage eut lieu à Paris entre 1833 et 1841). Avec un succès longtemps mitigé, car l'extraction s'avérait peu compétitive face au pétrole, au charbon ou au gaz. Mais la situation change.

D'une part, la raréfaction annoncée des ressources fossiles se conjugue à l'instabilité de leur prix. D'autre part, réduire les émissions de CO_2 est devenu un impératif. Une aubaine pour les énergies renouvelables en général et pour la géothermie en particulier, dont les atouts sont indéniables. Disponible 24 h sur 24 — quand le solaire et l'éolien, eux, sont intermittents —, elle est indépendante des aléas climatiques, génère peu de déchets et de gaz carbonique et permet de produire de la chaleur ou de l'électricité pour une large gamme d'usages. Du coup, elle fait un retour en force dans l'Hexagone, au point d'être devenue la troisième source d'énergie derrière la biomasse et l'hydraulique. Concrètement, trois types de géothermie peuvent être appliqués, en fonction de la ressource disponible, une fois celle-ci localisée et caractérisée par les géologues. Car selon le type de ressource, les méthodes diffèrent. Ainsi, on peut pratiquer la géothermie très basse, basse ou haute énergie. La première, utilisée entre autres pour le chauffage individuel et la climatisation, exploite la chaleur disponible en tout point du territoire dans les couches superficielles du sol se trouvant maintenues à température constante (moins de 30 °C) par le soleil et les aquifères superficiels. La chaleur est alors captée dans le sol *via* des sondes géothermiques (échangeurs thermiques verticaux) ou des capteurs horizontaux enfouis à 1 m de profondeur (tubes dans lesquels circule de l'eau additionnée d'antigel ou du fluide frigorigène). Une pompe à chaleur, sorte de « frigo à l'envers », permet d'augmenter le niveau de température de l'énergie prélevée.

Pour sa part, la géothermie basse énergie, exploitée notamment pour le chauffage urbain ou dans l'agroalimentaire, repose sur l'utilisation de la chaleur de l'eau issue des aquifères profonds, présents dans les bassins sédimentaires. Ici, un forage capte de l'eau à 100 °C vers 2 000 m de profondeur. La chaleur est alors transmise au réseau urbain par le ▶

biais d'un échangeur de chaleur, tandis que l'eau est ensuite réinjectée ou rejetée dans une rivière. Le circuit d'eau chaude urbain achemine l'eau chaude dans la ville et chaque bâtiment qui veut en profiter branche un échangeur dessus.

Enfin, la géothermie haute énergie est, elle, destinée à la production d'électricité. Cette technique exploite la chaleur de réservoirs d'eau, situés entre 1 500 et 3 000 m de profondeur, présents dans des zones de remontée de magma. Un mélange d'eau et de vapeur à 250 °C est extrait du sous-sol, eau et vapeur sont séparées. L'eau est rejetée et la vapeur envoyée dans une turbine qui entraîne un alternateur, ce qui permet de produire du courant électrique.

La puissance mondiale de cette filière devrait plus que doubler d'ici à 2020. En Martinique, en Guadeloupe et à la Réunion, où elle fait déjà mieux que le gaz et le fuel, elle pourrait dépasser les 120 MW à l'horizon 2015.

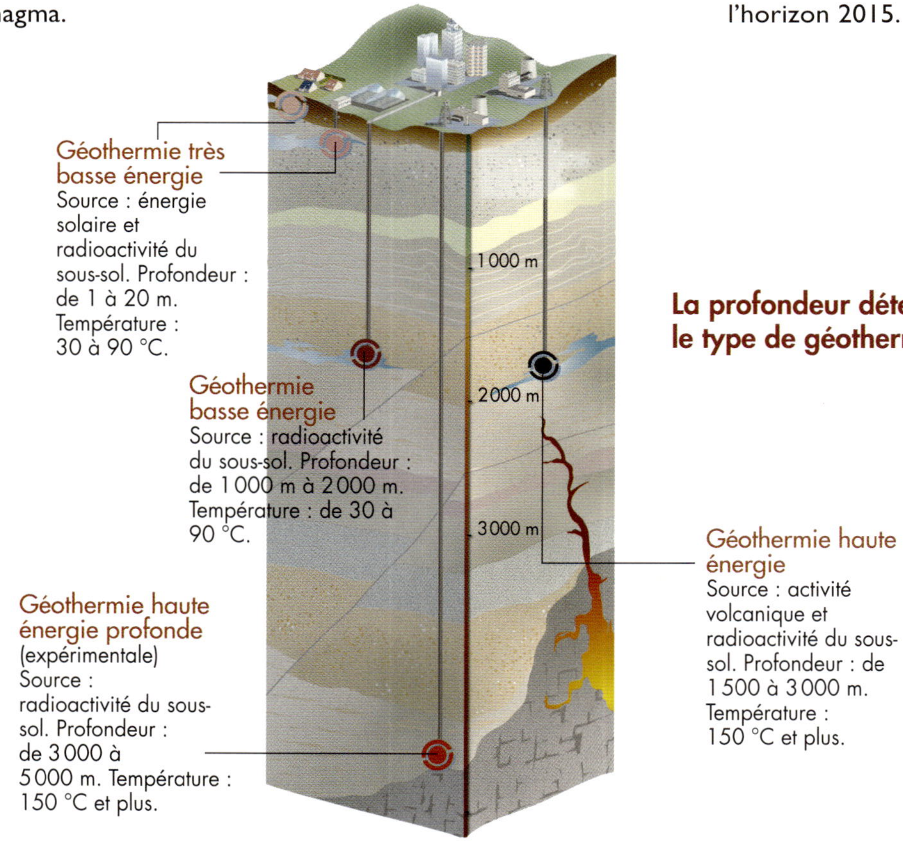

La profondeur détermine le type de géothermie.

184 Comment le sang maternel peut-il contenir des cellules fœtales ?

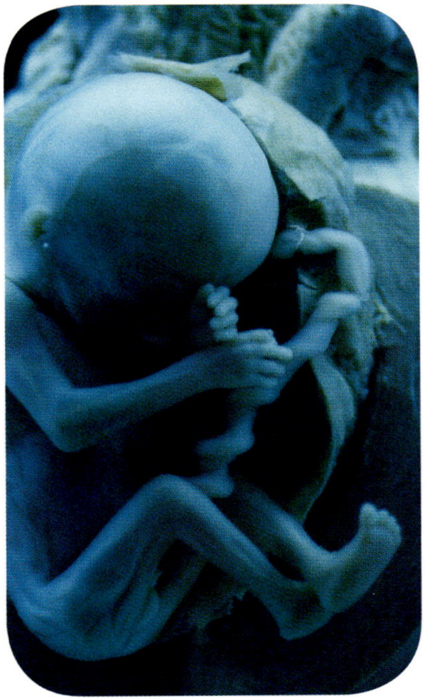

Certaines cellules fœtales franchissent la barrière du placenta et peuvent rester dans le sang maternel des années durant.

Normalement, les cellules fœtales ne devraient pas passer la barrière du placenta, censé n'autoriser que les échanges nécessaires à la nutrition et à l'oxygénation du fœtus. Et quand bien même celles-ci y parviendraient, elles devraient alors être éliminées par le système immunitaire maternel, dont le rôle est de traquer tout élément étranger… Mais c'est un fait : plusieurs types de cellules s'échappent du fœtus, et peuvent persister dans l'organisme maternel durant plusieurs années, voire des décennies !

Il s'agit de globules blancs et rouges, de cellules du placenta (constitué de cellules fœtales et de cellules maternelles) et de cellules « précurseurs », qui peuvent donner naissance à plusieurs types de cellules sanguines. Des observations chez la souris ont prouvé que ces cellules fœtales constituaient une réserve de cellules souches pour la mère, en cas de maladie. Dans la peau, elles peuvent créer de nouveaux vaisseaux sanguins, et dans le cerveau, de nouveaux neurones (car elles sont capables de se différencier en fonction du tissu malade). Mais si le rôle des cellules fœtales semble aujourd'hui éclairci, leur capacité à échapper au système immunitaire maternel reste une énigme. Peut-être réussissent-elles à empêcher certaines protéines, susceptibles de révéler leur imposture, de s'afficher à leur surface… En tout cas, les médecins développent aujourd'hui des tests pour les repérer et les utiliser afin d'effectuer un diagnostic précoce du fœtus, à partir d'une simple prise de sang de la mère.

Ce phénomène tient
aux conditions de température,
de pression et d'humidité dans
lesquelles se forment les nuages.

185 Comment expliquer la **base aplatie** des **nuages** ?

La plupart des nuages ont une base plate située entre 500 et 2000 m d'altitude, tandis que leur limite supérieure bourgeonne en une multitude de formes. Cela s'explique par leur mode de formation. En montant dans l'atmosphère, l'air chaud et humide à l'origine des nuages subit une baisse de pression et de température. Lorsqu'il atteint le point de rosée — moment où les conditions de pression, de température et d'humidité entraînent la condensation de la vapeur d'eau qu'il contient —, une myriade de minuscules gouttelettes se forme, constituant un nuage.

En l'absence de vent, une masse d'air forme des strates où la température reste uniforme à une hauteur donnée. Si l'air ascendant a une humidité également uniforme, alors les nuages commencent leur formation à la même altitude, ce qui génère une base de nuage plate. En dessous de cette base, point de condensation. Généralement ce type de nuages, des cumulus essentiellement, annonce l'orage. A noter que dans une masse d'air plus mouvementé, les conditions d'apparition du point de rosée ne surviennent pas partout à la même altitude ; dès lors, la base du nuage n'est pas plate. C'est le cas notamment par grand vent autour d'un relief.

186 COMMENT certaines lentilles peuvent-elles corriger à la fois de près et de loin ?

En réalité, c'est le cerveau qui fait lui-même la correction ! Pour comprendre, il faut d'abord se rappeler que la lentille bouge avec l'œil ; difficile donc de porter le regard à travers des zones à l'indice de correction différent, l'un pour voir de près quand on est presbyte (perte d'élasticité du cristallin), l'autre pour voir de loin en cas de myopie (affection due à un œil « trop long »). Touchant 95 % des plus de 48 ans, la presbytie s'ajoute souvent à d'autres troubles, comme la myopie qui concerne 20 % de la population. Les lentilles à « double foyer », peu confortables, ont vite cédé la place à l'idée d'une vision coupée en deux. « Au début de la presbytie, vers 40 ans en moyenne, la solution consiste à corriger un œil en vision de loin et l'autre en vision de près, chacun avec une lentille simple ou monofocale », explique Jacques Vigne, président de l'Union des opticiens. Dès lors, le cerveau superpose les deux images qui lui parviennent pour ne tenir compte que de l'image nette ! Mais ce système est limité si l'écart entre vision de près et de loin est trop grand. « On prescrit alors des lentilles progressives. »

Lancées il y a près de 15 ans, celles-ci corrigent les deux yeux de loin et de près, simultanément et quelle que soit la direction du regard. Par quel mystère ? Grâce à leur structure concentrique particulière. Constituées d'une zone centrale bombée, spécialisée dans la vision de près, et d'une région périphérique pour la vision de loin, elles permettent la formation de quatre images au niveau de l'œil : le premier foyer produit une image de près nette et une image de loin floue ; l'autre permet de fabriquer une image de loin nette et une image de près floue. Transmises au cerveau, ces quatre images sont alors triées et superposées par la région cérébrale spécialisée dans la vision, le « cortex visuel », pour former au final une seule image nette, que l'on regarde quelque chose de proche ou non. Cette étonnante capacité de notre cerveau n'est pas encore totalement comprise. Pour l'heure, les neurophysiologistes savent que le cortex visuel ne gère pas seul le traitement de l'image, et fait appel au cortex frontal, spécialisé dans la prise de décision. Dans le cas des lentilles progressives, cela expliquerait pourquoi notre cerveau se focalisant sur une image proche ne voit que ce qui est net dans le champ visuel et ignore le flou de la zone corrigée pour la vision de loin, et vice versa.

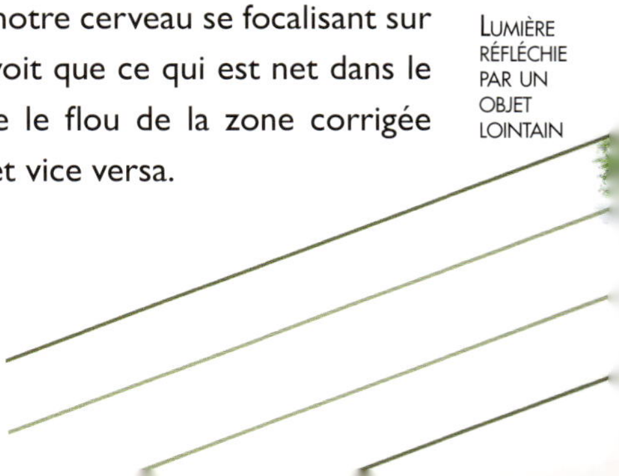

1 Les rayons lumineux frappent la lentille.

La lumière réfléchie par des objets proches ou lointains frappe indistinctement les deux zones d'une lentille progressive. Celle-ci est composée, au centre, d'une zone de 2 mm dédiée à la vision de près et, en périphérie, d'une zone de 3 mm réservée à la vision de loin (le reste de la lentille ne sert que de support).

2 La lentille forme sur la rétine des points auréolés de flou.

Lorsque la lumière reflétée par un objet proche ou lointain pénètre *via* le foyer *ad hoc* de la lentille, ses rayons convergent exactement sur la rétine : les points de l'image qui s'y forment sont nets. En revanche, les rayons qui ne passent pas le bon foyer convergent en deçà ou au-delà de la rétine : les points apparaissent alors flous. Au final, les images de la rétine sont le résultat de la superposition de points nets et flous.

3 Les images formées sur la rétine sont traitées par le cerveau.

Le cortex visuel et d'autres régions du cerveau comme le cortex frontal reconstituent avec les points nets une image la plus intelligente possible. Si bien que le flou disparaît presque totalement de la vision des porteurs de lentilles après quelques semaines de pratique.

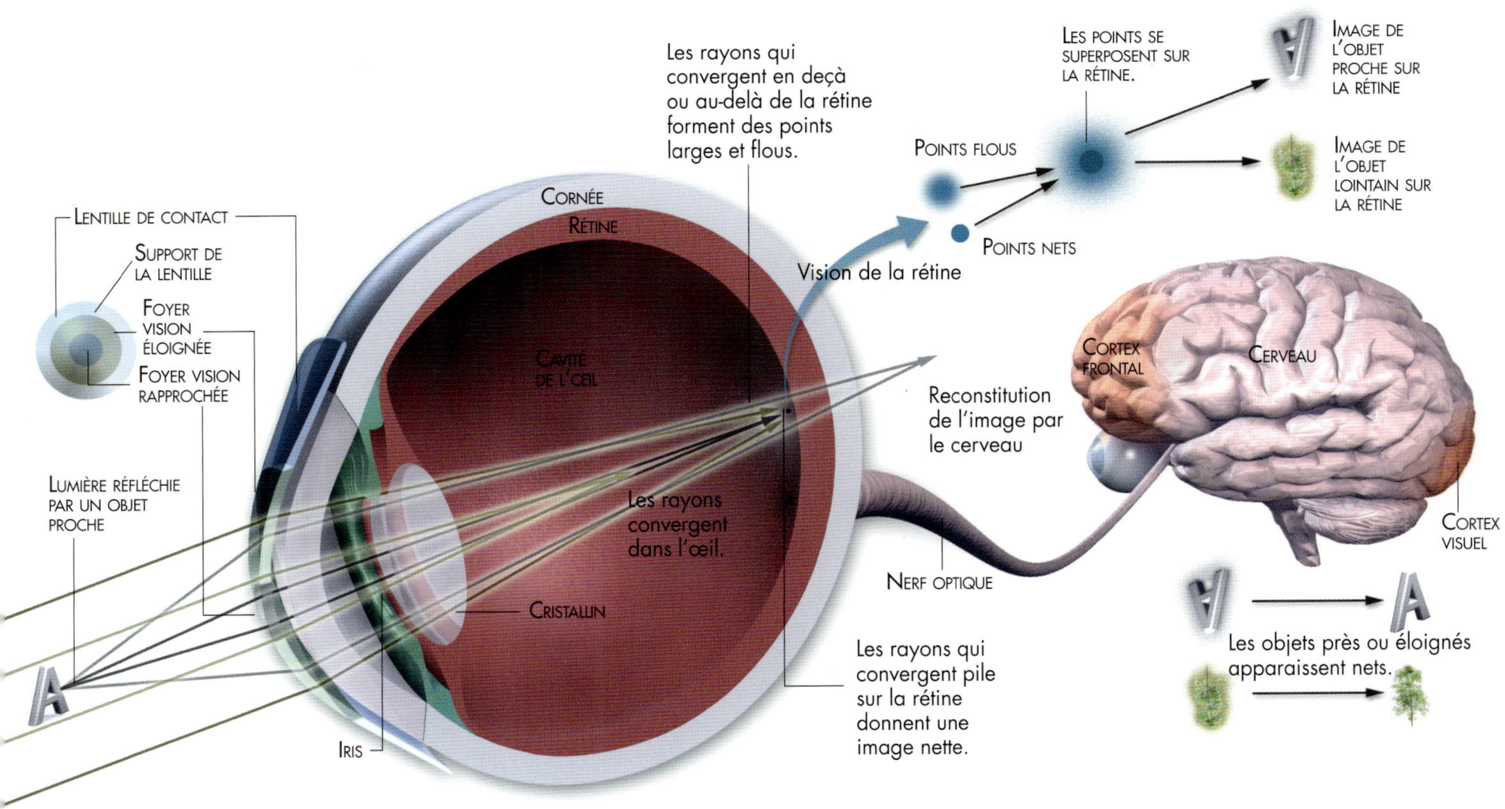

187 COMMENT les ondes radio se propagent-elles dans l'espace ?

Ce casse-tête n'est pas totalement résolu. Parmi les ondes électromagnétiques, dont font partie les ondes radio, la lumière est la plus facilement observable. Les savants, depuis le XIXe siècle, ont montré qu'elles se propagent dans divers milieux, y compris dans le vide. Or, qu'est-ce qu'une onde ? C'est un ébranlement du fluide qui la constitue. Problème : si les ondes lumineuses se propagent dans le vide, de quoi sont-elles l'ébranlement ? Y aurait-il quelque chose dans le vide qui les supporte ? Pour répondre à cette épineuse question, les physiciens ont introduit la notion d'« éther luminifère », un milieu censé porter la lumière, mais dont les physiciens ont bien du mal à dégager les propriétés. Toutes les tentatives de théorisation se heurtent à des difficultés insurmontables : si l'éther n'est pas rien, il peut être en mouvement. Ce mouvement devrait alors influencer celui des ondes lumineuses dont il est le support… Une série d'expériences menée dans les années 1980 a comparé le temps mis par un rayon de lumière pour parcourir une certaine distance, selon que ce mouvement s'effectue perpendiculairement au mouvement de la Terre, ou bien perpendiculairement au « vent d'éther » ou dans sa direction. Conclusion : la vitesse de la lumière est constante, quelles que soient les circonstances. Autrement dit, l'éther pose plus de problèmes qu'il en résout… Son acte de décès est d'ailleurs signé dès 1905, avec la théorie de la relativité restreinte d'Albert Einstein. En arrivant à la conclusion que les notions d'espace et de temps sont indissociables, Einstein a inventé celle d'espace-temps. La question de ce que contiendrait le vide ne se pose donc plus, puisque l'espace n'existe pas en tant que tel. En revanche, la notion d'espace-temps rend compte que la lumière n'a plus besoin d'un support pour se propager. Cela peut paraître choquant s'agissant d'une onde… mais la mécanique quantique lèvera l'ambiguïté quelques années plus tard en introduisant la dualité onde/corpuscule. Onde, la lumière n'en est pas moins composée de grains de lumière (les photons), qui se propagent dans le vide… vide. Fin de l'histoire ? Non, car pour les physiciens, le vide est plein d'énergie. La valeur donnée par la théorie quantique est même colossale… La science a du mal à définir les contours de ce vide où se propage la lumière. Probable résolution de l'énigme ? Lorsqu'une théorie unifiera mécanique quantique et relativité générale. Ce qui, n'est pas pour tout de suite !

188 Comment le **dentifrice** peut-il avoir des **rayures** ?

Pas de prodige ici, juste une astuce de fabrication. Et au risque de décevoir, la technique est très simple. Ou plutôt, les techniques, car il en existe deux. La première consiste à former les raies dès la mise en tube du dentifrice. Alors que le tube est au stade de forme cylindrique, une machine y introduit simultanément différentes pâtes colorées, à la manière d'une glace à l'italienne, puis le tube est scellé aux extrémités et il ne reste plus qu'à le presser pour en extraire la pâte déjà zébrée. Les pâtes de différentes couleurs n'ont aucun risque de se mélanger, car ce sont des matériaux dits viscoélastiques : visqueux quand ils sont mis en mouvement, et élastiques au repos. Une propriété due à la myriade de particules quasi sphériques noyées dans le solvant de la pâte. Or, ces particules sont attractives : sans pression sur la pâte, les forces de ces particules sont si importantes que la pâte ne s'écoule pas. Laissée au repos, la pâte dentifrice conservera donc ses rayures… à l'infini. Ce procédé donne des pâtes dentifrices colorées en profondeur, contrairement à la seconde méthode qui, elle, ne produit que des raies en surface. Pour comprendre, il suffit de pratiquer une « opération à tube ouvert ». Celle-ci révèle de la pâte totalement blanche, ainsi qu'une petite réserve de pâte colorée située juste avant le goulot. Ici, le blanc ne se parera de couleur qu'à la sortie. L'astuce réside dans le goulot, qui se prolonge à l'intérieur du tube jusqu'au niveau de la pâte blanche. Concrètement, seul du blanc emprunte ce canal. Puis près de la sortie, ce canal est percé de quatre petits orifices. C'est par là que s'incruste la pâte colorée, opportunément logée dans sa réserve, en haut du tube. Et c'est seulement dans les derniers millimètres de goulot qu'elle longe la pâte blanche *via* de petites rigoles.

Deux techniques de fabrication produisent ces rayures : la première copie le principe des glaces à l'italienne, la seconde utilise des rigoles situées près du bouchon.

Pour faire le beau temps quelque part, les chercheurs déclenchent la pluie ailleurs.

189 COMMENT pourrait-on faire la pluie et le beau temps ?

Comme il serait bien agréable de pouvoir se recréer un délicieux été indien ! Les chercheurs n'en sont pas encore là, mais quelques outils n'en permettent pas moins de modifier la météorologie. La méthode dite d'ensemencement des nuages, inventée en 1940 par deux Américains, est la plus connue et a pour objet de provoquer des précipitations artificielles.

On sait donc faire de la pluie. La technique consiste à utiliser le processus naturel de formation de la pluie au cours duquel l'eau, en s'évaporant de la surface de la Terre, redevient liquide au contact de l'air plus froid en altitude (condensation). Dans les nuages, l'eau est surfondue, c'est-à-dire liquide, malgré des températures négatives (cela est dû à la faible pression). Au contact de particules telles que poussières ou pollens, elle forme une pellicule d'eau liquide. Ces microgouttelettes s'assemblent entre elles en gouttes de taille plus importante (coalescence). Lorsque l'ensemble devient trop lourd, les gouttes tombent sous leur propre poids.

L'ensemencement des nuages est précisément basé sur ce principe : il s'agit d'enrichir l'air en noyaux de condensation. Les noyaux les plus utilisés sont des particules d'iodure d'argent, mais les faiseurs de pluie recourent aussi à la neige carbonique ou au chlorure de sodium en fonction de la nature du nuage et de sa température. Ces composés sont pulvérisés par avion ou projetés depuis le sol à coups de canon. Les premières expériences datent des années 1950 aux Etats-Unis. Selon l'Organisation météorologique mondiale (OMM), une quarantaine de pays, dont l'Australie, les Etats-Unis et la Russie, ont mis en place un programme de recherche sur l'ensemencement des nuages. L'opération est toutefois loin d'être infaillible car l'introduction de noyaux de condensation ne suffit pas à engendrer la pluie si d'autres conditions, telles que la température, la pression ou la quantité de vapeur, ne sont pas réunies. Ce n'est donc pas une solution aux problèmes de sécheresse !

Pour ce qui est de faire le beau temps, il existe aussi une méthode, plus indirecte. Partant du constat que le beau temps est en fait l'absence de mauvais temps, l'idée est d'épargner l'endroit où l'on souhaite qu'il fasse beau en faisant pleuvoir à côté ! C'est ainsi que l'ensemencement est également utilisé pour crever les nuages de grêle avant qu'ils n'arrivent sur des cultures sensibles ou pour obtenir des grêlons plus petits. La Chine déclare avoir expérimenté cette méthode afin de nettoyer le ciel pékinois, encombré par la pollution. Elle avait d'ailleurs prévu d'y avoir recours quelques jours avant les jeux Olympiques de 2008 pour, si besoin, éliminer prématurément l'humidité ambiante et ainsi garantir un temps ensoleillé au-dessus des stades à ciel ouvert.

190 COMMENT la lumière pourrait-elle se faire de l'ombre à elle-même ?

En créant des interférences.

Rappelons d'abord qu'une ombre est une zone créée par un corps opaque qui intercepte les rayons d'une source lumineuse.

Si l'on se réfère aux lois de l'électromagnétisme classique, un photon ne peut intercepter un autre photon. Car ces photons sont des particules de lumière, qui si elles se croisent ne se « voient » pas. Pour une bonne raison : les photons sont les vecteurs de l'interaction électromagnétique, qui agit sur les particules chargées ; or, un photon est neutre. Insensible à l'interaction électromagnétique, il ne peut donc interagir avec un congénère. Ainsi, il ne lui fait pas d'ombre. Oui, mais le photon est aussi une onde électromagnétique. Une nature ondulatoire qu'une expérience, dite d'interférences, met en évidence et au cours de laquelle des photons créent de l'ombre.

Prenons un cas simple d'interférences, celui de deux séries de vagues engendrées par deux impacts à la surface d'une eau calme. Lorsque ces deux ondes se croisent, les creux et les bosses s'additionnent par endroits, créant des zones où le niveau d'eau augmente encore (interférences « constructives ») et d'autres où les creux et les bosses se compensent et où le niveau d'eau redevient nul (interférences « destructives »). La recette est à la même pour la lumière, en remplaçant, cette fois, le champ de déformation de la surface de l'eau par des champs électromagnétiques. Et à condition de dédoubler un rayon lumineux et le recombiner après lui avoir fait emprunter deux chemins différents.

Les deux rayons peuvent alors se recombiner de telle manière que les « bosses » de champ électromagnétique de l'un se superposent avec les creux de l'autre, créant ainsi une zone sombre.

191 Comment du son 3D peut-il surgir de deux enceintes ?

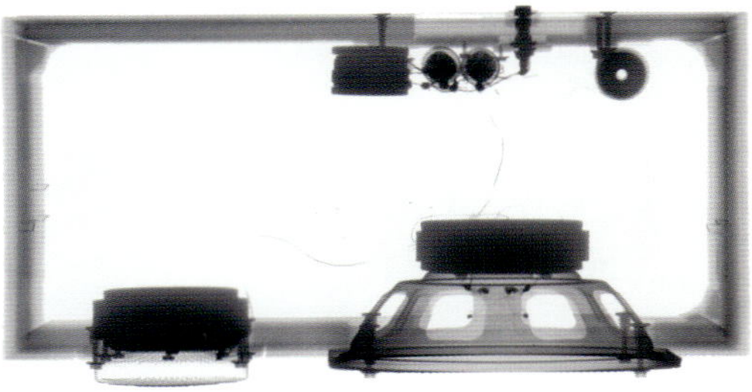

Deux astuces découvertes par l'acousticien américain Bose dans les années 1960 permettent de reproduire un son tridimensionnel.

Deux astuces permettent de restituer un son 3D. La première utilise les murs de la pièce pour réfléchir des ondes sonores vers les côtés et l'arrière de la tête de l'auditeur. Imaginé dans les années 1960 par l'acousticien américain Bose pour enrichir latéralement la perception de la stéréophonie classique, ce procédé fait appel à plusieurs haut-parleurs, les uns dirigeant le son vers l'avant, les autres vers les côtés, afin qu'il se réfléchisse sur les murs en différents points. D'autres systèmes proposent même une seule grosse enceinte horizontale cachant plusieurs haut-parleurs orientés différemment, mais aussi un micro qui, disposé à la place de l'auditeur, récolte puis renvoie les signaux sonores émis par l'enceinte vers un logiciel intégré dans celle-ci. Ainsi, pour reconstituer la 3D, l'enceinte adapte l'émission de chacun de ses haut-parleurs à l'acoustique de la pièce. La deuxième, également œuvre de Bose, leurre notre cerveau *via* un traitement numérique des signaux sonores situé entre l'ampli et deux enceintes. En effet, notre cerveau reconstitue le caractère tridimensionnel des sons qui nous entourent avec ses deux capteurs : nos oreilles. Il calcule la direction d'un son en fonction du temps que celui-ci met à arriver à chacune de nos oreilles. Ainsi, un son provenant de la droite est d'abord perçu par l'oreille droite avant de traverser la boîte crânienne et à faire le tour de la tête pour arriver à l'oreille gauche. Dans le système de Bose, l'algorithme du système audio consiste à recréer des décalages temporels et d'amplitude dans les sons émis par les enceintes droite ou gauche : le cerveau est berné et l'auditeur se croit immergé dans le son.

Dessaler l'eau de mer pose le problème du coût énergétique de l'opération.

192 COMMENT rendre potable l'eau de mer ?

En 2025, quelque 3 milliards d'êtres humains seront touchés par la pénurie d'eau, d'après le Programme des Nations unies pour le développement (PNUD). Et le processus a déjà commencé : aujourd'hui 29 pays, principalement en Afrique et au Moyen-Orient, souffrent d'un manque chronique d'eau douce, et 250 millions d'individus ne disposent pas du minimum vital d'eau, soit 1 000 m^3 par an et par habitant. Pour faire face à cette crise hydrique, les spécialistes se tournent vers la ressource quasi inépuisable que constitue l'eau de mer qui constitue 97 % des ressources en eau sur Terre. Un potentiel énorme, à condition toutefois d'ôter le sel de cette eau pour la rendre potable.

Deux grandes catégories de techniques permettent de séparer le sel de l'eau. Elles traitent à 90 % l'eau de mer et à 10 % des eaux saumâtres (nappes souterraines gorgées de sel). La première, thermique, congèle ou vaporise l'eau de mer. Ces transformations physico-chimiques excluent spontanément le sel de l'eau de mer *via* des processus de distillation. Mais cette technique consomme beaucoup d'énergie (15 kWh/m^3) et elle n'est véritablement rentable que dans les pays où l'énergie est bon marché. La seconde utilise des membranes semi-perméables pour filtrer le sel, par action de la pression (une technique baptisée « osmose inverse », qui consomme trois fois moins d'énergie que la distillation) ou d'un champ électrique (électro-électrolyse). Ces traitements membranaires s'appuient sur un procédé naturel. Si deux solutions aqueuses ayant une concentration saline différente sont séparées par une membrane, la solution la moins concentrée va spontanément aller vers la plus concentrée. C'est l'osmose. En appliquant une pression de 50 à 80 bars ou un champ électrique suffisamment puissant sur ladite solution concentrée, le flux naturel s'inverse... Résultat : le sel reste prisonnier de la membrane.

Aujourd'hui, on compte plus de 17 000 installations de dessalement par distillation dans 120 pays, et 51 millions de m^3 d'eau dessalée (la salinité passe de 35 g/l en moyenne dans les océans à 0,25 g/l) sont produits quotidiennement et alimentent 1,5 % de la population mondiale. La production devrait doubler à l'horizon 2016. Reste à résoudre les problèmes environnementaux posés par ces industries : d'abord le rejet en mer de concentrats d'une salinité de 70 g/l, ensuite les émissions de gaz à effet de serre engendrées par le procédé de dessalement.

A plus long terme, tout l'enjeu de l'eau douce rare — dessalée ou non — consistera à limiter les pertes, en améliorant les réseaux de distribution ou en optimisant l'irrigation agricole.

193 COMMENT connaît-on l'âge de l'Univers ?

Grâce à la physique nucléaire et à la relativité générale. La première permet ainsi de dater le « contenu » de l'Univers (les atomes et les étoiles), et la seconde de dater le « contenant », l'espace-temps. Dès lors, l'astronomie du XXe siècle n'a eu de cesse de comparer, de confronter et, enfin, de faire converger trois méthodes de datation. La première vise à mesurer l'âge de l'Univers considéré dans son ensemble ; la deuxième, l'âge des plus vieilles étoiles ; la troisième, l'âge de la matière. La première méthode de datation de l'Univers, la plus ancienne, concerne la structure même du cosmos : l'espace-temps. En 1929, l'astro-

Trois méthodes complémentaires permettent de calculer l'âge de l'Univers.

1 La méthode par l'expansion de l'Univers

Pour dater l'Univers, on peut rembobiner le film de sa vie en s'approchant le plus possible du big bang initial. Mais pour cela, il faut connaître la vitesse de déroulement du film (la vitesse d'expansion) et la longueur de la pellicule (la distance des plus vieux astres observables). De ces deux données, on peut déduire la durée du film jusqu'à aujourd'hui. Par cette méthode, l'âge de l'Univers s'établit entre 14 et 15 milliards d'années.

> Calculer la vitesse : elle se mesure grâce aux astres lointains, qui nous fuient avec une vitesse proportionnelle à leur éloignement, ce qui provoque un rougissement de la lumière qu'ils émettent (effet Doppler-Fizeau).

> Calculer la distance : on la déduit en comparant l'éclat bien connu et invariable d'étoiles (supergéantes, supernovae) de notre galaxie à l'éclat d'étoiles identiques situées dans d'autres galaxies.

2 La méthode par les plus vieilles étoiles

Il s'agit ici de mesurer l'âge des étoiles nées seulement quelques dizaines à quelques centaines de millions d'années après le big bang. Pour ce faire, on s'appuie sur un phénomène bien connu, la lente désintégration radioactive de l'uranium, qu'elles contiennent en faible quantité. Cette désintégration est calculée à partir de l'observation des raies noires du spectre lumineux qu'elles émettent. Plus l'uranium est désintégré, plus vieille est l'étoile. Aujourd'hui, le record est détenu par l'astre CS 31 082-001, une géante rouge, âgée de 14 milliards d'années, à peine plus jeune que l'Univers.

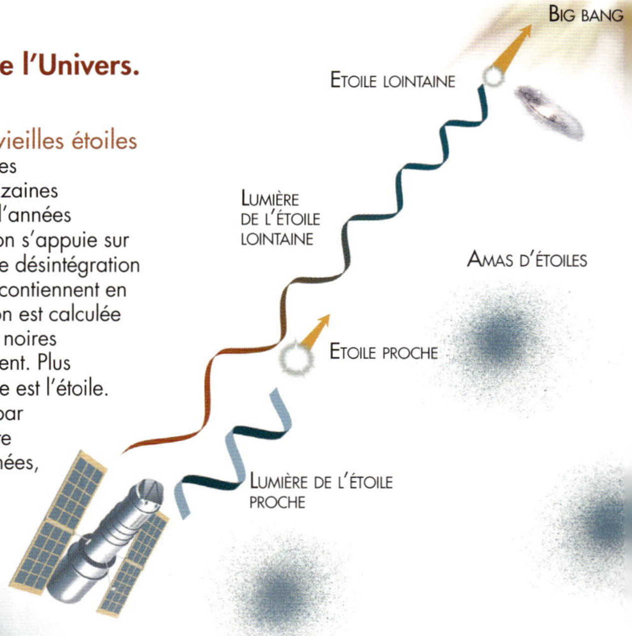

3 La méthode par l'âge des amas d'étoiles

Des étoiles parmi les plus vieilles ont été trouvées dans des amas en comptant des centaines de milliers, mais de masses très différentes. Après avoir brûlé leur hydrogène central, elles enflent, avant l'extinction progressive ou l'explosion brutale. Mais l'âge auquel elles atteignent ce stade de géante rouge dépend de leur masse initiale : plus une étoile est petite, plus longtemps elle mettra à atteindre ce stade. En mesurant la masse des géantes rouges d'un amas d'étoiles, on déduit son âge…

nome américain Edwin Hubble découvre que toutes les galaxies semblent s'éloigner de la nôtre, avec une vitesse de fuite proportionnelle à leur distance.

Grâce à la relativité générale d'Einstein, les chercheurs comprennent que cette récession reflète une dilatation de l'espace-temps. Des observations de l'astronome et des équations de la relativité générale émergent la théorie selon laquelle l'Univers est en expansion à partir d'un point singulier de l'espace et du temps : le big bang. Les astronomes ont alors l'idée de « dérouler le film à l'envers » : ils déterminent par le calcul quand les galaxies se retrouvaient toutes fondues dans le magma originel. En mesurant la longueur du film, on trouvait l'âge de l'Univers. La résolution par cette méthode a pris… 70 ans ! En effet, il fallait d'abord mesurer précisément la vitesse d'expansion de l'Univers, donc connaître la vitesse de fuite des galaxies et, véritable casse-tête, leur distance. Le télescope spatial Hubble a finalement permis, à la fin du XXe siècle d'établir leur distance. Les astronomes en ont déduit que l'Univers était vieux de 14 à 15 milliards d'années, à 1 milliard d'années près…

De leur côté, les astrophysiciens s'attelaient à comprendre le fonctionnement des étoiles, sachant qu'il repose sur la fusion thermonucléaire et que l'âge des étoiles est fonction de leur masse : plus elle est grande, plus la température et la pression centrales sont importantes, plus le débit d'énergie est grand, et plus leur espérance de vie est courte. Les astronomes ont ainsi daté à 13,5 milliards d'années les plus vieux amas d'étoiles de la galaxie.

La troisième méthode, la cosmochronologie, permet d'affiner la mesure. Il s'agit de mesurer l'âge des astres en étudiant la désintégration de ses isotopes radioactifs. Certains atomes sont instables ; ils émettent en continu un rayonnement radioactif, et se transforment lentement en éléments stables. En comparant l'abondance de ces éléments radioactifs avec des atomes stables — à la durée de vie quasi infinie — il est possible de déterminer quand ils ont été créés, et, partant, de dater les corps, roches, planètes ou étoiles, qui les abritent. L'unité de temps, en cosmochronologie, c'est la « demi-vie », c'est-à-dire le temps nécessaire à la moitié d'une masse d'isotope radioactif pour se transformer en atome stable.

Depuis plusieurs décennies, les astronomes cherchent les plus vieilles parmi les milliards d'étoiles de la Voie lactée, afin de mesurer leurs taux d'isotopes radioactifs. Une équipe européenne, utilisant le télescope géant VLT, a ainsi analysé l'abondance de l'uranium 238 dans le gaz de CS 31 082-001, une étoile géante rouge moins massive que le Soleil, située à plus de 6 000 années-lumière de la Terre. Contemporain de la formation de notre galaxie, cet astre affiche l'âge record de près de 14 milliards d'années… à 1 milliard d'années près ! Or, les galaxies comme la nôtre sont constituées d'étoiles nées quelques dizaines à quelques centaines de millions d'années après le big bang. Le big bang a donc bien eu lieu voici de 14 à 15 milliards d'années, aux inévitables incertitudes près. Selon une étude américaine, l'âge de l'Univers serait plus près de 14 que de 15 milliards d'années…

194 Comment le savon donne-t-il de la mousse ?

Il n'y a en fait pas besoin de savon pour faire des bulles, il suffit pour cela de brasser de l'air dans de l'eau. Regardez au pied d'une cascade : de la mousse se forme. Mais toutes ces bulles disparaissent aussitôt, contrairement à celles du savon, qui perdurent plus longtemps. L'explication ? Elle tient à la nature chimique des molécules formant le savon, qui sont constituées de deux parties : une « tête » (composée d'un ion négatif, formé d'un atome de carbone et de deux d'oxygène, et d'un ion positif comme le sodium) ainsi que d'une longue « queue » (constituée d'atomes de carbone et d'hydrogène).

Le secret du savon est là : quand l'ion positif entre en contact avec l'eau, il se sépare du reste. La tête, hydrophile, apprécie alors ce contact ; la queue, hydrophobe, le rejette. Résultat : lorsque l'air et l'eau savonneuse sont brassés, formant des bulles, les molécules de savon se disposent de part et d'autre des fines couches d'eau qui forment la surface de ces bulles. Les têtes hydrophiles sont attirées par le film d'eau, tandis que les queues hydrophobes pointent vers l'air, à l'intérieur et à l'extérieur des bulles. Cette architecture présente trois avantages. D'une part, cela favorise la formation des bulles. En effet, les molécules d'eau ont naturellement tendance à rester entre elles, c'est-à-dire à réduire le contact avec l'air. Mais les molécules du savon se repoussant les unes les autres pour avoir plus de place, elles tendent à stabiliser ces interfaces air/eau, ce qui permet de créer beaucoup plus de bulles que dans l'eau pure. D'autre part, ces molécules ralentissent l'écoulement de l'eau à la surface de la bulle dû à la gravitation. Les bulles gardent donc leur eau plus longtemps, et le film s'amincit plus lentement, ce qui allonge la durée des bulles de savon.

Enfin, lorsque le film d'eau s'est extrêmement aminci, intervient le troisième effet des molécules de savon : empêcher l'éclatement des bulles. Car les têtes hydrophiles chargées négativement se repoussent grâce aux forces électrostatiques, ce qui retarde la mort des bulles et par conséquent la disparition de la mousse.

Mais c'est bien connu, seuls les enfants s'intéressent aux bulles de savon… Les adultes, eux, souhaitent surtout que le savon lave ! Et de ce côté, pas d'inquiétude : la présence de mousse ne gêne en rien le lavage, pas plus qu'elle ne le favorise, d'ailleurs. On remarque juste qu'un savon a tendance à mousser plus facilement dans un milieu propre que sale. Car tant que les molécules du savon s'agglutinent autour des saletés et jouent leur rôle d'agent lavant, elles ne servent plus à faire des bulles.

195 Comment mesurer la température qui règne dans le vide ?

Le vide n'est en fait jamais « vide » : ainsi, celui obtenu par pompage contient 2 millions de molécules par centimètre cube.

La température mesure, habituellement, le degré d'agitation désordonnée de particules, ou « agitation thermique ». Dans un solide, les atomes vibrent. Les molécules d'un gaz ou d'un liquide se déplacent dans tous les sens et se percutent. Dans le vide, défini par l'absence de matière, peut-on parler de température ? Tout dépend du vide ! Car un récipient vidé n'est pas vide : il est rempli de photons, ces grains de lumière qui décrivent le rayonnement électro-magnétique dans le cadre de la physique quantique. Difficile de s'en débarrasser; car toute matière émet des photons, et plus la température du récipient s'élève, plus le nombre de photons augmente. Ainsi, à température ambiante terrestre (soit 27 °C), les parois internes d'un récipient vide de particules émettent quantité de photons, qui le remplissent d'un « gaz » immatériel, dont la température est égale à celle des parois. On est loin du vide total, et les meilleurs vides, obtenus par pompage, contiennent encore 2 millions de molécules par centimètre cube ! Mais le froid absolu est peut-être à portée de fusée : dans l'espace intergalactique, où la densité est inférieure à un atome par mètre cube et les sources de rayonnement sont à des milliards d'années-lumière. Pourtant, le thermomètre y « grimpe » à 2,7 K, soit –270,45 °C ! Très proche du zéro absolu (–273,15 °C), température du vide absolu à laquelle les atomes et les molécules s'immobilisent. Une « chaleur » qui correspond à la température du rayonnement fossile de l'Univers, témoignage du big bang. Ainsi, l'Univers entier baigne dans un gaz de photons à 2,7 K, et le thermomètre n'y échappe pas.

Cette sarracénie utilise deux types d'agents digestifs : ses enzymes accélèrent la décomposition entamée par des bactéries.

196 Comment les plantes carnivores digèrent-elles leurs proies ?

Chez la plupart des 600 espèces de plantes carnivores connues, le processus biochimique est très semblable à celui en œuvre dans notre estomac. Ainsi, la dionée « attrape-mouche » (*Dionaea muscipula*) possède une batterie d'enzymes pour transformer ses proies en matière absorbable. Produites par des « glandes digestives » à la surface des feuilles, elles mettent de 2 à 3 semaines à digérer un insecte, mais elles ne parviennent pas à déliter le composant principal du tégument et des ailes des insectes : la chitine. Il subsiste donc toujours une carcasse vide dans le piège de ces plantes. D'autres espèces, telle la « plante cobra » (*Darlingtonia californica*), comptent sur des bactéries flottant dans l'eau de leur piège pour dissoudre l'animal. Enfin, certaines espèces, comme les sarracénies, cumulent ces deux types d'agents digestifs. Les plantes les plus étonnantes sont celles qui digèrent leurs proies à l'aide d'animaux vivant sur elles ! Ces arthropodes, invertébrés, se nourrissent des proies capturées par la plante, et ce sont leurs excréments qui sont absorbés par le végétal… C'est le cas de *Roridula gorgonia* qui confie la digestion de ses proies à des punaises !

197 Comment pourrait-on s'inspirer du vivant pour doper le stockage de l'énergie ?

C'est un fait : actuellement, les méthodes de stockage de l'énergie électrique sont peu performantes. D'où l'idée qu'il y aurait peut-être intérêt à copier les processus de stockage de l'énergie du vivant. Sauf que celle-ci est biochimique, et non électrique : les êtres vivants tirent leur énergie des graisses (lipides) et du sucre (glucose), les plantes la puisent dans l'énergie solaire, et les animaux, dans l'alimentation. Ils stockent l'énergie — respectivement sous forme d'amidon et de triglycérides ou de glycogène — dans les liaisons chimiques qui l'utilisent pour fabriquer une molécule énergétique, l'adénosine triphosphate (ATP), laquelle alimente la chimie cellulaire.

Mais ce processus n'est ni imitable ni utilisable pour stocker et extraire directement de l'énergie car les électrons impliqués sont très rarement libres, toujours transportés par des enzymes.

En revanche, il est possible d'extraire du vivant certaines molécules capables de fournir directement de l'énergie électrique. Fabriqué par des algues vertes comme *Chlamydomonas reinhardtii,* l'hydrogène (H_2) peut ainsi convertir, dans des « piles à combustibles », de l'énergie chimique en énergie électrique, grâce à l'oxydation de l'hydrogène (perte d'un électron) sur une électrode. Le glucose peut lui aussi fournir de l'électricité grâce notamment à une pile à combustible dite « biocell ». Les chercheurs tentent également de développer des batteries à lithium-ion, moins polluantes, dont les électrodes seraient composées de matériaux organiques, plus facilement dégradables que le cobalt ou le manganèse présents dans les batteries actuelles. Ce pouvoir d'oxydo-réduction est notamment le fait des enzymes qui, en présence d'oxygène, dégradent le glucose en énergie cellulaire biochimique (ATP) lors de la respiration cellulaire. Les chimistes tentent pour le moment d'identifier la molécule la plus adaptée mais, d'ici une dizaine d'années, des batteries d'un nouveau genre seront très probablement produites à l'échelle industrielle.

198 COMMENT apparaît la sensation de **froid** propre à la **menthe** ?

Le menthol agit sur un récepteur des neurones sensibles au froid. Ainsi, il dupe le cerveau, lui donnant l'impression d'un rafraîchissement.

Grâce au menthol. Ce composé organique que contiennent les 7800 espèces de menthe est constitué de 10 atomes de carbone, 20 d'hydrogène et 1 d'oxygène. En 2002, David Julius, neurobiologiste à l'université de Californie à San Francisco, a découvert le mécanisme qui sous-tend cette sensation de froid. Tout vient du fait que, sur notre langue et sur notre peau, nous possédons des cellules nerveuses plus sensibles à la température que les autres, les thermorécepteurs. Certaines personnes sont sensibles au chaud, d'autres au froid et d'autres encore aux deux, or David Julius a découvert que les neurones sensibles au froid étaient dotés d'un récepteur particulier, qu'il a baptisé TRPM8.

En l'étudiant *in vitro,* il s'est aperçu qu'une molécule de menthol agissait aussi sur ce récepteur, engendrant un influx nerveux qui progresse le long des neurones jusqu'au centre de la perception dans le cerveau. Ainsi, le menthol dupe notre cerveau et lui donne l'impression d'un rafraîchissement. David Julius a montré que le récepteur TRPM8 était aussi responsable de la « vraie » sensation de froid *in vivo* chez les mammifères : après avoir été privées du gène responsable de la synthèse des récepteurs au menthol, des souris ont marché sur un lit de glaçons, ce que des rongeurs normalement constitués refusent de faire ! Le chercheur avait déjà démontré que la capsaïcine, présente dans le piment et responsable de la sensation de brûlure que procure un plat épicé, agissait selon un mécanisme similaire.

199 Comment survient l'ivresse des profondeurs ?

L'ivresse des profondeurs, également appelée « narcose », est un trouble neurologique qui atteint les plongeurs, généralement au-delà de 30 à 40 m. Elle est due aux effets toxiques sur le système nerveux de l'azote contenu à 80 % dans l'air comprimé des bouteilles que respirent les plongeurs. En effet, la pression ambiante augmente avec la profondeur et favorise la dissolution des gaz dans les liquides corporels. Les physiologistes supposent que, à partir d'une certaine dose, l'azote dissous se fixe sur la myéline (la substance enrobant les fibres nerveuses), retardant ainsi la transmission des influx nerveux. Il en découle toute une gamme de troubles de la perception. Le son des bulles devient cristallin, le plongeur ressent un certain bien-être… Peu à peu, ces impressions agréables cèdent la place à de vraies altérations du comportement : vers 50 m de profondeur, les réflexes s'amenuisent, l'esprit s'engourdit, le bien-être devient une dangereuse euphorie. Encore plus bas, le plongeur subit des hallucinations et peut même perdre tout sens de la réalité voire parfois s'évanouir… Heureusement, une remontée de quelques mètres suffit pour que les effets toxiques de l'azote s'estompent, sans heureusement laisser de séquelles.

Enfin, la narcose est plus ou moins influencée par la condition physique du plongeur. La fatigue, l'excès d'alcool ou les efforts physiques violents l'accentuent. Un « truc » bien connu : éviter les plongées profondes en début de séjour. Découverts par le médecin français Théodore Junod en 1835, les effets narcotiques de l'azote peuvent être évités en remplaçant, totalement ou partiellement, ce gaz par de l'hélium, mais qui est bien plus cher…

La narcose est due aux effets toxiques de l'azote contenu dans l'air comprimé que respirent les plongeurs.

Toutes les étoiles que nous voyons brillent encore aujourd'hui, et ce n'est pas demain qu'elles s'éteindront.

200 Comment savoir quelles **étoiles** sont **mortes** parmi toutes celles qui **brillent** dans le ciel ?

Cette question est légitime : la lumière, qui se déplace à la vitesse de « seulement » 300 000 km/s, peut prendre des décennies, des siècles, voire des millénaires, à nous parvenir d'une étoile. Ainsi, si une étoile située à 10 années-lumière s'éteint aujourd'hui, nous la verrons briller dans le ciel pendant encore 10 ans ! Alors, combien d'étoiles sont déjà mortes, parmi toutes celles que l'on peut voir briller ? Eh bien, probablement aucune, car le temps des hommes n'est pas celui des étoiles ! Pour comprendre, il faut savoir que les étoiles les plus massives sont les plus éphémères : alors qu'une petite étoile peut briller 100 milliards d'années, une étoile de taille moyenne, comme le Soleil, peut compter sur 10 milliards d'années, et une étoile géante, sur 10 millions. A l'œil nu, par une nuit très claire, 3 000 étoiles, tout au plus, sont ainsi perceptibles… Et leur distance est de quelques dizaines d'années-lumière en moyenne, quelques milliers pour les plus lointaines.

Non seulement toutes ces étoiles brillent donc toujours aujourd'hui, mais ce n'est pas demain la veille qu'elles s'éteindront : leur longévité se compte encore en millions, voire en milliards d'années. Cependant, les étoiles à la longévité la plus courte sont aussi les plus rares ! Les supergéantes visibles à l'œil nu, destinées à exploser en supernovæ, se comptent par dizaines seulement, et aucune ne montre de signes d'extinction imminente. Elles exploseront effectivement « demain », soit, à l'échelle astronomique, dans 10 000 ou 100 000 ans.

Pourtant, les astronomes observent parfois des explosions d'étoiles ; c'est arrivé en 1006, en 1572, en 1604, en 1870 ou en 1987. Des astres ont donc bel et bien brillé dans notre ciel alors qu'ils étaient déjà morts… Certes, mais c'est l'extraordinaire puissance de ces explosions qui les ont rendus visibles. Les étoiles supergéantes qui sont mortes étaient trop lointaines pour être visibles à l'œil nu. En fait, pour voir une étoile briller alors qu'elle est déjà morte, il faut changer d'échelle spatio-temporelle : voir plus loin, afin de remonter plus loin dans le passé…

Bien sûr, plus on s'éloigne dans l'espace et dans le temps, plus le pourcentage d'étoiles déjà éteintes augmente. Ainsi, en observant les images de Hubble, montrant des myriades d'étoiles dans des galaxies à une centaine de millions d'années-lumière, la question peut même être inversée : « Parmi ces étoiles, combien existent encore ? La réponse sera la même : probablement aucune. Quant à celles qui sont nées entre-temps, elles ne sont pas encore visibles…

Index thématique

Alimentation

Astronomie

Astrophysique

Biologie

Botanique

Chimie

Énergie

Environnement

Génétique

Géologie

Médecine

Météorologie

Minéralogie

Neurologie

Physiologie

Physique

Société

Technologies

Vie animale

Index

B

D

E

G

H

M

P

S

T

Auteur des textes :

N. Arbor : question 78

C. Azouvi : question 125

L. Barnéoud : question 171

C. Baudoin : questions 18, 30, 47

I. Bauthian : questions 71, 142, 168

B. Bellanger : question 174

S. Bellin : questions 104, 109, 169, 182

K. Bettayeb : questions 8, 12, 39, 48, 55, 56, 57, 77, 82, 138, 139, 158, 186, 197

M. Beuzard : question 36

C. Bonneau : questions 164, 177

J. Bourdet : question 159

B. Bourgeois : questions 1, 10, 38, 81

O. Brosseau : question 94

S. Brunier : questions 34, 93, 128, 145, 193, 200

V. Buron : question 76

J. Campanaud : question 25, 75, 131, 146, 149, 178, 196

S. Casalonga : questions 59, 65

E. Chartier : questions 3, 28, 101

G. Cirade : question 62

M. Corniou : questions 9, 37, 65, 83, 85, 122, 129, 135, 175

R. Cuillerier : question 134

M. Cygler : questions 14, 50, 60, 64, 65, 73, 123, 129, 135, 162, 175, 192

A. Dagan : questions 58, 154

A.Debroise : questions 58, 92, 116, 147, 154

F.Demarthon : questions 115, 126

M. de Véricourt : question 148

O. Donnars : question 27

B. Fay : question 166

M. Fontez : questions 7, 176

C. Garbez : questions 112, 189

V. Greffoz : questions 20, 72, 130

D.Groison : questions 117, 120, 143

V.Grolleau : question 114

M. Grousson : questions 42, 187, 190

P. Grumberg : questions 43, 52, 67, 199

E. Haentjens : questions 16, 26

E. Hamonou : questions 14, 173

C.Hancok : questions 97, 198

B. Helme : questions 95, 119, 136

P. Henarejos : question 105

E. Hurault : question 156

R. Iconikoff : question 181
O. James : question 102
C. Janin : question 13
M. Julienne : question 36
E. Jullien : question 161
F. Labalette : question 61
N. Le Jannic : question 87, 152
E. Leburgue : question 137
I. Lestienne : question 124
J. Letellier : question 151
P. Lima : questions 35, 121
D. Marchand : question 74
C. Martin : question 194
M. Mayo : questions 70, 118, 160, 167, 180, 183, 195
F. Melix : question 54
M.-C. Merat : question 140
P. Minet : question 155
X. Müller : questions 22, 45, 46, 107, 188
E. Nicolas : question 40
R . Nigita : question 11
J.-P. Noël : questions 21, 33
V. Nouyrigat : questions 6, 86
L. Orluc : questions 31, 99, 100, 170
V. Pierron : question 111
S. Pignet : question 157
H. Poirier : questions 66, 108, 113
A. Prévost : questions 69, 185
E. Rauscher : question 5
F. Régal : question 179
N. Revoy : questions 32, 88, 106, 132, 153
B. Rey : questions 15, 24, 44, 133, 163
L. Roger : question 150
M. Royer de Vericourt : question 127
M. Sabourdy : question 165
Y. Saidj : question 103
Y. Sciama : questions 23, 41, 80, 96, 141
D. Semaska : questions 51, 53, 79
V. Ter Minassian : question 90
S. Tetu : questions 4, 84
F. Texier : questions 17, 63, 68, 89
M.F. Tordjimann : questions 29, 49, 98
C. Tourbe : questions 19, 91
F. Vladyslav : question 172
D. Zavaglia : questions 128, 191

Crédits photographiques et infographies :

Question 1 : Nasa / Corbis
Question 2 : Infographie : M. Kontente
Question 3 : P. Payet – Dlillc / Corbis
Question 4 : Emely / Zefa / Corbis
Question 5 : Madicalrf.com
Question 6 : Seiko / Pressesports
Question 7 : R. Ressmeyer / Corbis
Question 8 : M. Biljak / Reuters / Corbis
Question 10 : Infographie : A. Meyer
Question 11 : Peter Saloutos / Corbis
Question 13 : G. Jecan / Corbis
Question 15 : Steve Bronstein / Getty Images
Question 16 : MNHN
Question 17 : infographie : S. Dessert
Question 18 : Sanford / Agliolo / Corbis
Question 19 : infographie : 5winfographic
Question 20 : Image 100 / Corbis
Question 21 : B. Brecel / Corbis
Question 23 : Y. Arthus Bertrand / Corbis
Question 24 : infographie : A. Dagan
Question 26 : G. Steinmetz / Corbis
Question 28 : H. Benser / Zefa / Corbis
Question 29 : infographie : Art Presse
Question 30 : Corbis
Question 32 : Bloomimage / Corbis
Question 33 : Yann Arthus-Bertrand / Corbis
Question 34 : Michael Deyoung / Corbis
Question 36 : Lynsey Addario / Corbis
Question 37 : Stephen Frink / Corbis
Question 39 : Bernard Brisson / Sygma / Corbis
Question 40 : infographie : B. Bourgeois ; C. O'Rear / Corbis
Question 41 : infographie : Legos / CNES-CLS
Question 43 : Nasa / EPA / Corbis
Question 44 : Alan Schein Photography / Corbis
Question 45 : infographie : G. Cirade ; M. Kulyk / Cosmos
Question 46 : Paul A. Souders / Corbis
Question 48 : J. Gathany / CDC / Phil / Corbis
Question 49 : Arcaid / Corbis
Question 50 : Bettmann / Corbis
Question 52 : Nasa / National Geographic / Getty Images
Question 53 : infographie : D. Galland
Question 54 : Seth Joel / Corbis
Question 56 : infographie : A. Dagan
Question 58 : Dinodia Photo Library / Brand X / Corbis
Question 59 : infographie : G. Cirade
Question 60 : T. Eggers / Corbis
Question 62 : Anyforms Design
Question 63 : David Arky / Corbis
Question 64 : P. Saloutos / Corbis
Question 65 : M. Iannace / Corbis
Question 67 : R. Matheson / Corbis
Question 68 : Michael Prince / Corbis
Question 69 : S. Dillen / EPA / Corbis
Question 70 : M. Brice, C. Marcelloni / Cern / Corbis
Question 71 : Lisa B. / Corbis
Question 72 : infographie : P. Carril
Question 74 : M. Jugame / Amanaimages / Corbis
Question 75 : A. Brookes / Corbis
Question 76 : Fancy / Veer / Corbis
Question 78 : Subiros / Photocuisine / Corbis
Question 79 : Georges Hammerstein / Solus / Corbis
Question 80 : infographie: Anyforms Design
Question 81 : Digital Art / Corbis
Question 82 : P. Leon / Comillus.com / Corbis
Question 83 : infographie : M. Kotente
Question 84 : The Irish Image Collection / Corbis
Question 85 : infographie : S. Dessert
Question 87 : Angelo Christo / Zefa/ Corbis
Question 88 : Martin Child / Brand X/ Corbis
Question 89 : infographie : A. Meyer
Question 90 : Jorma Jänsen / Zefa / Corbis
Question 92 : Nicoloso / Photocuisine / Corbis
Question 93 : infographie : B. Bourgeois ; Denis Scott / Corbis
Question 95 : Martin Harvey/ Corbis
Question 96 : Image 100/ Corbis
Question 97 : Chris Caroll / Corbis
Question 99 : Nasa JPL / Roger Ressmeyer / Corbis
Question 101 : L. Lefkowitz / Corbis

Question 102 : Falko Updarp / Zefa/ Corbis
Question 104 :Visuals Unlimited / Corbis
Question 105 : infographie : L. Hindrylx / Miss Multimédia
Question 106 : LWA-Dann Tardif / Zefa / Corbis
Question 107 : Micro Discovery / Corbis
Question 108 : Image Source / Corbis
Question 109 : infographie : G. Cirade – BSIP
Question 111 : Color & Vision / Gerard Juranek / Zefa / Corbis
Question 112 : L. Lefkowitz / Corbis
Question 113 : Infographie : G.M
Question 114 : Stocktrek / Corbis
Question 116 : Rob Matheson / Corbis
Question 117 : Dlillc / Corbis
Question 118 : infographie : Anyforms Design
Question 120 : infographie : Linh
Question 121 : Richard Schabl / Zefa / Corbis
Question 122 : DK Limited / Corbis
Question 123 : Sébastien Desarmaux / Godong / Corbis
Question 124 : Gianni Dagli Orti / Corbis
Question 125 : Remi Benali / Corbis
Question 126 :Visuals Unlimited / Corbis
Question 128 : STSCI / NASA / Corbis
Question 129 : infographie : S. Dessert
Question 130 : Image Source / Corbis
Question 132 : Larry Larimer / Brand X / Corbis
Question 133 : infographie : D. Galland – M. Kontente
Question 134 : Guenter Rosenbach / Zefa / Corbis
Question 135 : Medicalff.com / Corbis
Question 136 : Noaa / Zuma / Corbis
Question 137 : Steve Allen / Brand X / Corbis
Question 138 : infographie : S. Dessert
Question 139 : A. Brookes / Corbis
Question 141 : infographie : S. Dessert ; P. Lippmann / Photocuisine
Question 143 : Gordon Osmundson / Corbis
Question 145 : C. Martin
Question 146 : Tim Davis / Corbis
Question 147 : David Clapp / Arcaid / Corbis
Question 148 : K. Hildenbrand / EPA / Corbis
Question 149 : infographie : A. Meyer; Visuals Unlimited / Corbis
Question 151 : infographie : D. Galland
Question 153 : George McCarthy / Corbis
Question 154 : Tom Bean / Corbis
Question 154 : Amanaimages / Corbis
Question 156 : Catania Vanderbilt Univ.
Question 157 : Pete Leonard / Zefa / Corbis
Question 158 : Owen Franken / Corbis
Question 159 : infographie : D. Galland
Question 160 : Christian Simonpietri / Sygma / Corbis
Question 161 : infographie : G. Cirade
Question 162 : Ken Seet / Corbis
Question 163 : Atlantide Phototravel / Corbis
Question 165 : F. Lanting / Corbis
Question 166 : infographie : D. Gallant
Question 168 : Mediscan / Corbis
Question 169 : A. Schein Photography / Corbis
Question 170 : infographie : A. Meyer
Question171 : Condè Nast Archive / Corbis
Question 173 : Corbis
Question 174 : infographie : U.S.G.S / E. Jullien ; Jim Sugar / Corbis
Question 175 : Martyn Goddard / Corbis
Question 176 : Owen / Corbis
Question 177 : infographie : Anyforms Design
Question 178 : Micro Discovery / Corbis
Question 179 : infographie : D. Gallant
Question 180 : Don Mason / Corbis
Question 182 : Gabe Palmer / Corbis
Question 183 : infographie : M. Kotente ; B. Rowan / Progressive Image / Corbis
Question 184 : Sandy Felsenthal / Corbis
Question 185 : The Irish Image Collection / Corbis
Question 186 : infographie : G. Cirade
Question 188 : Radius Images/corbis
Question 189 : Andrew Fox / Corbis
Question 191 : Pixland / Corbis
Question 192 : David Sailors / Corbis
Question 193 : JSI, STSCI / NASA / Corbis
Question 195 : Bill Binzen / Corbis
Question 196 : Sally A. Morgan ; Ecoscene / Corbis
Question 198 : LWA-Dann Tardif / Zefa / Corbis
Question 199 : S. Frink / Zefa / Corbis
Question 200 : Bill Varie / Corbis

Pour Science & vie

Direction éditoriale : Matthieu Villiers

Responsable éditorial : Grégoire Bouillier

Coordination éditoriale : Karine Jacquet

Pour les Éditions Solar

Direction : Jean-Louis Hocq

Direction littéraire : Suyapa Granda Bonilla

Édition : Marion Guillemet-Bigeard

Rédaction : Chloé Chauveau

Responsable artistique : Vu Thi

Graphisme : Julia Philipps

Conception et réalisation de la couverture : David Cosson

Fabrication : Laurence Ledru

Photogravure : Euresys

ISBN : 978-2-263-04984-2
Code éditeur : S04984/02
Dépôt légal : octobre 2010

Imprimé en Chine par Leo Paper